普通高等院校计算机基础教育“十四五”规划教材

大学信息技术（下册）

——多媒体篇

闫　萍　赵　欣　彭　华◎主　编

刘莲辉　吕爱涛　孙兰珠　袁　明◎副主编

中国铁道出版社有限公司

CHINA RAILWAY PUBLISHING HOUSE CO., LTD.

内 容 简 介

本书围绕各类数字媒体的特征，配合各种应用场景展开教学，使学生认识多媒体在信息社会的价值和重要性，掌握媒体的基本处理方法，集成多种多媒体的技术，并能将恰当的数字媒体形式应用于日常生活、学习和工作中。本书结合“上海市高等学校信息技术水平考试大纲”的要求精心编写而成，是大学多媒体信息技术的实用教程。

本书在内容和软件版本选取上都紧跟计算机发展的步伐，以 Windows 10 操作系统为平台，软件涉及 Photoshop、Adobe Audition、格式工厂、快剪辑、Flash、Dreamweaver 等。全书共分 5 章，主要包括多媒体技术概述、图像信息处理、音视频处理、动画基础、网页制作基础等，内容涵盖了但不限于上海市高等学校信息技术水平考试的知识点。最后附录提供了习题参考答案。

本书针对学生基础的薄弱环节编写实验，既不失在实际工作岗位技能方面的能力提高，又兼顾应用型本科院校计算机基础教学的现状，是一本非常适合普通本科、职业教育本科、高职高专等院校使用的大学信息技术课程教材，也可作为成人教育的培训教材和参加相关等级考试人员的自学参考用书。

图书在版编目（CIP）数据

大学信息技术. 下册，多媒体技术篇/闫萍，赵欣，彭华主编. —北京：中国铁道出版社有限公司，2022.3(2024.8重印)
普通高等院校计算机基础教育“十四五”规划教材
ISBN 978-7-113-28859-4

Ⅰ.①大… Ⅱ.①闫…②赵…③彭… Ⅲ.①电子计算机-高等学校-教材 Ⅳ.①TP3

中国版本图书馆CIP数据核字（2022）第023744号

书　　名：大学信息技术（下册）——多媒体篇
作　　者：闫　萍　赵　欣　彭　华

策　　划：曹莉群　　　　**编辑部电话**：（010）51873202
责任编辑：刘丽丽
封面设计：刘　颖
责任校对：孙　玫
责任印制：樊启鹏

出版发行：中国铁道出版社有限公司（100054，北京市西城区右安门西街 8 号）
网　　址：https://www.tdpress.com/51eds/
印　　刷：三河市国英印务有限公司
版　　次：2022 年 3 月第 1 版　2024 年 8 月第 3 次印刷
开　　本：787 mm × 1 092 mm 1/16　**印张**：12.25　**字数**：296 千
书　　号：ISBN 978-7-113-28859-4
定　　价：40.00 元

前 言

如今，人类已进入信息化社会、网络化时代，计算机已成为人们日常工作、学习和生活的必备工具，所以“大学信息技术”课程也被定为各大院校的必修课程。

随着计算机软硬件技术日新月异的高速发展和升级换代，计算机教材的及时更新与修订，不仅是计算机学科自身发展的需要，也是高校近年来计算机学科教学改革的必然要求。

计算机技术是一门应用性极强的课程，现代教育的新理念要求教学要以学生为主体，以能力为本位，培养适合时代和社会需要的有一定应用能力的高素质的技能型人才。具体落实到计算机应用基础教材的编排上，重点强调的是教给学生在信息化网络时代生存所必需的、实用的计算机操作技能和再学习能力。

全国计算机等级考试与上海市高等学校信息技术水平考试，是检测和评价高校计算机应用基础知识教学水平和教学质量的重要依据之一。考试的目标是测试考生掌握基本的计算机基础知识的程度和应用计算机的能力，以使学生能跟上信息科技，尤其是计算机技术的飞速发展，适应信息化社会的需求；在教学上能适应上海市教育委员会提出的计算机和信息技术学习“不断线”的要求，为后续课程和专业课程的计算机应用奠定基础。

结合以上现实需要与计算机课程的教学要求和特点，我们组织编写了《大学信息技术》（上册和下册）。本书在内容和软件版本选取上都紧跟计算机发展的步伐，通过理论与实践的融合，遵循学以致用的原则，融“教、学、做”为一体，设置了与日常工作与学习中使用计算机密切相关的任务，并注重培养综合应用能力，以实现计算机应用能力的拓展与提升，激发学生的学习兴趣，培养其动手能力，使学生在“做”的过程中，有更多的成就感，并能从“做”中领悟和归纳出基本的知识和原理。

信息技术的发展使人类社会进入了新媒体时代，数字媒体已成为人们获取和发布信息的有效手段，也成为人与人之间快捷交流沟通的利器。对多媒体的认识与运用已经成为现代人不可或缺的基本生存技能。

本书共分 5 章，主要内容包括多媒体技术概述、图像信息处理、音视频处理、动画基础、网页制作基础等。这些内容是当今基础和热门的计算机应用范围，覆盖了上海市高等学校信息技术水平考试的大纲内容，不仅能提高学生的计算机实际操作能力，增强其学习信心，同时稍做准备即可高效通过上海市高等学校信息技术水平考试，为毕业后的求职择业提供能力证明。

本书围绕各类数字媒体的特征，配合各种应用场景展开教学，使学生认识多媒体在信息社会的价值和重要性，掌握媒体的基本处理方法，集成多种多媒体的技术，并能将恰当的数字媒体形式应用于日常生活、学习和工作中。

本书理论与实践互相融合，使读者边学边做，真正掌握书中所涉及的各种计算机知识和技能。本书适合作为各类高等院校大学信息技术课程、多媒体制作技术课程的教材，也可作为成人教育的培训教材和参加相关信息技术水平考试人员的自学参考用书。本书参考教学时间不低于 48 学时。书中案例素材可以在中国铁道出版社有限公司资源网站（http://www.tdpress.com/51eds）中下载。

本书由教学第一线从事大学信息技术教学的骨干教师联合编写，由闫萍、赵欣、彭华任主编，刘莲辉、吕爱涛、孙兰珠、袁明任副主编。具体编写分工为：第 1 章由赵欣、魏鹏、李瑞娟编写，第 2 章由孙兰珠、彭慧坪、李祎、范珊珊编写，第 3 章由闫萍、彭华、黄睿航、顾吉轶编写，第 4 章由刘莲辉、袁明、胡婉君、干克勤编写，第 5 章由吕爱涛、张微、顾幽雅、徐晨编写。中国铁道出版社有限公司的编辑对本书进行了认真的审校，并提出了许多宝贵的修改意见和建议，在此表示衷心的感谢。

由于信息技术发展迅速，加之编者水平有限，疏漏与不妥之处在所难免，恳请专家和读者提出批评与建议。

编　者

2021 年 11 月

目 录

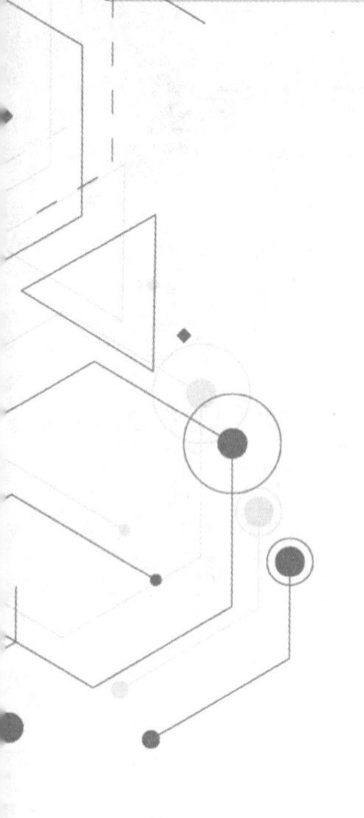

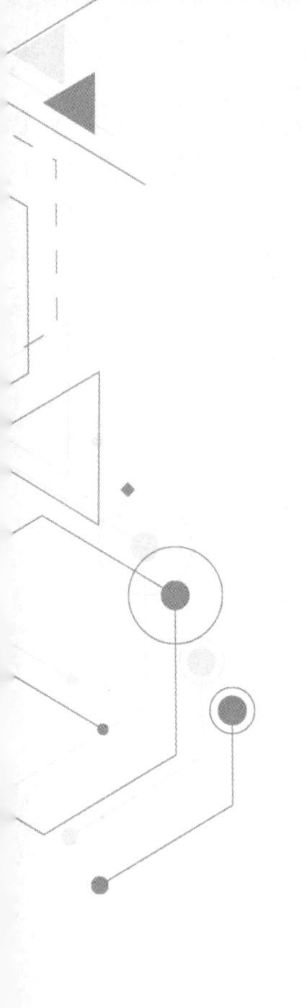

第 1 章 多媒体技术概述

多媒体技术是一门综合学科，涉及计算机软硬件系统、图像处理、动画制作、音/视频处理、网站技术等领域。本章主要介绍多媒体技术的基本概念和关键技术，对多媒体技术的发展历史进行回顾，简要介绍多媒体技术的应用领域，并对多媒体计算机软硬件系统进行说明。

学习目标：

通过对本章内容的学习，学生应该能够做到：

- 了解：多媒体及相关基本概念。
- 理解：多媒体关键技术。

1.1 多媒体及相关概念

1. 媒体的定义

媒体（Media）是指传送信息的载体和表现形式。在人类社会生活中，信息的载体和表现形式是多种多样的。例如，报纸、杂志、电影、电视等称为文化传播媒体，主要以纸、影像和电子技术作为载体；电子邮件、电话、电报等称为信息交流媒体，以电子线路和计算机网络作为载体。

2. 媒体的分类

根据信息被人们感觉、表示、显示、存储、传输载体的不同，媒体可分为以下五类：

（1）感觉媒体

感觉媒体是指人们的感觉器官所能感觉到的信息的自然种类。人类的感觉器官有视觉、听觉、嗅觉、味觉和触觉五种。声音、图形、图像和文本等都属于感觉媒体。

（2）表示媒体

表示媒体是指传输感觉媒体的中介媒体，是为了加工、处理和传输感觉媒体而人为构造出来的一种媒体，如语言编码、文本编码、图像编码等。这类媒体是多媒体应用技术重点研究和应用的对象。

（3）显示媒体

显示媒体是指人们再现信息的物理手段的类型（输出设备），或者指获取信息的物理手段的类型（输入设备）。例如，显示器、扬声器、打印机等属于输出类显示媒体；键盘、鼠标、扫描仪等属于输入类显示媒体。

（4）存储媒体

存储媒体是指存储数据的物理媒介的类型，如磁盘、光盘、磁带等。

（5）传输媒体

传输媒体是指传输数据的物理媒介的类型，如同轴电缆、光纤、双绞线等。

3. 多媒体

多媒体是指组合两种或两种以上媒体的一种人机交互式信息交流和传播媒体。在这个定义中需要明确以下几点：

① 多媒体是信息交流和传播媒体。从这一意义上说，多媒体和电视、报纸杂志等媒体的功能是一样的。

② 多媒体是人机交互式媒体。这里的“机”目前主要指计算机或由微处理器控制的终端设备。

③ 多媒体信息都是以数字的形式存储和传输的。

④ 传输媒体的信息较多，包括文本、图形、图像、声音和动画等。

4. 多媒体的基本要素及特点

（1）文本

文本是指在计算机屏幕上呈现的文字内容，通常用来传递信息。文本一直是一种最基本的表示媒体，也是多媒体信息系统中出现最为频繁的媒体。由文字组成的文本通常是许多媒体演示的重要内容。

（2）图形

图形是一种抽象化的媒体，由于其数据量小、不易失真等特点，应用比较多。

（3）图像

图像有色彩丰富、情景真实、画质清晰等特点，给人以自然、真实的感觉，而且承载信息量大。

（4）动画

动画是对事物变化过程的生动模拟，由专门的动画制作软件制作实现。动画表现的内容生动、真实，恰当地使用动画可以增强多媒体信息的视觉效果，起到强调主题、增加趣味的作用。

（5）音频

音频，即声音，是多媒体中最容易被人感知的部分。常见的声音表现形式有解说、音效和背景音乐等。

（6）视频

与动画不同，视频是对现实世界的真实记录和反映。视频图像信息量比较大，具有很强的吸引力。加入视频成分，可以更有效地表达出所要表现的主题，通过视频的引导可以加深对内容的印象。

5. 多媒体技术的定义

多媒体技术是一种能同时综合处理多种信息，并在这些信息之间建立逻辑联系，使其集成为一个交互式系统的技术。多媒体技术主要用于实时地综合处理声音、文字、图形、图像和视频等信息，将这些媒体信息用计算机集成在一起同时进行综合处理，并把它们融合在一起的技术。

6. 多媒体技术的特征

多媒体技术的关键特征在于信息载体的多样性、交互性和集成性。

信息载体的多样性体现在信息采集、传输、处理和显现的过程中。人类大脑所接收的信息有95%以上来源于视觉、听觉和触觉。单一媒体对人体的刺激一般不太明显，而多种媒体对人体的刺激在大脑中的印象则是十分深刻的。从视觉角度来看，多媒体技术给人们提供了彩色图像、动画、文字、视频等信息；从听觉角度来看，多媒体技术给人们提供了音乐、语言等信息；从触觉角度来看，多媒体技术目前给人们提供了触摸屏、游戏杆、数据手套、鼠标、键盘、手写板等人机交互工具。这些媒体的各种组合，体现了信息载体的多样性。

交互性和集成性体现在其所处理的文字、数据、声音、图像、图形等媒体数据是一个有机的整体，而不是一个个“分立”信息的简单堆积。多种媒体之间无论在时间上还是在空间上都存在着紧密的联系，是具有同步性和协调性的群体。同时，使用者对信息处理的全过程能进行完全有效的控制，并把结果综合地表现出来，而不是单一数据、文字、图形、图像或声音的处理。

1.2 多媒体关键技术

1. 信息的获取、存储和输出

信息的获取、存储和输出主要是指计算机内部与外部的信息交换。

目前，人们可以通过多种途径将各种信息输入计算机。图像的获取包括扫描仪扫描、数码照相机拍摄等多种方式；音频素材可通过声卡、音频编辑软件、MDI输入设备等方式获得；视频素材可通过录像机、电视机等模拟设备获取，再通过视频采集卡转换为数字信号，也可通过数码摄像机等数字设备获得。这些多媒体设备使得人们能够获取丰富多彩的信息。

多媒体数据的存储从早期的光盘存储器（如CD、VCD和DVD光盘等）发展到当前主流的各种存储卡以及目前正逐渐流行的云存储。云存储是指通过集群应用网格技术或分布式文件系统等功能，将网络中大量各种不同类型的存储设备通过应用软件集合起来协同工作，对外提供存储和业务访问的一个系统，任何地方的任何一个经过授权的使用者都可以通过标准的公用应用接口来登录云存储系统，享受云存储服务。

信息输出方面同样发展迅速，各种各样的多媒体设备层出不穷，使人们感知信息的方式也越来越多样化，如打印机、绘图仪、音箱、耳机等。

2. 数据压缩技术

随着软硬件技术的发展，多媒体技术也向着高分辨率、高速度和高维度的方向发展，这势必导致数字化多媒体的数据量特别庞大，在数据存储、数据传输及数据通信过程中，需要很大的存储空间、传输宽带及更长的通信时间。因此，数据压缩技术已成为多媒体技术应用中一项十分关键的技术。

利用多媒体压缩技术对数据进行压缩，需要注意以下几点：

① 被压缩的数据往往存在许多冗余成分。例如，计算机文件中有许多数据和符号都会重复地出现，这些重复出现的部分就是多余的，在数据压缩的过程中，可以利用数据编码把这些冗余部分相应地去除，从而降低文件的容量。冗余数据的压缩是一个可逆的过程。

② 数据之间存在着相关性。例如，在电视信号中，相邻的两帧通常只有少量的影像变化，那么就可以通过某些变换，去掉这些相关的影像。这种变换会带来不可恢复的损失和误差，是一种不可逆的数据压缩。

人们在欣赏音像节目时，由于眼、耳对信号的时间变化和幅度变化的感受能力都有一定的极限，如人眼对影视节目有视觉暂留效应，人眼或人耳对低于某一极限的幅度变化无法感知等，故可将信号中这部分感觉不出的分量压缩掉，这种压缩方法同样是一种不可逆压缩。

可逆压缩称为无损压缩，即压缩前和解压缩后的数据完全一样，主要用于文本数据、程序和特殊应用场合图像数据的压缩。主要的编码有算术编码、哈夫曼(Huffman)编码以及香农(Shannon)编码等。

不可逆压缩称为有损压缩，它无法将数据还原到与压缩前完全一样的状态，有损压缩的过程中会丢失一些人眼、人耳不敏感的图像或音频信息，虽然丢失的信息不可恢复，但人的视觉和听觉主观评价是可以接受的，常见的声音、图像、视频压缩基本都是不可逆的有损压缩，例如：在屏幕上观看 JPEG 技术压缩的照片时，感觉照片的质量还是很好，MP3 音乐给人的感受也很不错，它们都是利用有损压缩的方法处理的。经常使用的有损压缩方法有脉冲编码调制（Pulse Code Modulation，PCM）、预测编码、变换编码等。

3. 多媒体信息检索

随着多媒体技术及网络技术的飞速发展，网络中出现了大量的多媒体信息，其中，图像信息占有最大比例。多媒体信息检索技术已经引起人们的广泛关注，基于内容的图像检索是该领域公认的最活跃的研究课题。传统的图像检索都是基于关键词的文本检索，实际检索的对象是文本，不能充分利用图像本身的特征信息。基于图像内容的检索，是根据图像的特征，如颜色、纹理、形状、位置等，从图像库中查找到内容相似的图像，利用图像的可视特征索引，极大地提高图像系统的检索能力。

4. 虚拟现实技术

虚拟技术是多媒体技术中新出现的核心技术，是一项综合集成技术，主要包含计算机图形学、传感技术、人工智能及人机交互技术等。它主要通过计算机形成一个逼真的场景，让用户通过相应的设备，自然地体验虚拟世界，并与虚拟世界进行交互作用。

虚拟现实技术主要包括模拟环境、感知、自然技能和传感设备等方面。模拟环境是由计算机生成的、实时动态的三维立体逼真图像。感知是指理想的虚拟现实技术应该具有一切人所具有的感知，除计算机图形技术所生成的视觉感知外，还有听觉、触觉、力觉、运动等感知，甚至还包括嗅觉和味觉等。自然技能是指人的头部转动、眼睛、手势或其他人体行为动作，计算机对用户的输入做出实时响应，并分别反馈到用户的五官。传感设备是指三维交互设备。

当前，虚拟现实技术发展迅速，逐渐在人们的学习、生活、工作以及娱乐方面有实际的应用。例如，应用虚拟现实技术，将三维地面模型、城市街道、建筑物及市政设施的三维立体模型融合在一起，再现城市建筑及街区景观，用户在显示屏上可以很直观地看到生动逼真的城市街道景观，可以进行诸如查询、漫游、飞行浏览等一系列操作，为城建规划、社区服务、物业管理、消防安全、旅游交通等提供可视化空间地理信息服务。

5. 流媒体技术

传统的网络音频等多媒体信息在传输过程中需要完全下载完成才能进行播放。由于音频存储文件体积较大，在数据传输的过程中需要花费大量的时间，而很多用户不愿意花大量时间去等待音频的传输和下载。流媒体技术是把这些音频信息经过压缩处理后，将其发布在互联网中，进行流式传输。该技术先在使用者端的计算机上创建一个缓冲区，在播放前预先下载一段数据作为缓冲，在网络实际连线速度小于播放速度时，播放程序就会取用一小段缓冲区内的数据，这样可避免播放的中断，用户可以一边下载一边观看，不需要等到整个压缩文件全部下载到自己的计算机上才可以观看。

流媒体技术主要分为顺序流式传输和实时流式传输两种模式。顺序流式传输是按照数据的顺序进行传输，用户能够在文件下载的过程中进行观看，但是用户的观看与服务器上的传输并不是同步进行的，用户在一段延时后才能看到服务器上传出来的信息。在这个过程中，用户只能观看已下载的那部分，不能要求跳到还未下载的部分。这种传输模式比较适合高质量的短片段，因为它可以较好地保证节目播放的最终质量，适用于在网站上发布的、供用户点播的音视频节目。而实时流式传输能够对音频信息进行实时观看，在观看过程中用户可以快进或后退以观看前面或后面的内容。但是在这种传输方式中，如果网络传输状况不理想，收到的信号效果就会比较差。流媒体技术突破了传统网络宽带对多媒体信息传输的限制，目前，已经被广泛应用于网络直播、视频点播、网络远程教育等各个领域。

6. 超文本和超媒体技术

超文本和超媒体技术通过模拟人脑的记忆思维方式，把相关的信息块依据一定的逻辑顺序链接成一个非线性网状结构，进而对这些文本信息进行管理。超文本技术主要是以网络节点作为最基本的单位，与普通字符相比，这些节点的层次更加高级。通过链接的方式把这些节点组建成一个网状结构，这种信息网络就是超文本。超媒体是在超文本技术的基础上结合多媒体技术而发展起来的一种信息管理和检索技术，是超文本和多媒体在信息浏览环境下的结合，是对超文本的扩展。除了具有超文本的全部功能以外，超媒体还能处理多媒体信息之间的链接。

超文本和超媒体最主要的不同之处在于超文本主要是以文字的形式表示信息，建立的链接关系主要是文本之间的链接。超媒体除了使用文本，还使用图形、图像、声音、动画、视频等多种媒体来表示信息，建立的链接关系是文本、图形、图像、声音、动画、视频等媒体之间的链接。

1.3 多媒体技术的应用及发展趋势

随着多媒体技术的不断发展，多媒体应用系统可以处理的信息种类和数量越来越多，已成为许多人的良师益友。作为人类进行信息交流的一种新的载体，多媒体技术正在给人类日常的工作、学习和生活带来日益显著的变化。

目前，多媒体应用领域正在不断拓宽。在文化教育、技术培训、电子图书、观光旅游、商业及家庭应用等方面，已经出现了大量以多媒体技术为核心的多媒体电子出版物，它们通过图片、动画、视频片段、音乐及解说等易接受的媒体素材将所反映的内容生动地展现给广大读者。

多媒体技术的主要应用领域有以下几方面：

1. 教育培训领域

教育培训是目前多媒体技术应用最为广泛的领域之一。多媒体技术通过视觉、听觉或视听并用等多种方式同时刺激学生的感觉器官，激发学生的学习兴趣，提高学习效率，帮助教师将抽象的不易用语言和文字表达的教学内容表达得更清晰、直观。一些国家相继推出了适合各个年龄段的课件系统，主要产品有美国 Broderbond 公司推出的儿童读物及我国科利华软件公司推出的面向中小学教育的学习软件等。电子图书则涉及了电子字典类、百科全书类及参考杂志类等多种类别，其中美国 Microsoft 公司推出的 Encarta 百科全书已经成为世界上最受欢迎的多媒体百科全书，它包含数千万字的专业文字资料、数十万张图片和海量的视频、音频、交互动画等多媒体资源，其界面华丽，安装、使用非常方便。Microsoft 公司几乎每周都会对 Encarta 进行在线更新，为使用者提供最新的信息。

多媒体教学网络系统在教育培训领域中也得到了广泛应用。教学网络系统可以提供丰富的教学资源，优化教师的教学，更有利于个性化学习。学生在学习时间、学习地点上有了更多自由选择的空间，因此该系统越来越多地被应用于各种培训教学、学习教学、个性化学习等教学和学习过程中。

2. 电子出版领域

电子出版物可以将文字、声音、图像、动画、影像等各种信息集成为一体，其类型有电子杂志、百科全书、地图集、信息咨询、剪报等。

电子出版物中信息的录入、编辑、制作和复制都借助计算机完成，人们在获取信息的过程中需要对信息进行检索、选择，因此电子出版物的使用方式灵活、方便、交互性强。

3. 娱乐领域

多媒体计算机游戏和网络游戏不仅具有很强的交互性，而且人物造型逼真、情节引人入胜，游戏者如同身临其境。另外，数码照相机、数码摄像机、DVD 等越来越多地进入到人们的生活和娱乐活动中，进一步促进了多媒体技术的应用。

4. 咨询服务领域

多媒体技术在咨询服务领域的应用主要是使用触摸屏查询相应的信息。在旅游、邮电、交通、商场、宾馆等公共场所，通过触摸屏可以提供高效的咨询服务，如宾馆饭店查询、展览信息查询、图书情报查询、导购信息查询等。查询的信息内容可以是文字、图形、图像、声音和视频等。查询系统的信息存储量较大，使用非常方便。

5. 商业领域

商场的电子触摸屏可以为顾客提供各商业营销网点的销售情况。在销售、宣传等活动中使用多媒体技术能够图文并茂地展示产品，使客户对商品有一个感性、直观的认识。

6. 发展趋势

多媒体技术的发展趋势主要体现在四个方面：多媒体技术集成化，多媒体终端的智能化、嵌入化，多媒体技术的网络化。

（1）多媒体技术集成化

在传统的计算机应用中，大多数都采用文本媒体。所以对信息的表达仅限于“显示”。在未来的多媒体环境下，各种媒体并存，视觉、听觉、触觉、味觉和嗅觉媒体信息的综合与合成就不能仅仅用“显示”完成媒体的表现了。各种媒体的时空安排和效应，相互之间的同步和合成效果，相互作用的解释和描述等都是表达信息。影视声响技术被广泛应用，使多媒体的时空合成、同步效果进一步加强，可视化、可听化及灵活的交互方法等是多媒体领域的发展方向。多媒体交互技术的发展，使多媒体技术在模式识别、全息图像、自然语言理解（语音识别与合成）和新的传感技术等基础上，利用人的多种感觉通道和动作通道（如语音、书写、表情、姿势、视线、动作和嗅觉等）。通过数据传输和特殊的表达方式，如感知人的面部特征，合成面部动作和表情，以并行和非精确方式与计算机系统进行交互，可以提高人机交互的自然性和高效性，实现以逼真输出为标志的虚拟现实。虚拟现实是一种多技术多学科相互渗透和集成的技术，研究难度非常大，但由于它是多媒体应用的高级境界，应用前景十分看好，而且某些方面的应用甚至远远地超过了这种技术本身的研究目标。

（2）多媒体终端的智能化

现在计算机的“智力”已经很高，体现为多媒体计算机系统本身的多媒体性能提高。与此同时，将计算机芯片嵌入各种家用电器中，开发智能化家电是一个发展前景。目前多媒体计算机的硬件体系结构和软件不断改进，尤其是采用了硬件体系结构设计和软件、算法相结合的方案，使多媒体计算机的性能指标进一步提高，使多媒体终端设备具有更高的智能，对多媒体终端增加如文字的识别和输入、汉语语音的识别和输入、自然语言理解和机器翻译、图形的识别和理解、机器人视觉和计算机视觉等智能。

（3）多媒体终端的嵌入化

嵌入式多媒体系统可应用在人们生活与工作的各个方面，例如，工业控制和商业管理领域中的智能工控设备、POS/ATM机、IC卡等，家庭领域中的数字机顶盒、数字式电视、网络冰箱、网络空调等消费类电子产品，以及已经出现的家庭（住宅）中央控制系统等。此外，嵌入式多媒体系统还在医疗类电子设备、多媒体手机、掌上电脑、车载导航器、娱乐、军事等领域有着巨大的应用前景。从目前的发展前景看，可以把集成电路芯片分成两类：一类是以多媒体和通信功能为主，融合CPU芯片的计算功能，它的设计目标是用于多媒体专用设备、家电及宽带通信设备，可以取代这些设备中的CPU及大量ASIC和其他芯片；另一类是以通用CPU计算功能为主，融合多媒体和通信功能，它们的设计目标是与现有的计算机系列兼容，同时具有多媒体和通信功能，主要用在多媒体计算机中。

（4）多媒体技术网络化

计算机多媒体技术网络化的发展主要取决于通信技术的发展。随着网络通信等技术的发展和相互融合，多媒体技术进入了生活、科技、生产、企业管理、办公自动化、教育、医疗、交通、军事、文化娱乐、测控等领域。

技术的创新和发展将使诸如服务器、路由器、转换器等网络设备的性能越来越高，包括用户端CPU、内存、图形卡等在内的硬件能力空前扩展，人们将受益于无限的计算和充裕的带宽，它使网络使用者改变以往被动地接收处理信息的状态，并以更加积极主动的姿态去参与眼前的网络虚拟世界。多媒体技术的发展使多媒体计算机形成更完善的计算机支撑的协同工作环境，消除了空间距离和时间距离的障碍，为人类提供更完善的信息服务。交互的、动态的多媒体技术能够在网络环境创建出更加生动逼真的二维与三维场景，人们还可以借助摄像等设备，把办公室和娱乐工具集合在终端多媒体计算机上，可在世界任何角落与千里之外的人们在实时视频会议上讨论工作、设计产品、欣赏高质量的图像画面。新一代用户界面（User Interfacc，UI）与智能代理（Intelligent Agent）等网络化、人性化、个性化的多媒体软件的应用还可使不同国籍、不同文化背景和不同文化程度的人们通过“人机对话”消除他们之间在沟通方式上的隔阂，自由地沟通，相互了解。

现代的通信技术高速发展，有卫星通信、光纤通信等。世界已经进入数字化、网络化、全球一体化的信息时代。信息技术渗透到了人们生活的方方面面，其中网络技术和多媒体技术是促进信息世界全面实现的关键技术。新一代网络协议和与之对应的多媒体软件开发，综合原有的各种多媒体业务，将会使计算机多媒体技术无线网络异军突起，掀起网络时代的新浪潮，使得多媒体无处不在。计算机多媒体技术网络化可以描述为一个决定性（关键）技术的集成，这些技术可以通过访问全球网络和设备实现对多媒体资源的使用，可以肯定是未来发展的主题。

多媒体的未来是激动人心的，生活中数字信息的数量在今后几十年中将急剧增加，质量也将大大地改善。多媒体正在以迅速的、意想不到的方式进入人们生活的各个方面。多媒体技术在未来的发展趋势中将会具有更好、更自然的交互性，形成更大的信息存取服务体系，为未来的人类生活创造出一个在功能、空间、时间以及人与人之间交互方面更加完美的崭新世界。

1.4 多媒体计算机系统

随着电子技术和计算机的发展，多媒体技术的应用得到迅猛发展。在多媒体技术的推动下，计算机的应用进入了一个崭新的领域，计算机从传统的单一处理字符信息的形式，发展为能综合处理文字、声音、图像和影视等多种媒体信息。多媒体技术创造出集文字、图像、声音和影视于一体的新型信息处理模型，它将电话、电视、摄 / 录像机、音响系统和计算机集成于一体，为人类提供了全新的信息服务。

多媒体技术能使个人计算机成为录音电话机、可视电话机、电子邮箱、立体声音响电视机和录像机等。将多媒体技术和计算机组合在一起，就是常说的多媒体计算机。

多媒体计算机系统是指能对文本、图形、图像、动画、视频、音频等多媒体信息进行逻辑互连、获取、编辑、存储和播放的一个计算机系统。这个系统通常需要由多媒体硬件系统和多媒体软件系统组成。

1. 多媒体计算机硬件系统

多媒体硬件系统是由计算机传统硬件设备和各类适配卡及专用输入 / 输出设备组成的。计算机传统硬件设备包括主机、显示器、键盘、鼠标等。各类适配卡及专用输入 / 输出设备包括音频卡、视频卡、光盘存储器等。

音频卡（即声卡）是处理和播放多媒体声音的关键部件，实现对音频信号的采样处理和重放，是多媒体计算机的一个重要部件。它一般是通过插入主板扩展槽与主机相连的。目前，许多计算机主板都已经集成了音频卡的功能。

视频卡主要用于视频节目的处理，也是通过插入主板扩展槽与主机相连的。它通过其上的输入/输出接口与录像机、摄像机、影碟机和电视机等连接，使之能采集来自这些设备的信息，并以数字化的形式存入计算机中进行编辑或处理，也可以在计算机中重新进行播放。

光盘存储器（CD-ROM和DVD-ROM）由光盘驱动器和光盘片组成。计算机播放的多媒体信息内容多来自于CD-ROM和DVD-ROM。

除了这些必需的部件外，还有一些与多媒体有关的输入/输出设备，这些设备虽非必需，但各有其独特的功能。常见的输入/输出设备有以下几种：

① 图像输入设备：扫描仪、数码照相机、摄像头等。

② 图像输出设备：绘图仪、打印机等。

③ 音、视频输入设备：话筒、摄/录像机、广播等。

④ 音、视频输出设备：音响、录像机、电视机、投影仪等。

2. 多媒体计算机软件系统

多媒体计算机软件系统包括多媒体操作系统、多媒体创作工具、多媒体应用系统等。

支持多媒体播放环境的操作系统称为多媒体操作系统。多媒体操作系统是多任务操作系统。Windows系列操作系统是典型的多媒体操作系统，在Windows系列操作系统的支持下，一方面可以表现出图、文、声、像媒体协同表演的宏观效果；另一方面，在微观上，计算机通过分时系统轮流处理各个图、文、声、像的任务流。

多媒体软件创作工具是帮助开发者制作多媒体应用系统软件的统称，用来完成声音的录制与编辑、图像的扫描输入与处理、视频采集与压缩编码、动画制作与生成等，并将这些素材集成起来编制与生成各种多媒体应用软件。例如，Authorware、Powerpoint、Flash、Dreamweaver等多媒体应用软件的功能已相当强大，这不但使多媒体软件的开发过程大大简化，而且开发环境优美，极大地扩大了计算机的应用领域。

多媒体应用系统是由各领域的专家或开发人员利用多媒体创作工具制作的直接面向用户的最终多媒体产品。目前，多媒体应用系统所涉及的应用领域主要有网站建设、文化教育、电子出版、音像制作、影视制作、咨询服务、信息系统、通信和娱乐等。

1.5 课后习题与实践

一、单项选择题

1. 在进行网络直播或点播时，为了流畅地边下载边播放，需要（　　）的支持。

A. 数据压缩技术　　B. 网络传输技术

C. 流媒体技术　　D. 音频视频技术

2. 以下叙述中，正确的是（　　）。

A. 解码时删除一些重复数据以减少存储空间的方法称为有损压缩

B. 解码后的数据与原始数据不一致称有损压缩编码

C. 解码后的数据与原始数据不一致称无损压缩编码

D. 编码时删除一些无关紧要的数据的压缩方法称为无损压缩

二、填空题

1. 多媒体计算机的主要功能是处理________化的声音、图像及视频信号等。

2. ________卡是使多媒体计算机具有声音功能的主要接口部件。

3. 目前主要通过下载和________传输这两种方式，实现音频、视频等多媒体信息在网络上播放。

三、操作题

1. 通过互联网商场，找到一款目前你认为比较高档的声卡，罗列和说明其功能指标，说明这些功能指标的含义。

2. 在智能手机上寻找和下载一个你认为对自己的学习或生活会有帮助的虚拟现实或增强现实App。体验后，以图文并茂的方式向其他同学推荐你所使用的该App。

第 2 章
图像信息处理

图形图像是使用最广泛的一类媒体。它通常携带着丰富的信息，可以使人一目了然。有人统计，人们之间的相互交流，大约有 80％是通过视觉媒体实现的，其中，图形图像占据着主导地位。不仅如此，对有些事物，为了让人们更好地理解，对于原本不属于图形图像表达范畴的内容也将其图形化。比如，声音波形、温度曲线等。

本章首先介绍了色彩的基本知识，包括色彩的组成、计算机描述色彩的方法；其次介绍了数字图像的概念及重要参数、数字图像的获取方法、各种文件格式的特点及适用范围、数字图像文件的压缩；而后介绍了图像处理软件 Photoshop CC，包括用 Photoshop CC 对图像进行编辑、处理和美化的基本方法与技巧。

学习目标：

通过对本章内容的学习，学生应该能够做到：

• 了解：数字图像的获取方法，图形图像等基本概念；色彩空间模型、分辨率及常用图像处理软件；图层混合模式；通道及计算。

• 理解：基本数字图形、图像文件格式的特点与应用；色彩调整的基本方法；图层蒙版的概念与应用。

• 应用：熟练掌握 Photoshop CC 图像处理的基本方法，包括图像选取、填色、添加文字、图层操作及图层样式的使用；滤镜的概念及应用；Photoshop CC 在实际工作和生活中的应用。

2.1 图像基本知识

2.1.1 色彩基本知识

1. 色彩的三要素

观看色彩丰富的图像、电视及电影，会使人们心情愉悦，这主要缘于绚丽的色彩向人们提供丰富的信息，并带给人们美的感受。在计算机上使用的颜色与在其他方面使用的颜色并没有什么不同，只是它有一套特定的色彩记录与处理技术。因此，要理解图像处理软件中各种有关色彩的术语，首先要具备基本的色彩理论知识。

色彩是通过光被感知的，实际上就是视觉系统对可见光的感知结果。从人的视觉系统来看，色彩可用色调、饱和度和亮度来描述。通常将色调、饱和度和亮度称为色彩的三要素。人眼看到的任一彩色光都是这三个特性的综合效果。

（1）色调

色调是光的波长标志。它反映颜色的种类。光谱色是指红、橙、黄、绿、青、蓝、紫等颜色，这些颜色便是光谱色的色调。某一物体的色调是指该物体在日光照射下，所反射的各光谱成分作用于人眼的综合效果。如天空是蓝色的，这“蓝色”便是一种色调，它与颜色明暗无关。在图形图像处理中要求有固定的颜色感觉，有统一的色调，否则难以表现画面的情调和主题。

（2）亮度

亮度用来描述光作用于人眼所引起的视觉明亮程度的感觉，它与被观察物体的发光强度有关。

（3）饱和度

饱和度是指彩色光所呈现颜色的深浅或纯洁程度，通常是按各种颜色混入白色光的比例来表示的。如果在光谱中的某一种颜色中加入白光，颜色就会变浅，即饱和度降低了。

2. 三基色

太阳光通过棱镜后，会被分解成各种颜色的光。人们研究发现红、绿、蓝这三种色光按不同比例混合后，可以产生自然界中常见的各颜色的光。而这三种颜色光都不能由其他的颜色合成，因而被称为三基色。

2.1.2 图像的数字化及获取方法

1. 图像的数字化

图形图像是人们对现实生活中各种最常见景物和形象的抽象浓缩和真实再现。一幅图画可以形象、生动、直观地表现大量的信息，具有文本、声音无法比拟的优点。计算机所能处理的信号都是数字信号，所能处理的图像也都是数字图像，即直接量化的原始图像信号。

图像的数字化过程主要分采样、量化与编码三个步骤。

① 采样的实质就是要用多少点来描述一幅图像，采样结果质量的高低用图像分辨率来衡量。

② 量化是指要使用多大范围的数值来表示图像采样之后的每一个点。量化的结果是图像能够容纳的颜色总数，它反映了采样的质量。

③ 数字化后得到的图像数据量十分巨大，必须采用编码技术来压缩其信息量。在一定意义上讲，编码压缩技术是实现图像传输与存储的关键。已有许多成熟的编码算法应用于图像压缩。常见的有图像的预测编码、变换编码、分形编码、小波变换图像压缩编码等。

2. 数字图像的获取方法

获取图像是图像的数字化过程，在获取图像后可以将它转化为适合人们使用的形式在显示器上表示出来，也可以通过软件对图像进行编辑处理。

（1）利用计算机软件创建数字图像

可利用 Windows 自带的绘图工具——画图以及 Office 中的绘图工具来绘制图形，也可使用 Photoshop 等图像处理软件来制作图形图像。

（2）利用扫描仪获取图像

扫描仪主要是将印刷在纸上的文字、图像及普通照相机拍摄的照片等采集到计算机中。扫描仪是各种图像信息输入计算机的重要工具，它可以将原始资料原样转化为位图图像，是快速获取全彩色数字图像的最简单方法。利用扫描仪输入图片时，应注意选择合适的图像扫描分辨率。扫描分辨率越高，获得的数字图像中的像素就越多，对原始图像中细节的表现就越强，但数字图像文件的数据量也就越大，占用的存储空间越大。

（3）利用数码摄像机或数码照相机获取图像

利用数码摄像机或数码照相机，可以把照片甚至实际场景输入计算机产生数字图像。摄像机与扫描仪的区别是：扫描仪只能输入平面图像，而摄像机可以捕获三维空间的景物，即使是输入平面图像，速度也比扫描快。

（4）从屏幕上直接获取图像

对于静止图像可以使用键盘上的 <PrintScreen> 键抓图，对于屏幕活动图像的获取如 VCD、AVI 等，可使用超级解霸、金山影霸等视频播放软件的抓图功能来获取图像。

（5）从网络上下载

从网络上下载图片也是常用的获取图片的方法。方法：在网上搜索到所需图片，右击图片，在弹出的快捷菜单中选择【图片另存为】命令，即可将图片保存在存储器中。

（6）购买现成的图像库

现在市场上有很多素材光盘，将诸如风景、人物、实物等各种图像数字化后存储起来。一般都是大批量生产的，价格也比较低，购买后可直接使用。

2.1.3　数字图像的分类

在计算机中，经常采用两种方法来表达计算机生成的图形图像：一种称为矢量图法（即矢量图形），另一种称为点阵图法（即位图图像）。

1. 矢量图形

矢量图形是用一系列计算机指令来表示一幅画，如点、线、曲线、圆和矩形等。这种方法实际上是用数学方法来描述一幅画，然后变成许多数学表达式，再编程，用计算机语言来表达。例如现在流行的 Flash 动画，它就是矢量图形的一种典型应用。

矢量图形是用指令来描述的，与分辨率无关，因此在放大、缩小和旋转等操作后不会产生失真（见图 2-1）。矢量图形是文字（尤其是小字）和线条图形（比如徽标）的最佳选择。

2. 位图图像

一幅复杂的彩色照片，很难用数学方法来描述，这时可以采用点阵图法表示。点阵图法是把一幅彩色图分成许多像素，每个像素用若干个二进制位来指定该像素的颜色、亮度和属性。因此一幅图由许多描述每个像素的数据组成，这些数据通常称为图像数据。把这些数据存储为一个文件，称之为图像文件。位图图像与分辨率有关，因此在放大若干倍后，会出现严重的锯齿边缘（见

图 2–2），缩小后会“吃掉”部分像素点的内容。

图 2–1　矢量图形　　　　图 2–2　位图图像

2.2 图像处理基础

2.2.1 色彩模型

色彩模型是指计算机用于表示、模拟和描述图像色彩的方法。色彩可以由多种不同的方式描述，而每种方法都以“色彩模型”为基础。常用的色彩模型有以下几类。

1. RGB 色彩模型

RGB 色彩模型是指通过红（Red）、绿（Green）、蓝（Blue）三个色彩分量的不同比例，相加混合成需要的任意颜色。描述 RGB 模型的任意一种颜色有 8 位 256 色级。基于这样的 24 位 RGB 模型的色彩空间可以表现 $256 \times 256 \times 256 \approx$ 1 670 万色。可以在显示屏幕上合成任何所需要的颜色。RGB 色彩模型是 Photoshop 中最常见，也是最常用到的一种颜色模型。

2. CMY 色彩模型

计算机屏幕显示彩色图像时采用的是 RGB 模型，而在打印时一般需转换为 CMY 模型。CMY 模型是使用青色（Cyan）、品红（Magenta）、黄色（Yellow）三种基本颜色按一定比例合成色彩的方法。虽然理论上利用 CMY 混合可以制作出所需要的各种色彩，但实际上同量的 CMY 混合后并不能产生真正的黑色或灰色。因此，在印刷时常加一种真正的黑色（Black），因此，CMY 模型又称为 CMYK 模型。

3. HSB 色彩模型

HSB 模型是利用色调（Hue）、饱和度（Saturation）、亮度（Brightness）三个分量来表示颜色的。通过对三个分量取不同的值，可以组合成不同的颜色。HSB 模型是模拟人眼感知颜色的方式，比较容易为从事艺术绘画的画家们所理解。利用 HSB 模型描述颜色比较自然，但实际使用却不方便，例如显示时要转换成 RGB 模型，打印时要转换为 CMYK 模型等。

4. LAB 色彩模型

LAB 模型是以两个颜色分量 A 和 B 以及一个亮度分量 L（Lightness）来表示的。其中分量 A 的取值来自绿色渐变至红色中间的一切颜色，分量 B 的取值来自蓝色渐变至黄色中间的一切颜色。LAB 模型能表达的色彩空间比 RGB、CMYK 范围更大。

图 2–3 所示右下角展示了上述四种不同色彩模型对同一种颜色的描述。

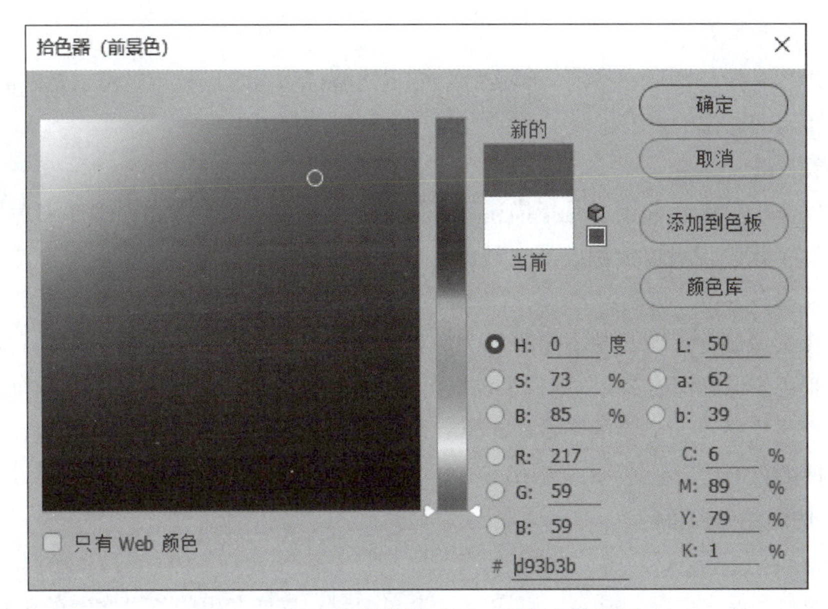

图 2-3　不同色彩模型对同一种颜色的描述

2.2.2　图像的基本属性

描述一幅图像的属性主要有分辨率、像素深度、真 / 伪彩色与直接色等。

1. 分辨率

像素是构成计算机图像的基本元素，即构成图像的最小单位。计算机将许多像素点组织成行列矩阵，整齐地排列在一个矩形区域内，形成数字图像。分辨率是指单位长度内的像素数目，是影响图像质量的重要参数，它可以分为屏幕、图像、扫描、打印分辨率。

（1）屏幕分辨率

屏幕分辨率又称为显示分辨率，是指屏幕上能够显示的像素数目，单位为像素 / 英寸（pixel per inch，ppi）。如屏幕分辨率为 640×480 像素，表示屏幕横向一行有 640 像素，纵向一列有 480 像素，即整个屏幕有 307 200 像素。屏幕分辨率与显示系统软硬件的显示模式有关，屏幕能够显示的像素越多，说明显示设备的分辨率越高，显示的图像越细腻。

（2）图像分辨率

图像分辨率是指描述一幅图像所使用的像素数目，单位是 ppi。图像分辨率与屏幕分辨率是两个不同的概念。图像分辨率是组成一幅图像的像素数目，而屏幕分辨率是指显示屏上能够显示出的像素数目。如果显示屏的分辨率为 640×480 像素，那么一幅 320×240 像素的图像只占显示屏的 1/4；相反，2 400×3 000 的图像就无法在这个显示屏上完整显示。

（3）扫描分辨率

扫描分辨率是指扫描仪每扫描 1 英寸图像所得到的像素点数，单位是 dpi（dot per inch）。dpi 值越大，扫描的效果也就越好。它的表示方式是用垂直分辨率和水平分辨率相乘表示。如某款产品的分辨率标识为：600×1 200 dpi，就表示它可以将扫描对象每平方英寸的内容表示成水平方向 600 点、垂直方向 1 200 点，两者相乘共 720 000 个点。

（4）打印分辨率

打印分辨率是指打印机在指定打印区域中最多能够打印出的点数，单位也是 dpi。打印分辨率越高，打印出的图像清晰度越好。

2. 像素深度

像素深度（也称颜色深度）是指描述每个像素所使用的二进制位数。对于彩色图像来说，像素深度决定了该图像可以使用的最大颜色数目。像素深度取决于数字化时每个像素所占用的位数，也就是用多少位二进制数表示一个像素。

例如，像素深度为 1 位，则图像中每个像素用 1 位二进制数表示，那么它就只有两种取值即黑白两种颜色。像素深度为 8，则每个像素可用 8 位二进制数表示，有 2^8 种不同取值，即 256 种颜色。像素深度越高，显示的图像越丰富，画面越自然逼真，但数据量也会随之增加。常见的像素深度种类有 1 位、4 位、8 位、16 位、24 位和 32 位等。

3. 真 / 伪彩色与直接色

（1）真彩色（True Color）

图像中的每个像素值都分成 R、G、B 三个基色分量，这样产生的色彩称为真彩色。

在许多场合，真彩色图通常是指 RGB 8∶8∶8，即 R、G、B 都用 8 位来表示，每个基色分量占一个字节，共 3 个字节，每个像素的颜色就由这 3 个字节中的数值直接决定，可生成的颜色数就是 2^{24} =16 777 216 种，也常称为全彩色（Full Color）图像。

用 3 个字节表示的真彩色图像所需要的存储空间很大，人的眼睛很难分辨出这么多种颜色，而且显示器显示的颜色不一定是真彩色，要得到真彩色图像需要有真彩色显示适配器，目前在计算机上用的 VGA 适配器很难得到真彩色图像。

（2）伪彩色（Pseudo Color）

伪彩色图像的含义是每个像素的颜色不是由每个基色分量的数值直接决定，而是把像素值当作彩色查找表（Color Look-Up Table，CLUT）的表项入口地址，去查找一个显示图像时使用的 R、G、B 强度值，用查找出的 R、G、B 强度值产生的彩色称为伪彩色。

彩色查找表 CLUT 是一个事先做好的表，表项入口地址也称为索引号。例如 16 种颜色的查找表，0 号索引对应黑色，……，15 号索引对应白色。彩色图像本身的像素数值和彩色查找表的索引号有一个变换关系，这个关系可以使用 Windows 定义的变换关系，也可以使用用户自己定义的变换关系。使用查找得到的数值显示的彩色不是图像本身真正的颜色，它没有完全反映原图的彩色。

（3）直接色（Direct Color）

把每个像素值分成 R、G、B 分量，每个分量作为单独的索引值对它做变换。也就是通过相应的彩色变换表找出基色强度，用变换后得到的 R、G、B 强度值产生的彩色称为直接色。它的特点是对每个基色进行变换。

直接色系统与真彩色系统相比，相同之处是都采用 R、G、B 分量决定基色强度，不同之处是前者的基色强度由 R、G、B 经变换后决定，而后者的基色强度直接用 R、G、B 决定。因而这两种系统产生的颜色就有差别。试验结果表明，使用直接色在显示器上显示的彩色图像看起来自然逼真。

直接色系统与伪彩色系统相比，相同之处都采用查找表，不同之处是前者对 R、G、B 分量分别进行变换，后者是把整个像素当作查找表的索引值进行彩色变换。

2.2.3 常用图像处理软件

图像处理主要是利用计算机中硬件和各种软件的配置，对采集的图形图像信号进行编辑，包括图像文件格式的转换、色彩的调整、亮度、对比度的变化，以及变形、缩放和特效等。

常用图像处理软件有以下几种：

1. Photoshop

Photoshop（简称 PS）是美国 Adobe 公司开发和发行的图形图像处理软件。Photoshop 在平面设计、广告、出版、动画、网页设计、多媒体制作和建筑等诸多领域都有着广泛的应用，是目前主流的图形图像处理软件。

2. Painter

Painter 是加拿大 Corel 公司生产的最优秀的电脑绘图软件之一，有惊人的仿真绘画效果和造型效果，在业内首屈一指，将 Painter 定义为艺术级绘画软件可能更为合适。它主要应用在编辑合成、特效制作以及二维图形等方面。

3. Adobe Illustrator

Illustrator，也是美国 Adobe 公司出品，常被称为“AI”，是目前最为常用的是一种矢量图形处理软件，深受艺术家、专业设计人员及广大电脑美术爱好者的青睐，主要应用于印刷出版、海报书籍排版、专业插画、多媒体图像处理和互联网页面的制作等。

4. CorelDRAW

Corel 公司的 CorelDRAW 是一款广为流行的矢量图形绘图软件，也可以处理位图。它在矢量图形处理中有着非常重要的地位。目前非常多的专业设计人员经常使用 CorelDRAW 来进行一些原创图形及标志的制作。

除上述软件外，还有很多优秀的图形图像处理软件，可根据需要自行选取。

另外，随着手机使用越来越频繁，使用手机 P 图小软件也可以对图像进行编辑，如美图秀秀、天天 P 图、Facetune、PicsArt 等，使用简单方便，可瞬间打造出精致、充满乐趣的高品质图像。

2.2.4 数字图形、图像文件格式

对于图形图像，由于记录的内容不同，文件的格式也不相同。在计算机中，不同文件格式用不同文件后缀标识。各种文件格式的设计都有一定的背景，有些是为了特定的显示适配器开发，有些是为了某个特定目的开发，每种文件格式都有各自的特点及适用范围。下面介绍几种常见的文件格式。

1. PSD 文件

PSD（Photoshop Document）文件是图像处理软件 Photoshop 的专用格式，是唯一能支持全部图像色彩模式的格式。在 Photoshop 所支持的图像格式中，PSD 的存取速度比其他格式都快，功能也很强大，可以存储为 RGB 或 CMYK 模式，可以将图层、通道、遮罩等属性资料一并保存，

以便下次打开文件时可以修改上一次的设计。但相对于其他格式的图像文件，以 PSD 格式保存的图像文件要占用更多的磁盘空间。

2. BMP 文件

BMP（Bitmap）文件格式是一种标准的点阵图像文件格式，在 Windows 环境下运行的所有图像处理软件都支持这种格式。每个文件只能存放一幅图像，图像数据是否采用压缩方式存储取决于文件的大小与格式，即压缩处理成为图像文件的一个选项，用户可以根据需要进行选择，默认采用非压缩格式，所以数据量比较大。

3. GIF 文件

GIF（Graphics Interchange Format）译为图像交换格式，由 CompuServe 公司设计开发。其最初目的是为了方便网络用户传输图像数据而设计的，是一种基于 LZW 算法（一种先进的数据压缩编码）的无损压缩格式，压缩率一般在 50%。就单从格式来说，GIF 是无损的。不过，在现实软件的应用中，GIF 文件通常都会被进行有损压缩。

GIF 文件主要特点：一个文件可以存放多幅图像，若选择适当的浏览器还可以播放 GIF 动画。另外，GIF 只支持 256 种颜色，是网络上普遍使用的一种图像文件格式。

4. JPEG 文件

JPEG（Joint Photographic Experts Group）图像格式的文件结构和编码方式比较复杂，其扩展名为 JPG。它采用有损压缩方式去除冗余的图像和彩色数据，在获得极高压缩率的同时展现十分丰富、生动的图像，适于在 Internet 上传输图像。

JPEG 文件格式具有以下特点：适用性广，大多数图像类型都可以进行 JPEG 编码；对于数字化照片和表达自然景物的图片，JPEG 编码方式具有非常好的处理效果；对于使用计算机绘制具有明显边界的图形，JPEG 编码方式的处理效果不佳。

5. TIFF 文件

TIFF（Tag Image File Format）文件缩写为 TIF，是一种灵活的位图格式，主要用来存储包括照片和艺术图在内的图像，最初是由 Aldus 和 Microsoft 公司一起为 PostScript（专门为打印图形和文字而设计的一种编程语言）打印开发，适用于很多应用软件，例如图像处理软件、图形设计软件、字处理软件和排版软件等。

TIFF 格式具有图形格式复杂、存储信息多的特点，常应用于印刷。3ds MAX 中的大量贴图就是 TIFF 格式的。TIFF 的最大颜色深度为 32 位，可以用 LZW 无损压缩方案来存储，大大减少了图像体积。TIFF 格式分为压缩和非压缩两类，非压缩的 TIFF 独立于软硬件环境。

6. PNG 文件

PNG（Portable Network Graphics）是为了适应网络数据传输而设计的一种图像文件格式，一开始便结合了 GIF 和 JPG 两家之长，其目的是希望替代这两种图像文件格式，同时增加 GIF 文件格式所不具备的一些特性。

PNG 文件格式的主要特点有：在绝大多数情况下，压缩比高于 GIF 文件（一般可以提高 5% ~ 20%）；利用 Alpha 通道可以调节透明度；提供 48 位真彩色或者 16 位灰度图等。由于 PNG 是一种新颖的图像格式，所以目前并非所有程序都可以使用这一格式，但 Photoshop 可以处理 PNG 图像文件，也可以用 PNG 图像文件格式存储编辑后的图像。

7. WMF 文件

WMF（Windows Metafile Format）文件是 Windows 中的一种常见文件格式。Microsoft Office 的剪贴画就是采用这一格式，它是微软公司在 Windows 平台下定义的一种图形文件格式。目前其他操作系统，如 UNIX、Linux 等，尚不支持这种格式。WMF 格式所占用的磁盘空间比其他格式的图形文件小得多，所以图像也比较粗糙。

图像文件格式是如此之多，这里不再一一列举。随着多媒体技术的发展，会有越来越多的文件格式出现。在 Photoshop CC 图像处理软件中，可根据不同需要将图像存储为各种类型的图像文件，如图 2-4 所示。

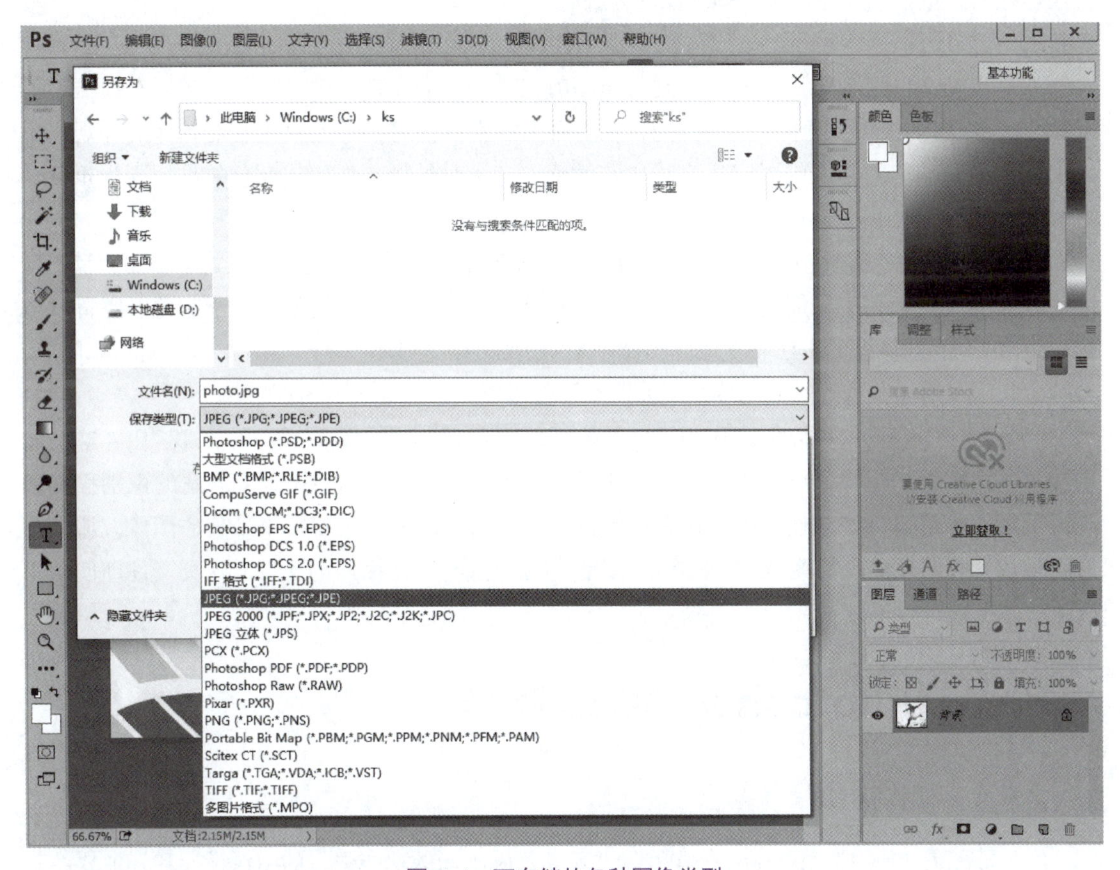

图 2-4　可存储的各种图像类型

2.2.5 数字图像文件的压缩

经过数字化处理后，数字图像的数据量非常大，如果不进行数据压缩处理，计算机系统就无法对它进行存储和交换。例如：一幅分辨率为 640 × 480 像素的 24 位真彩色图像，其数据量约为 900 KB（640 × 480 × 3 Byte =921 600 Byte=921 600/1 024 KB =900 KB，Byte 即字节，KB 即千字节）。因此，需要使用数据压缩技术来减少数字图像的数据量。图像压缩方法繁多，但总体可分为无损压缩和有损压缩两种方法。

1. 无损压缩

如果压缩文件经解压后，得到的文件与压缩前完全一致，就是无损压缩。无损压缩的基本原理是相同的颜色信息只须保存一次。压缩图像的软件首先会确定图像中哪些区域是相同的，哪些是不同的。包含重复数据的图像就可以被压缩。如蓝天，只有蓝天的起始点和终结点需要被记录下来，但是蓝色可能还会有不同的深浅，这就需要另外记录。

从本质上看，无损压缩的方法可以删除一些重复数据，大大减少图像的体积。人们经常使用的 WinRAR、WinZIP 等都是无损压缩软件。但是，无损压缩的方法并不能减少图像的内存占用量，因为从磁盘上读取图像时，软件会把丢失的像素用适当的颜色信息填充进来。如果要减少图像占用内存的容量，就必须使用有损压缩的方法。

2. 有损压缩

如果压缩文件经解压后，不能得到与压缩前完全一致的文件，就是有损压缩。有损压缩可以减少图像在内存和磁盘中占用的空间，在屏幕上观看图像时，不会发现它对图像的外观产生太大的不利影响。因为人的眼睛对光线比较敏感，光线对景物的作用比颜色的作用更为重要，这就是有损压缩技术的基本依据。

有损压缩的特点是保持颜色的逐渐变化，删除图像中颜色的突然变化。生物学中的大量实验证明，人类大脑会利用与周边最接近的颜色来填补所丢失的颜色。例如，对于蓝色天空背景上的一朵白云，有损压缩的方法就是删除图像中景物边缘的某些颜色部分。当在屏幕上看这幅图时，大脑会利用在景物上看到的颜色填补所丢失的颜色部分。

利用有损压缩技术可以大大压缩文件的数据，但是会影响图像质量。如果只是在屏幕上显示经过有损压缩的图像，可能不会对图像质量产生太大影响，至少对于人类眼睛的识别程度来说区别不大。可是，如果使用高分辨率打印机打印一幅经过有损压缩技术处理的图像，那么图像质量就会有明显的受损痕迹。JPEG 格式的图像是经过有损压缩后的文件，这类文件即使再用压缩软件也很难再压缩了。

2.3 Photoshop CC 基础操作

2.3.1 操作环境

Photoshop CC 是一款由 Adobe 公司开发并不断推陈出新的功能强大的图像设计和处理软件，集图形创作、文字输出、效果合成、特效处理等诸多功能于一体的绝佳图像处理工具，被形象地称为“图像处理超级魔术师”。

启动 Photoshop CC 应用程序后，出现图 2-5 所示操作界面。用户可通过【编辑】|【首选项】|【界面】命令来更改 Photoshop CC 界面外观的颜色方案。熟悉其操作界面、窗口、常用菜单及命令，是运用 Photoshop 处理图像的基础。主要区域介绍如下：

1. 菜单栏

Photoshop CC 默认有文件、编辑、图像、图层、文字、选择、滤镜、3D、视图、窗口、帮助共 11 个菜单，为大多数命令提供入口。

图 2-5　Photoshop CC 操作界面

2. 工具箱

Photoshop CC 工具箱包含了 Photoshop 在图像处理过程中使用最频繁的工具，能够执行数字图像的编辑、设计等操作。工具箱的工具图标右下角有小三角的，说明此工具有隐藏工具。鼠标长按或右击小三角，可打开隐藏的工具组。

3. 工具选项栏

工具选项栏专门用于设置工具箱中各种工具的参数。大多数工具的选项都显示在选项栏中，当某一工具被选取时，可以通过工具选项栏对该工具进行相应属性的设置。设置的参数不同，得到的图像效果也不同。

4. 面板组

Photoshop CC 提供了各种不同类型的面板，利用这些面板可以对当前编辑的对象、过程、状态、属性等的选项进行调整。用户可以通过【窗口】菜单自定义选择需要的面板。

例如，用户的每一次操作都会被记录并显示在“历史记录”面板中，通过“历史记录”面板可以随时回到某一操作前的状态。默认情况下“历史记录”面板能够保存 50 条操作步骤，通过【编辑】|【首选项】|【性能】命令还可在 1 ~ 1 000 条范围内进行调整。

5. 图像编辑窗口

图像编辑窗口是显示、编辑、处理图像的区域，每幅图像都有自己的图像窗口。在此可以打开多个窗口，同时进行操作。Photoshop CC 文件是一种选项卡式文档窗口，就是多个文件都显示在选项卡中，这样在不同文件间切换将很方便（见图 2–6）。

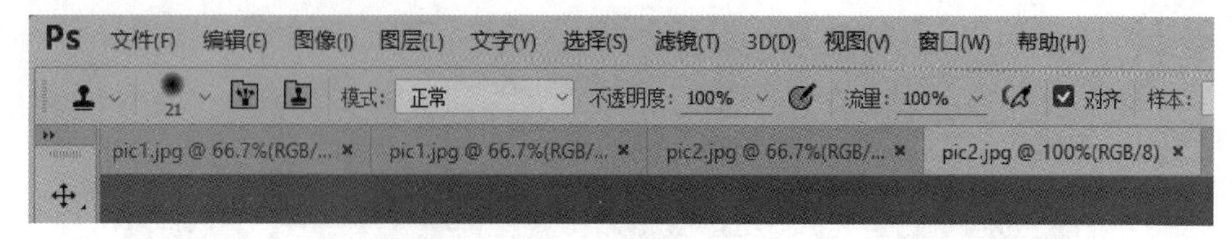

图 2-6　文档窗口选项卡

用户也可根据需要在【窗口】|【排列】命令选择需要的文档显示方式（见图 2-7）。

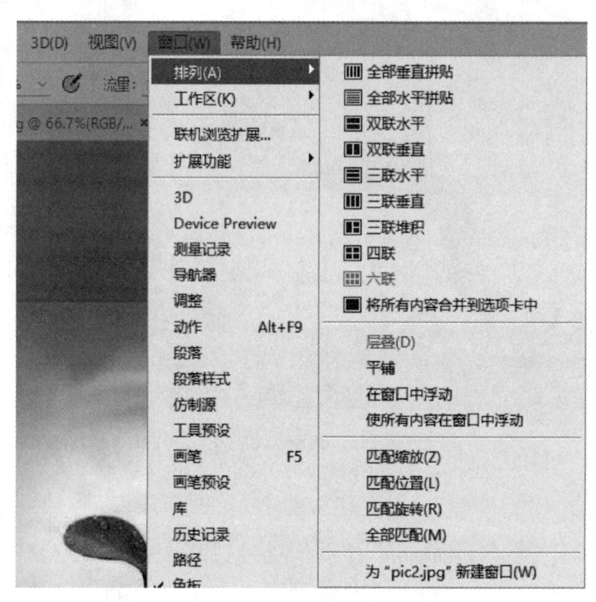

图 2-7　文档显示方式

6. 状态栏

状态栏用于显示当前打开图像的相关信息，提供当前操作的一些帮助信息。

2.3.2　图像编辑

在 Photoshop 中，可以对图像进行简单的编辑操作，包括移动、复制、粘贴、缩放、变换图像等，是图像处理的基础操作。

1. 移动图像

工具箱中第一个工具即为移动工具，可以用来移动当前图像的位置，还可以将当前图像移动到其他文档中。只需利用鼠标左键拖动当前图像，就能完成移动操作。跨文档拖动时，需要在拖动过程中按住鼠标左键不放，将其拖动到另一个文档中。

2. 缩放图像

使用菜单命令【编辑】|【自由变换】（<Ctrl+T> 组合键）或【编辑】|【变换】|【缩放】，图像周围将出现 8 个控制点，将鼠标指针移至控制点上进行拖动，即可完成图像的放大或缩小操作。在缩放过程中同时按 <Shift> 键，可保持图像的宽高比不变。

3. 图像变换操作

Photoshop 提供了十分强大的图像变换功能，包括斜切、扭曲、透视与变形等。在菜单【编辑】|【变换】中均可找到相应的命令。与缩放类似，只需利用鼠标进行简单的拖动，即可完成多种不同的图像变形效果。

2.3.3 常用工具的应用

1. 画笔、铅笔工具和橡皮擦工具

画笔和铅笔工具是 Photoshop 中两个图像绘制工具，都是以前景色为基础来绘制图像，绘制前可在其属性工具栏中进行设置，以达到不同的绘制效果。两者都可以通过按 <Shift> 键来绘制直线。两者的区别是：画笔绘制的是软边线条，而铅笔绘制的是硬边线条。

橡皮擦工具可以用来擦除图像。橡皮擦工具和画笔工具使用方法类似，在普通图层上使用橡皮擦工具，擦除部分呈透明色；在背景层上使用橡皮擦工具，擦除部分被当前背景色替代。

2. 填色工具

（1）油漆桶工具

油漆桶工具可以用来填充前景色或图案。选中油漆桶工具，在其属性工具栏中可设置填充的内容是前景色还是图案；还可以设置容差，选择的容差值越大，油漆桶工具允许填充的范围就越大。

（2）渐变工具

渐变工具可填充多种颜色的渐变样式。通过其属性工具栏的渐变编辑器和渐变类型可以填充不同的渐变效果（见图 2-8）。

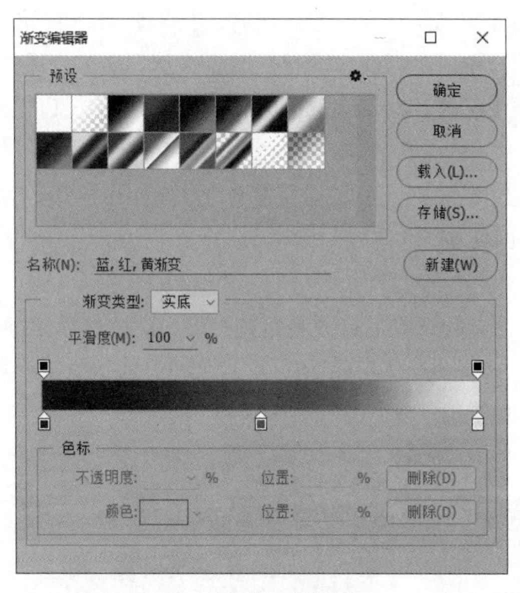

图 2-8　渐变编辑器

（3）图章工具

图章工具主要用于复制图像和用图案绘图，包括仿制图章和图案图章。

仿制图章将图像复制到另一位置或另一幅图中，可用来局部修复或修饰图像。通过“按 <Alt> 键 + 单击”进行取样，然后在目标位置用鼠标绘制即可。

使用图案图章时，只需打开属性工具栏的图案拾色器选择图案，在目标位置用鼠标绘制即可。

2.3.4 选区的基本操作

1. 选择工具的使用

在处理图像过程中经常要将图中的某部分选取出来，进行复制、拼接和剪裁等操作。在 Photoshop CC 中常用的基本选取工具有选框工具组、套索工具组及魔棒工具等。

（1）选框工具组

使用选框工具组中的选择工具，可以创建矩形、椭圆和长度或高度为 1 像素的行（列）的选区。配合使用 <Shift> 键可建立正方（圆）形选区（光标单击处为这个矩形选区的一个角点），配合使用 <Alt> 键可建立从中心扩展的选区（光标单击处为这个选区的中点）。

选框工具的选项如图 2-9 所示。

图 2-9 选框工具选项

① 新选区：将选中一个新的、独立的选区。

② 添加到选区：当图像中已经存在一个选区时，会再叠加一个新的选区。

③ 从选区减去：当图像中已经存在一个选区时，会从原选区中减去新创建的选区。

④ 交叉选区：当图像中已经存在一个选区时，和原选区相交叉部分形成选区。

（2）套索工具组

如果所选取的图像边缘不规则，可以使用套索工具组中的套索工具、多边形套索工具和磁性套索工具绘出需要选择的区域。

（3）魔棒工具

魔棒工具是一个非常神奇的选取工具，利用它可以一次性选择相近颜色区域。当使用魔棒工具单击图像中的某个点时，附近与它颜色相似的区域便自动进入选区。由于其操作方法简单有效，在选择背景色等情况下经常使用。

魔棒工具的选项如图 2-10 所示。

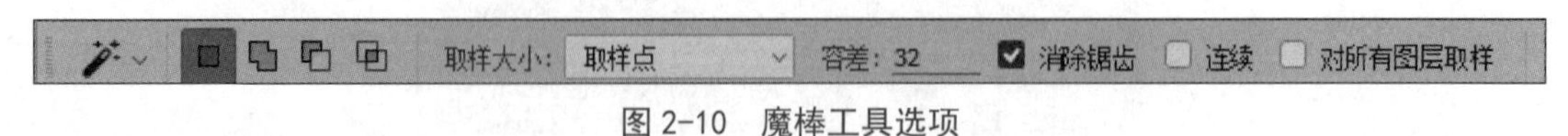

图 2-10 魔棒工具选项

① 容差：用来确定选定像素色彩的差异。范围为 0 ~ 255。数值较低时，选择值精确，选择范围较小；数值越高，选择宽容度越大，选择的范围也更大。

② 消除锯齿：创建较平滑边缘选区。

③ 连续：单击选中【连续】时，只形成相近颜色的连续闭合回路。反之，整个图像中相近颜色的所有像素一起被选择。

④ 对所有图层取样：选择所有可见图层中相近颜色。否则，魔棒工具将只从当前图层中选择相近颜色创建选区。

（4）快速蒙版

快速蒙版是指快速在图像上创建一个暂时的蒙版效果，常用来进行复杂边缘图像的抠图。

使用快速蒙版抠图的一般方法：打开图像，单击【以快速蒙版模式编辑】工具，此时前景色 / 背景色自动变为黑 / 白，选择画笔工具对待选中区域进行涂抹，完成后再次单击快速蒙版工具退出蒙版模式，画笔涂抹过的地方以外全部被选中，通过【选择】|【反选】命令完成抠图。

（5）选区编辑

选区形成后，可根据需要对选区进行移动、扩大、缩小、羽化、反选、存储、取消等各种操作。

① 移动：在任何选区工具（新选区）状态下，将鼠标指针放在选区内拖动，则可以移动选区。

② 扩大、缩小：执行【选择】|【修改】命令下的各子命令可对已存在选区进行各种修改。

③ 羽化：羽化选区能够实现选区的边缘模糊效果。羽化半径越大，效果越明显，反之越小。

④ 反选：使当前选中部分成为不选中，而当前没有选中的部分变为选中。

⑤ 取消选择：当选区创建完后，Photoshop 的所有操作都将在选区内进行，因此，当完成选区内编辑时应该及时取消已存在的选区。执行【选择】|【取消选择】命令或使用组合键 <Ctrl+D> 可取消当前的选区。

2.3.5　文字处理

文字能使作品传达的信息更直接、更丰富。因此文字处理也是图像处理中必要的编辑手段。Photoshop 具有很强的文字编辑和文字效果设计功能。

1. 创建文字

在工具箱单击【文字工具】，出现的文字工具组包括四种，如图 2-11 所示。使用这些工具可以在图像中创建文字或者文字蒙版，并编辑文字。

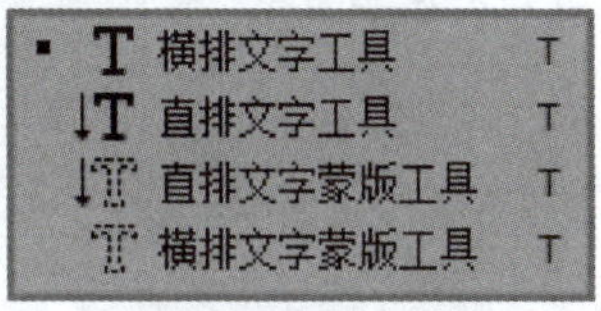

横排文字工具　T
直排文字工具　T
直排文字蒙版工具　T
横排文字蒙版工具　T

图 2-11　文字工具组

使用文字工具输入文字时，先在其属性工具栏进行属性设置，输入后可打开字符面板或【创建文字变形工具】进一步设置。设置完成后，单击属性工具栏【提交】按钮，完成文字输入。

2. 文字编辑

使用【横 / 直排文字工具】输入文字时，在“图层”面板中会自动添加一个新的文字矢量图层，文字的放大缩小不会产生马赛克。但要对文字图层应用滤镜特效等，必须对文字图层进行“栅格化”处理（右击待栅格化文字层，在弹出的快捷菜单中选择【栅格化文字】命令）。“栅格化”后的文字成为普通位图图层，可运用各类滤镜特效。

使用【直 / 横排文字蒙版工具】输入文字时，版面会立即进入快速蒙版模式，不会生成新图层。文字输入完成后同样能进行文字变换和排版等编辑。结束输入时，所输入的文字会自动变成选区，并退出快速蒙版模式。

2.3.6 色彩调整

如果不满意原始图像的色彩，例如图像偏色、光线不足、失真等，需要进行色彩的调整。理解和恰当运用 Photoshop 的“色彩调整”，除了可修复图像色彩方面的不足以外，还可以为图像替换颜色、修复老照片、为黑白图像着色等。常用的图像色彩调整命令包括色阶、曲线、亮度 / 对比度、色相 / 饱和度等。

执行【图像】|【调整】|【色阶】命令，可以用高光、暗调、中间调三个变量来调整图像的明暗度。在输入色阶区域，拖动左边的黑色“暗调”滑块可以调整图像的暗部色调，拖动中间的灰色“中间调”滑块可以调节图像的中间色调，拖动右边的白色“高光”滑块可以调节图像的亮部色调。在输出色阶区域，拖动黑色滑块将减低暗调，拖动白色滑块将减低高光。图 2-12 所示为使用色阶调整图像的效果。

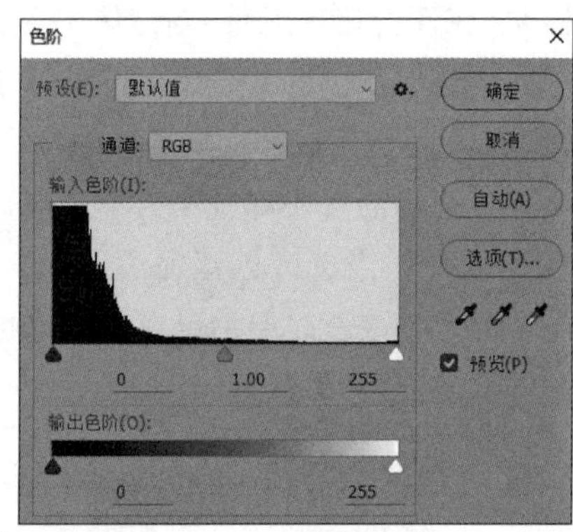

（a）调整前

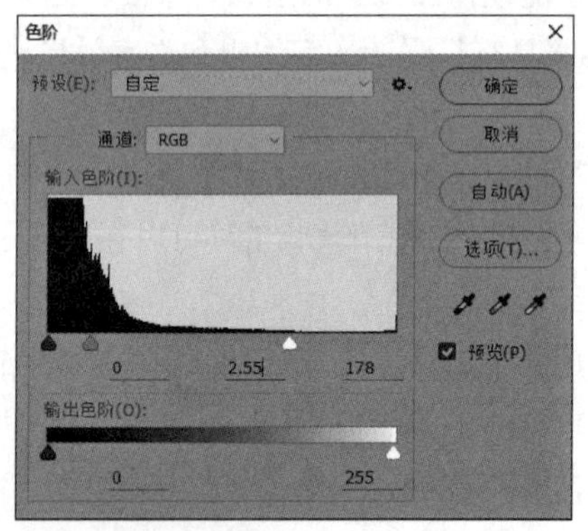

（b）调整后

图 2-12 使用【色阶】命令调整图像效果对比

执行【图像】|【调整】|【曲线】命令，通过调整曲线网格中曲线的形状调整图像的整个色调范围。与【色阶】命令不同的是，【曲线】命令不只是使用高光、暗调、中间调三个变量进行调整，而是可以调整 0 ~ 255 范围内的任意点，在调整某一区域的同时，可保持其他区域上的效果不受影响。图 2-13 所示为使用曲线调整图像的效果。

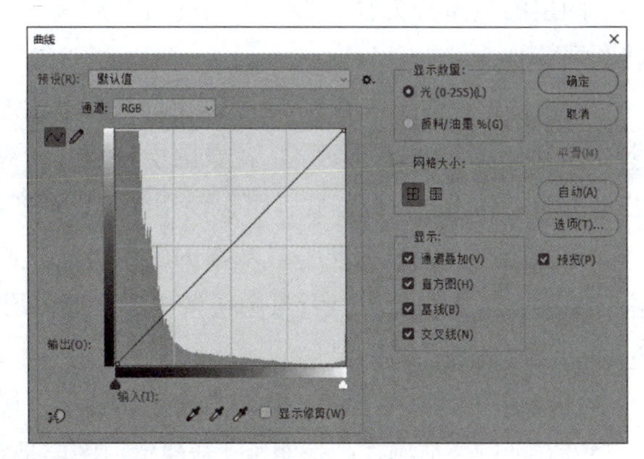

（a）调整前

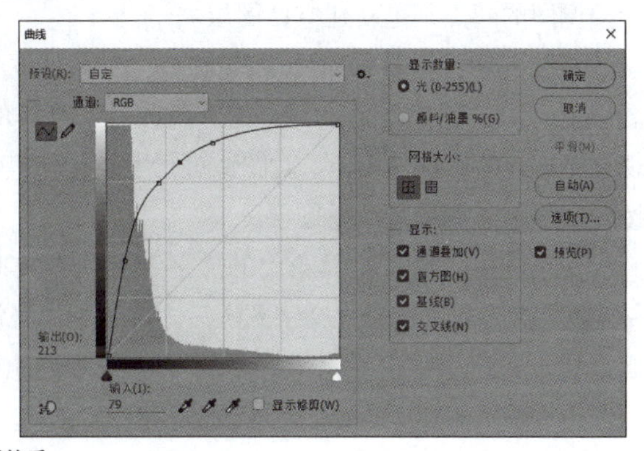

（b）调整后

图 2-13　使用【曲线】命令调整图像

执行【图像】|【调整】|【亮度/对比度】命令，可以调整图像的亮度和对比度，但是只能简单、直观地对图像做较粗略的调整。

执行【图像】|【调整】|【曝光度】命令，可以调整曝光度不足的图像文件，“曝光度”对话框中的“曝光度”主要用来调整色调范围的高光端，“位移”主要调整色调范围的中间调。

在 Photoshop 的【图像】|【调整】命令的下拉菜单中还提供了一系列命令，可用来调整图像色调和色彩平衡。

2.4　Photoshop CC 图层及通道

2.4.1　图层

1. 图层的概念

图层是 Photoshop 中一个非常重要的工具，是 Photoshop 操作的基础与核心，图层之间的关系可以理解为一张张相互叠加的透明纸，可根据需要在这张“纸”上添加、删除构成要素，或对其中的某一层进行编辑而不影响其他图层。通过控制各个图层的透明度以及图层色彩混合模式能够制作出丰富多彩的图像特效。

图层的类型分为很多种，常用的有背景层、普通图层、空白层、调整图层、文字图层、形状图层等。

背景图层：打开一幅图像后，图层面板自动生成一张图层，即背景图层。从PS新建一个文档，也会默认生成一个背景图层。背景图层特点：始终在最下边，不可以调节图层顺序；不可以调节不透明度和添加图层样式；可以使用画笔、渐变、图章和修饰工具等。

普通图层：普通图层是最基本的图层类型。普通层可以进行移动图层位置等全部操作。单击背景层上的锁，可以将背景图层解锁成普通图层（旧版PS需要双击解锁），从其他图像合成过来的图层也是普通图层。

空白图层：从图层面板单击【创建新图层】按钮可创建一个空白图层。空白图层实际就是一张没有进行任何操作的透明纸。新建空白图层是软件使用中的频繁操作，绘制图形、无损修脏、无损调图的起点都是新建空白图层。

调整图层：调整某一图层的亮度、色彩、曝光、曲线等信息，可以将这些修改直接施加在图层上，但这种修改是不可逆的，因此是不推荐的。而通过新建不同类型的调整图层，可以实现在不破坏原图的情况下，对图像进行上述操作。单击图层面板底部【创建新的填充或调整图层】按钮即可创建图像的调整图层。

文字图层：通过工具箱中的文字工具输入文本，就产生文字图层。文字图层对特效操作有一定的限制，需要栅格化文字图层后才能进行滤镜调整等操作。文字图层是一种特殊的矢量图层。栅格化主要产生两个变化：将不能再修改文字的内容；丢失了文字的矢量特性，放大缩小会对图像造成损失。

形状图层：通过工具箱中的形状工具和钢笔工具来创建。形状工具可以通过简单拖拉的方式创建比如直线、矩形、圆角矩形、圆形等规则形状，也可以通过自定义形状工具创建任何预先定义好的复杂的矢量图形。

如图2-14右侧所示图层面板中，从下往上依次为背景图层、普通图层、空白图层、调整图层、文字图层和形状图层。

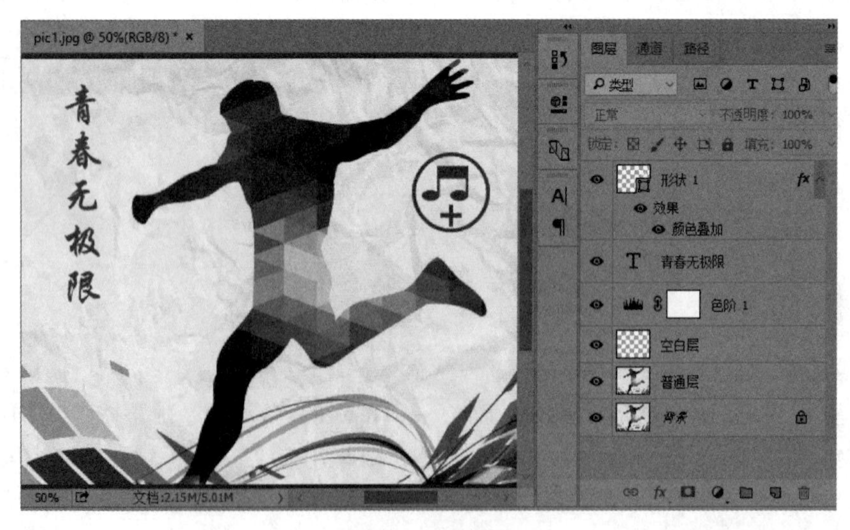

图2-14　各种图层

2. 图层基本操作

图层的基本操作包括新建、删除、复制、合并及不透明度等，可以通过【图层】面板或【图层】菜单来完成。

3. 图层特效操作

（1）图层样式

图层样式是 Photoshop 制作图像特效的重要手段之一，利用它可以快速生成投影、斜面和浮雕和发光等效果。图层样式可以应用于除背景图层以处的任意一个图层。设置图层样式的方法有：单击图层面板下方的【添加图层样式】按钮 fx，或双击需要添加样式的图层缩览图，还可以选择【图层】|【图层样式】命令来操作。

（2）图层混合模式

图层混合模式是指当前图层与其他图层之间叠加的效果。打开【图层样式】对话框中的【混合选项】（见图 2-15），选择下拉列表中的选项可对图层混合效果进行设置。

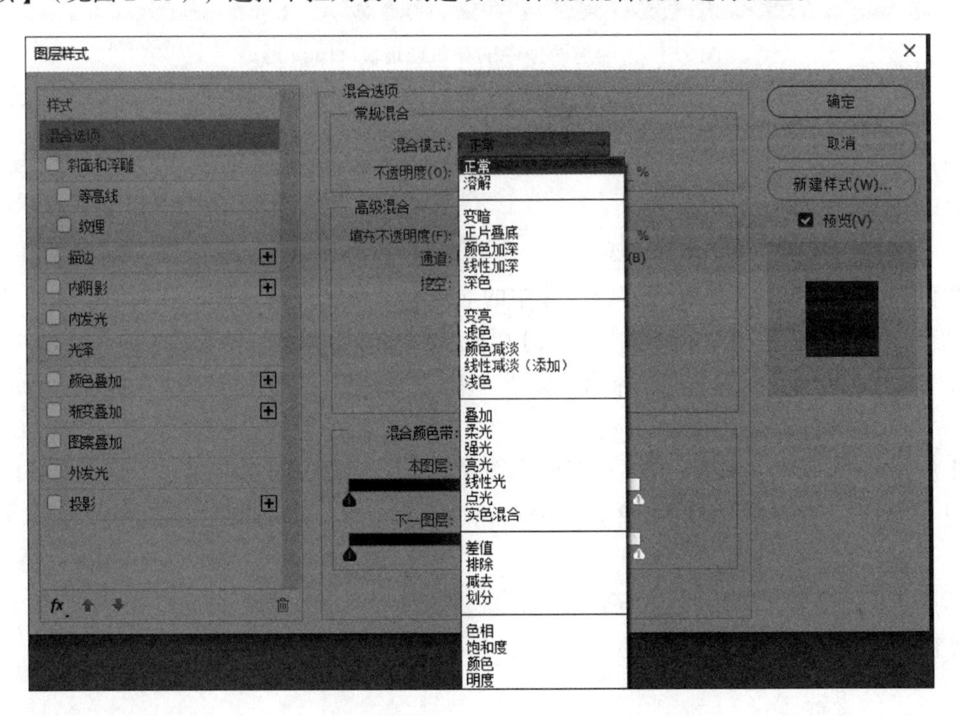

图 2-15　“图层样式”对话框

2.4.2 通道

1. 通道概述

通道就是颜色分量。Photoshop 中各个通道的值是存储在图像数据中的。计算机通过计算，可以定量而准确地还原出颜色。

一幅图像通常包括三种通道：颜色通道、Alpha 通道、专色通道。其中，颜色通道是图像的固有色彩信息，Alpha 通道用来存储选区，专色通道用于专色油墨印刷的附加印版。通道操作主要通过“通道”面板。

如图 2-16 右侧所示的通道面板中有颜色通道和 Alpha 通道。

图 2-16　通道面板中的颜色通道和 Alpha 通道

2. 通道的常用功能

通道可用于建立、存储和载入选区，可以直接作为一个图层使用，也可以作为图层的蒙版使用。

3. 通道的应用——图像混合计算

图像混合计算可以将一幅或多幅图像中的通道和图层进行混合计算来创建图像的特效，使用的命令有【图像】|【计算】和【图像】|【应用图像】。

【计算】命令：用于混合两个来自一幅或多幅图像的单个通道，可以将结果应用到新图像、新通道，或当前图像的选区。

【应用图像】命令：用于将一幅图像的图层和通道（源）与当前图像（目标）的图层和通道进行混合。在使用【应用图像】命令时应注意，源图像和目标图像文件的像素大小必须相同。

【计算】命令和【应用图像】命令类似，区别在于【计算】命令可以将混合后的结果保存为一个新的图像文件或一个新通道。

2.5 Photoshop CC 特效

2.5.1 蒙版

蒙版分为图层蒙版、矢量蒙版及剪切蒙版，其中常用的是图层蒙版。

图层蒙版是一种遮盖工具，用以控制图层中的某些区域如何隐藏或显示。通过修改图层蒙版，可以对图层应用各种特殊效果，而不会影响该图层的原有图像。图层蒙版是灰度图，在图层蒙版上可以用黑色、白色、灰色对相应的图层图像产生隐藏、不隐藏和半隐藏的效果。

黑色作用在图层蒙版上使图像完全透明，白色为完全不透明，不同灰色将使图像呈不同的半透明显示。

如果某选区加载到图层蒙版上，则该选区被保护，其他部分被遮罩。运用此方法，可创建特效文字和图像。

蒙版是图像处理中制作图像特殊效果的重要技术。在蒙版的作用下，Photoshop 的各项调整功能可以真正发挥到极致，得到更多绚丽多彩的图像效果。

2.5.2 滤镜

滤镜是一种植入 Photoshop 的功能模块，它是 Photoshop 中最奇妙的部分。掌握好滤镜的使用技巧，能够创建出各种精彩绝伦的艺术效果和神奇画面。在图像处理过程中灵活运用滤镜功能，还可以达到掩盖缺陷和锦上添花的效果。Photoshop 滤镜可以分为两种，Photoshop 自身附带的滤镜称为内置滤镜，通过安装引入第三方厂商开发的滤镜称为外挂滤镜。这里主要介绍一些常用的内置滤镜。

（1）像素化滤镜

像素化滤镜可以将图像先分解成许多小块，然后进行重组，因此处理过的图像外观如同是许多碎片拼凑而成的。【彩块化】滤镜通过分组和改变示例像素变成相近的有色像素块，将图像的光滑边缘处理出许多锯齿，产生手绘效果。【彩色半调】滤镜将图像分格，然后向方格中填入像素，以圆点代替方块。处理后的图像看上去就像是铜版画。【碎片】滤镜自动拷贝图像，然后以半透明的显示方式错开粘贴四次，产生的效果就像图像中的像素在震动。【马赛克】滤镜将图像分解成许多规则排列的小方块，其原理是使一个单元内的所有像素颜色统一，产生马赛克效果。

图 2-17 所示是执行【滤镜】|【像素化】|【彩色半调】命令后产生的处理效果前后对比。

（a）处理前

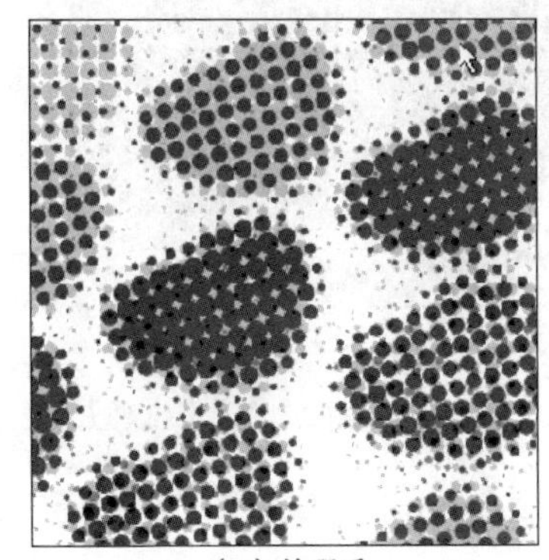

（b）处理后

图 2-17　【像素化】|【彩色半调】命令的处理效果对比

（2）扭曲滤镜

扭曲滤镜的主要功能是将图像或选区进行各种各样的扭曲变形，从而产生三维或其他变形效果。水滴形成的波纹及水面的漩涡效果，都可以用此滤镜来处理。

（3）杂色滤镜

杂色滤镜可以增加或去除图像中的杂点，在处理扫描图像时非常有用。【去斑】滤镜能去

除与整体图像不太协调的斑点。【添加杂色】滤镜能向图像中添加一些干扰像素，像素混合时产生一种漫射的效果，增加图像的图案感。它可以掩饰图像的人工修改痕迹。

（4）模糊滤镜

对于图像中的特定线条和遮蔽区域，平衡其清晰边缘附近的像素，可使图像变得柔和。

（5）渲染滤镜

渲染滤镜主要在图像中产生一种照明效果和不同光源效果。【云彩】滤镜利用选区在前景色和背景色之间的随机像素值，在图像上产生云彩状的效果，产生烟雾缥缈的景象。【镜头光晕】滤镜模拟光线照射在镜头上的效果，产生折射纹理，如同摄像机镜头的炫光效果。

（6）纹理滤镜

纹理滤镜在【滤镜】|【滤镜库】中，可为图像创造某种特殊的纹理或材质效果，增加组织结构的外观。【染色玻璃】滤镜能使图像产生不规则的彩色玻璃格子效果，格子内的色彩为当前像素的颜色。【颗粒】滤镜可为图像增加许多颗粒纹理。【龟裂缝】滤镜能使图像产生凹凸的裂纹。图 2-18 所示为执行【纹理】|【染色玻璃】命令的处理效果的前后对比。

（a）处理前　　（b）处理后

图 2-18　【纹理】|【染色玻璃】滤镜的处理效果对比

（7）风格化滤镜

风格化滤镜通过置换像素并查找和增加图像中的对比度，在选区上产生如同印象派或其他画派的作画风格。【照亮边缘】滤镜（在【滤镜】|【滤镜库】|【风格化】中）搜索图像边缘，加强其过渡像素，从而产生发光效果。【风】滤镜通过在图像中增加一些小的水平线而产生风吹的效果。该滤镜只在水平方向起作用，若想得到其他方向的风吹效果，需要将图像旋转后再应用【风】滤镜。

以上介绍的是使用 Photoshop 处理图形图像的基本方法。有人说，完美是一种心境，而 Photoshop 认为完美无止境。只要深入掌握和灵活应用好 Photoshop 提供的各种功能，就能化平淡为神奇，为工作和生活增添色彩。

2.6 实训任务与操作方法

【任务 2-1】去除不协调部分

利用【仿制图章工具】去除女孩照片周围的不协调部分，结果以“胜利 .jpg”为文件名保存。

操作步骤与提示

① 启动 Photoshop CC，在 Photoshop CC 窗口界面中，执行【文件】|【打开】命令，打开“素材”文件夹中的“女孩 .jpg”，如图 2-19 所示。

② 单击工具箱中的【仿制图章工具】，然后按 <Alt> 键，同时单击图像中准备复制的图案进行取样。

③ 松开 <Alt> 键，在需要复制的部位进行涂抹。

④ 重复上述操作，将左右不协调部分去除，最终效果如图 2-20 所示。

⑤ 执行【文件】|【存储为】命令，将文件保存为“胜利 .jpg”。

本例也可采用修补工具等来完成。

图 2-19　女孩

图 2-20　最终效果

【任务 2-2】创建“七彩光盘”图像

利用选择工具、渐变工具及【变换】命令等创建“七彩光盘”图像。

操作步骤与提示

① 新建文档：选择【文件】|【新建】命令，在如图 2-21 所示的【新建】对话框中设置大小为 500 × 500 像素，分辨率为 72 像素 / 英寸，颜色模式为 RGB 颜色，背景内容为白色，其他默认，然后单击【确定】按钮。

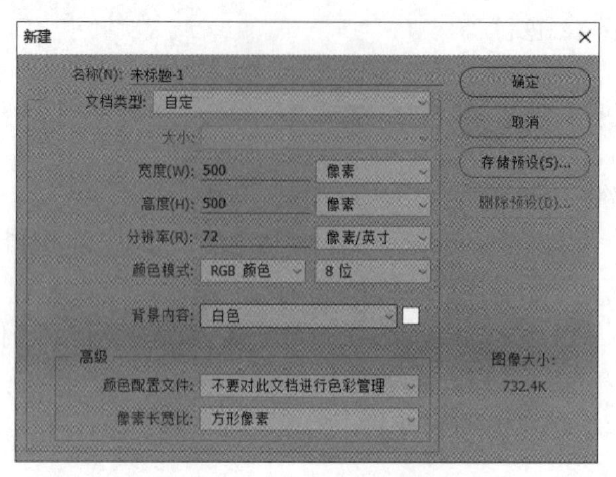

图 2-21　“新建”对话框

② 创建渐变背景：在工具箱中选择【默认前景色和背景色】，选择【渐变工具】，在图 2-22 所示渐变工具选项栏中设置其渐变类型为【线性渐变】；打开【渐变编辑器】，选择【前景色到背景色渐变】。在图像中从右下角至左上角拉出渐变，创建如图 2-23 所示渐变效果的图像背景。

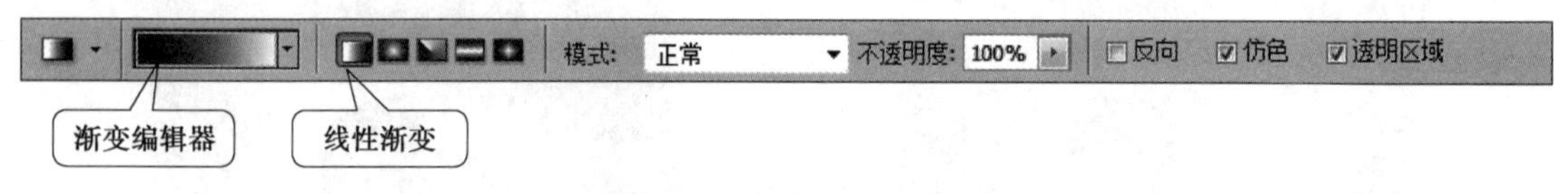

图 2-22　渐变工具选项栏

③ 绘制正圆形选区：单击图层面板右下角【创建新图层】按钮，创建图层 1；保持选中图层 1，使用【视图】|【标尺】命令显示标尺，拉出参考线，然后用【椭圆选框工具】在参考线中心点按 <Shift+Alt> 组合键，拖动鼠标绘制一个正圆形选区，如图 2-24 所示。

图 2-23　渐变效果背景

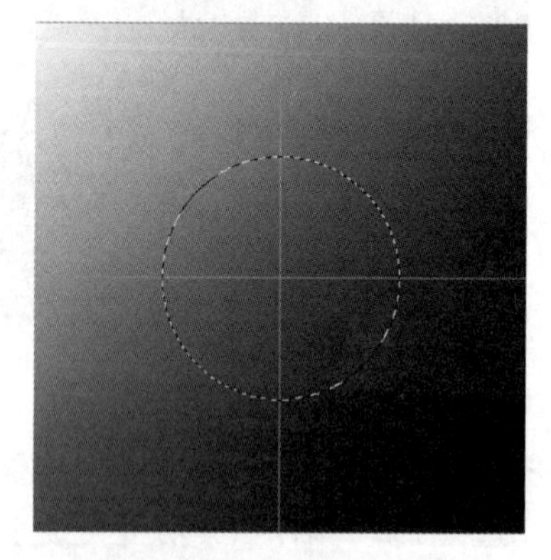

图 2-24　绘制正圆形选区

④ 填充选区：在工具箱中选择【渐变工具】，在其选项栏中选择渐变方式为【角度渐变】，打开【渐变编辑器】，选择【色谱】，从圆形选区中心点向外拖动，填充渐变色，出现一个漂亮的七彩圆盘，如图 2-25 所示；执行【选择】|【取消选择】命令（或使用 <Ctrl+D> 组合键），

取消选择。

⑤ 删除小圆内容：保持选中图层 1，选择【椭圆选框工具】，在圆盘中心按 <Shift+Alt> 组合键拖动鼠标绘制一个较小的圆形选区，如图 2-26 所示，按 <Delete> 键，删除该选区内容，并按 <Ctrl+D> 组合键取消选择。

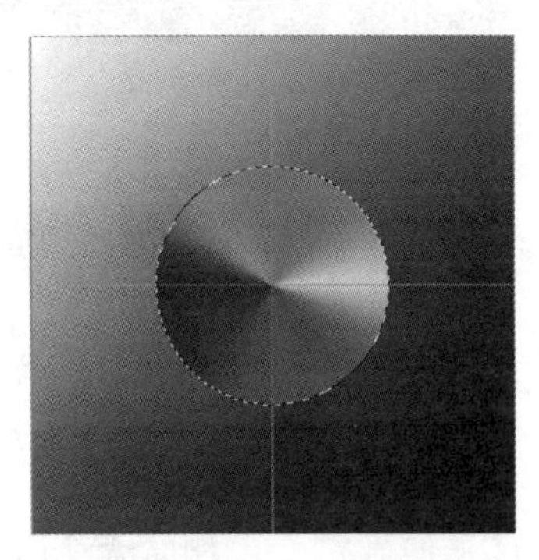

图 2-25　七彩圆盘

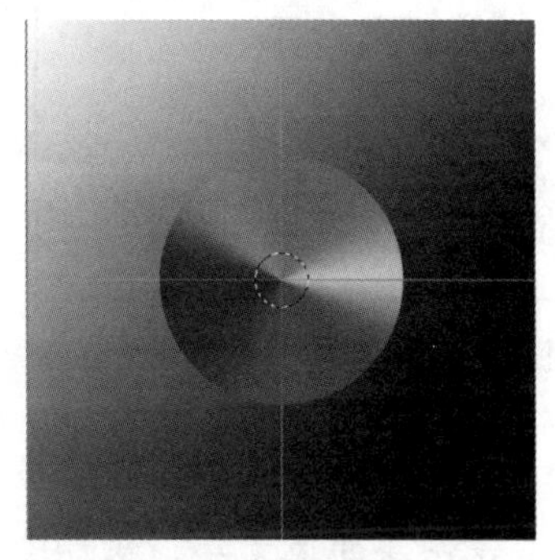

图 2-26　圆形选区

⑥ 制作光盘倾斜效果：继续保持选中图层 1，执行【编辑】|【变换】|【斜切】命令，出现控制框，拖动控制点得到图 2-27 效果，按 <Enter> 键确定。

⑦ 关闭辅助线：取消选择【视图】|【显示额外内容】命令，最终效果如图 2-28 所示。

⑧ 选择【文件】|【存储为】命令，将文件保存为“七彩光盘 .jpg”。

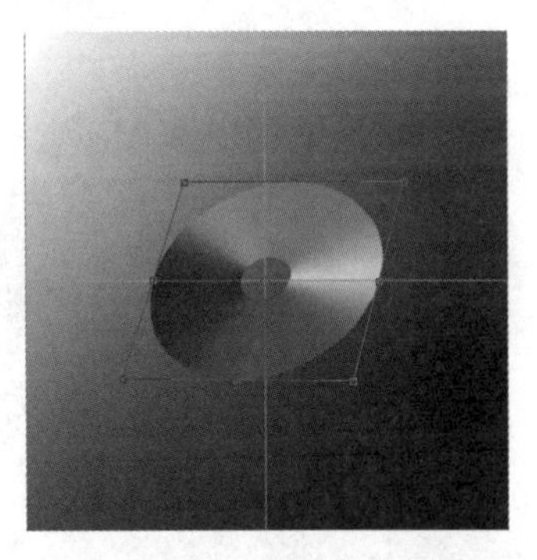

图 2-27　拖动“斜切”控制点

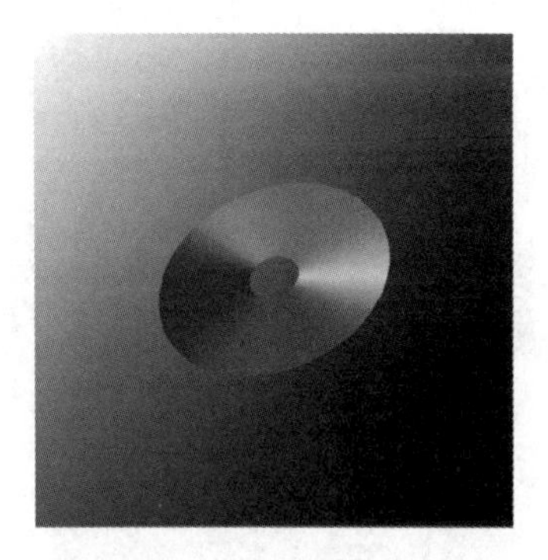

图 2-28　“七彩光盘”效果

【任务 2-3】制作“池塘中的青蛙”图像

利用选择、复制图像、图像大小变换、文字等工具，将小青蛙（包括白色描边）合成到池塘背景图像上，制作“池塘中的青蛙”图像合成效果。

操作步骤与提示

① 打开文件：在 Photoshop CC 窗口界面中，执行【文件】|【打开】命令，打开“素材”文件夹中的“青蛙 .jpg”和“池塘 .jpg”。

② 把青蛙图像的白色背景变透明：在青蛙图像的图层面板中，单击背景图层右侧的锁，将背景图层转换成普通图层（图层 0）；使用【魔棒工具】单击青蛙图像的白色背景部分，选中后（见图 2-29），按 <Delete> 键删除，白色背景变透明，如图 2-30 所示，按 <Ctrl+D> 组合键取消选择。

图 2-29　选中部分被选择线包围

图 2-30　白色背景变透明

小知识&技巧

删除背景图层的像素后，被删除部分呈现预先设定的背景色；删除普通图层的像素后，被删除部分变为透明。

③ 删除粉色区域：使用【魔棒工具】单击青蛙图像的粉色部分，执行【选择】|【修改】|【扩展】命令，在弹出的【扩展选区】对话框中，设置【扩展量】为 1 像素；单击工具选项栏中【添加到选区】按钮（或者同时按下 <Shift> 键），光标旁即出现一个加号，加选小青蛙手肘弯内的粉色，按 <Delete> 键删除，清除图像中的粉色部分，如图 2-31 所示，取消选择。

图 2-31　删除粉色区域

图 2-32　重新选择所有图像

小知识&技巧

使用魔棒选择时，边缘的过渡部分不能被完全选中，往往会留下一个轮廓，此时将选区稍稍变化，可达到全部被选中的目的。

④ 为小青蛙镶边：使用工具箱中的【魔棒工具】，单击透明区域，透明区域被选中，执行【选择】|【反选】命令，把图像部分全部选中，选择【从选区减去】（或者同时按下 <Alt> 键），使光标旁出现一个减号时，选小青蛙手肘弯内的透明区域，可以看到选择线包围了所有图像（见图 2-32）；执行【编辑】|【描边】命令，设置宽度 2 像素、白色的居外描边，小青蛙被镶上了白边，取消选择。

小知识&技巧

① 当所需图像的背景为同一种颜色时，可使用【魔棒工具】选中背景，然后执行【选择】菜单中的【反选】命令，即可选中所需要的图像。在操作中经常使用此方法。

② 使用【编辑】|【描边】命令，仅对选择线的内、中、外进行扩展描边；而执行【图层】|【图层样式】|【描边】命令，则是对整个可见图像的边缘进行扩展描边。

⑤ 复制小青蛙到池塘：使用【移动工具】将“青蛙”图像拖动到“池塘”图像中，完成图像合成操作。

⑥ 调整青蛙的位置和大小：对青蛙所在图层执行【编辑】|【变换】|【水平翻转】命令，再执行【编辑】|【自由变换】命令，出现编辑控制框（见图 2-33），按 <Shift> 键同时拖动图像右下角控制点（保持宽高比），将图像调整至合适大小，按 <Enter> 键确定。

小知识&技巧

【编辑】|【自由变换】命令作用于选中的图像或整个图层对象，各个控制点分别控制大小、方向、角度等参数，单击选项栏上的【保持长宽比】按钮或按<Shift>键，可使对象按比例变化。

⑦ 输入文字并编辑：使用【直排文字工具】输入“池塘中的青蛙”，字体设为方正舒体、72 点、白色；单击选项工具栏【创建文字变形】按钮，设置样式为凸起、垂直、弯曲 20%；选择图层面板底部【添加图层样式】|【描边】命令，在【图层样式】对话框中设置描边大小 3 像素、颜色 #336601、位置为外部。最终效果如图 2-34 所示。

⑧ 选择【文件】|【存储为】命令，将文件保存为“池塘中的青蛙 .jpg”。

图 2-33　调整大小和位置

图 2-34　“池塘中的青蛙”效果

【任务 2-4】制作“彩船夜色”图像

利用色彩调整、矩形选框、文字及图层样式等工具制作“彩船夜色”图像效果。

操作步骤与提示

① 打开“素材”文件夹中的“船 .jpg”图像。

② 调整色彩：执行【图像】|【调整】|【色彩平衡】命令，在弹出的【色彩平衡】对话框中，设置阴影、中间调及高光状态下的色阶参数均为（+100,0,0），如图 2-35 所示。

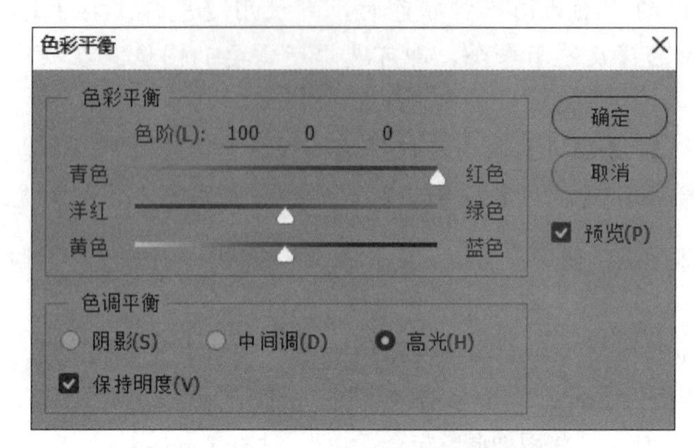

图 2-35　色彩调整

小知识&技巧

【色彩平衡】是调整R、G、B通道的数值，本例强化了各种状态下的红色通道，同理也可以调整【曲线】、【色阶】中的红色通道来达到相似的效果。

③ 图像去色并输入文字：选择工具箱中的【矩形选框工具】，在图像中拖动一个矩形选区，执行【图像】|【调整】|【去色】命令；使用【直排文字工具】，在图像中去色位置处输入文字“彩船夜色”，字体为隶书，36 点，颜色为白色，如图 2-36 所示。

图 2-36　色彩调整和文字效果

小知识&技巧

执行【图像】|【调整】|【去色】菜单命令可去除图像内的颜色。去色并不是没有颜色，而是将图像中所有颜色的饱和度变为“0”，从白到黑分成256级等差的灰度。在灰度图中，每一个像素的R、G、B数值一致。

④ 添加文字效果：执行【图层】|【图层样式】|【外发光】命令，在【图层样式】对话框中设置渐变为“蓝、红、黄渐变”；大小为 30 像素（见图 2-37），最终效果如图 2-38 所示。

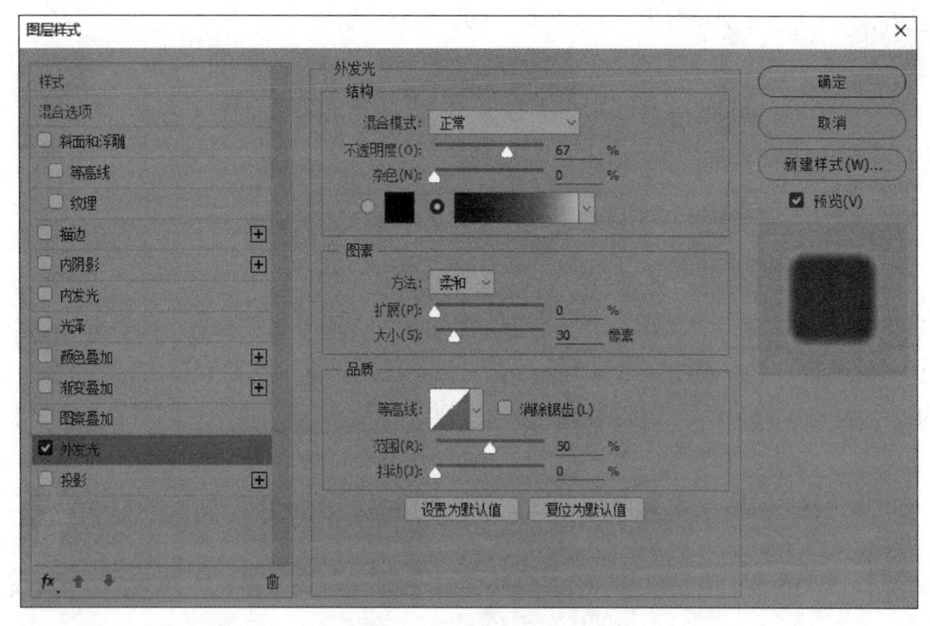

图 2-37　设置文字样式

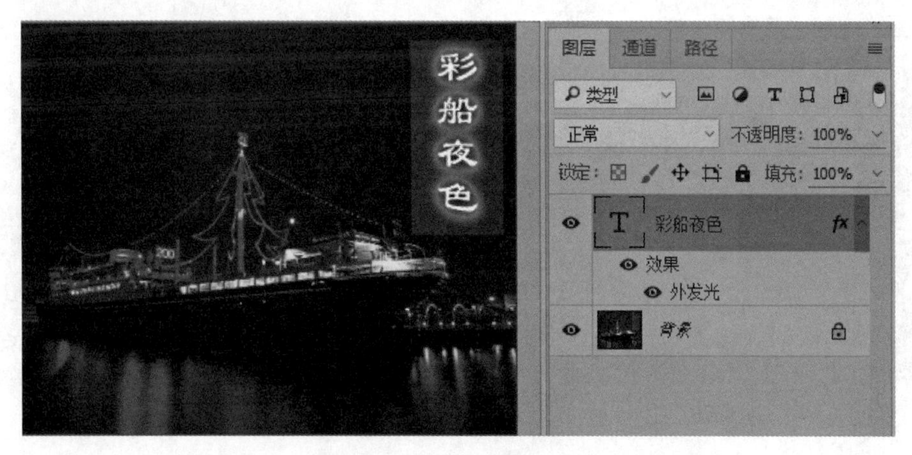

图 2-38　“彩船夜色”效果

⑤ 选择【文件】|【存储为】命令，将图像保存为“彩船夜色 .jpg”。

【任务 2-5】制作“爱护地球”宣传广告

使用选择工具、文字工具、【编辑】菜单及【图层样式】设置等方法制作“爱护地球”的宣传广告。

操作步骤与提示

① 打开“素材”文件夹中的“手 .jpg”和“地球 .jpg”。

② 新建文档：选择【文件】|【新建】命令，设置文档大小为 400×400 像素，分辨率为 72

像素 / 英寸，颜色模式为 RGB 颜色，背景内容为白色，然后单击【确定】按钮。

③ 填充背景色：选取【油漆桶工具】（可单击【渐变工具】旁边的三角，即可出现该工具），将前景色 R、G、B 值分别设置为 186、186、249，填充背景层。

④ 将“地球”合成到新建文档中：选中地球图像，选取【魔棒工具】，单击图像中的白色部分，图像中的整个白色部分被选中，选择【选择】|【反选】命令，选中“地球”；选择【移动工具】，将选中的“地球”拖动至新建的文档中，自动形成图层 1。

⑤ 调整“地球”大小：保持选中“图层 1”，选择【编辑】|【自由变换】命令，按 <Shift> 键的同时拖动其任意角上的控制点（保持长宽比），调整“地球”大小，按 <Enter> 键确认，如图 2–39 所示。

⑥ 将“手”合成到新建文档中：选中“手 .jpg”图像，选取【磁性套索工具】，将鼠标在“手”的轮廓任一处单击，形成第一个“锚点”，然后沿着手的轮廓移动鼠标箭头，与起始锚点形成一个由虚线形成的闭合选区，选取【移动工具】，拖动选中的“手”移动到新建的文档中形成“图层 2”。

⑦ 制作双手效果：保持选中“图层 2”，选择【编辑】|【自由变换】命令，适当改变大小；将图层 2 拖动至图层面板底部的【创建新图层】按钮上复制“图层 2”，形成“图层 2 拷贝”图层；保持选中“图层 2 拷贝”图层，选择【编辑】|【变换】|【水平翻转】命令，用【移动工具】将翻转过来的“手”移动至合适位置，如图 2–40 所示。

图 2–39　调整“地球”大小

图 2–40　制作双手效果

⑧ 创建文字：在工具箱中选取【横排文字工具】，在文字选项栏中设置字体为黑体、大小为 30 点、颜色为白色，在图像中创建文字“人类只有一个地球”；在文字选项栏中单击【创建文字变形】按钮，在【变形文字】对话框中，选择样式为“扇形”，其他默认，然后单击【确定】按钮。

⑨ 制作文字描边：选取【移动工具】，将文字部分拖动至合适位置；右击文字图层，从弹出的快捷菜单中选择【栅格化文字】命令，将文字层转为普通层，选择【编辑】|【描边】命令，在【描边】对话框中，设置宽度为 2 像素，颜色为红色的居外描边。

⑩ 制作“地球”立体效果：选中图层 1（地球图层），选择【图层】|【图层样式】|【斜面和浮雕】命令，设置深度为 100%，大小为 100 像素，创建地球的立体效果，图像最终效果如图 2–41 所示。

⑪ 选择【文件】|【存储为】命令，将文件保存为“爱护地球 .jpg”。

图 2-41　“爱护地球”效果

【任务 2-6】制作圆锥体

使用选择、渐变、变换及【图层样式】等工具制作圆锥体。

操作步骤与提示

① 新建文档：选择【文件】|【新建】命令，设置文档大小为 640×480 像素，分辨率为 72 像素 / 英寸、颜色模式为 RGB 颜色，背景内容为“白色”，然后单击【确定】按钮。

② 填充背景色：选择【渐变工具】，设置前景色为白、背景色为黑，在渐变工具选项栏中设置其渐变类型为【线性渐变】；打开【渐变编辑器】，选择【前景色到背景色渐变】，在图像中从左下角至右上角拉出渐变。

③ 制作圆柱体：单击图层面板底部的【创建新图层】按钮，创建“图层 1”；使用【矩形选框工具】绘制矩形选区；选择【渐变工具】，设置渐变方式为【线性渐变】，打开【渐变编辑器】对话框，选择【铜色渐变】，在矩形选区内从左到右拉出渐变，如图 2-42 所示。

④ 制作圆锥体：保持矩形选中状态，选择【编辑】|【变换】|【透视】命令，拖动变形控制框右上角的控制点向中间拉动，形成图 2-43 所示的圆锥体，按 <Enter> 键确定；取消选择。

图 2-42　矩形选区内从左到右的渐变

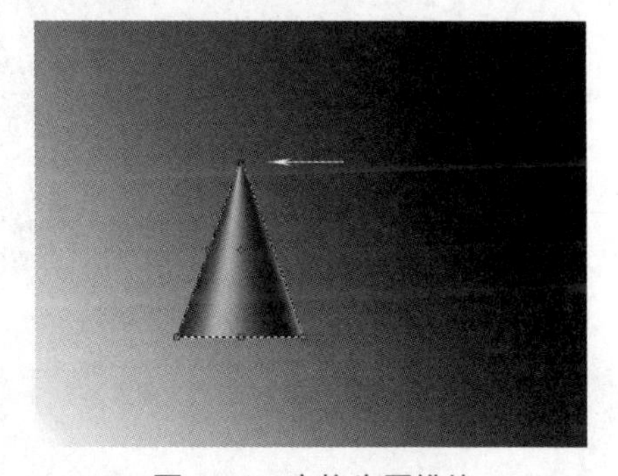

图 2-43　变换为圆锥体

⑤ 删除圆锥体左右底角：选取【椭圆选框工具】，在图像底部绘制一个椭圆，再用【矩形选

框工具】添加一个矩形选区（也可按下 <Shift> 键的同时绘制矩形，以增加选区），如图 2-44 所示；选择【选择】|【反选】命令，按 <Delete> 键将圆锥体左右底角删除，取消选择，如图 2-45 所示。

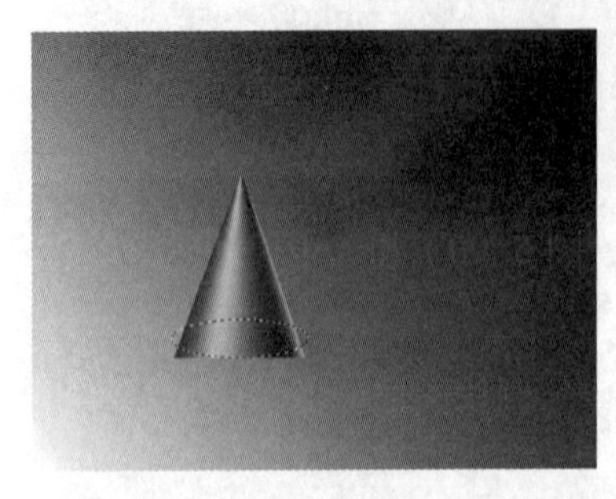
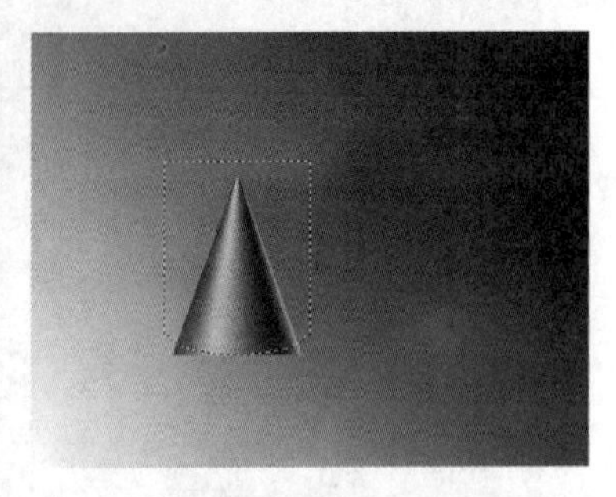

图 2-44　绘制椭圆并增加一个矩形选区

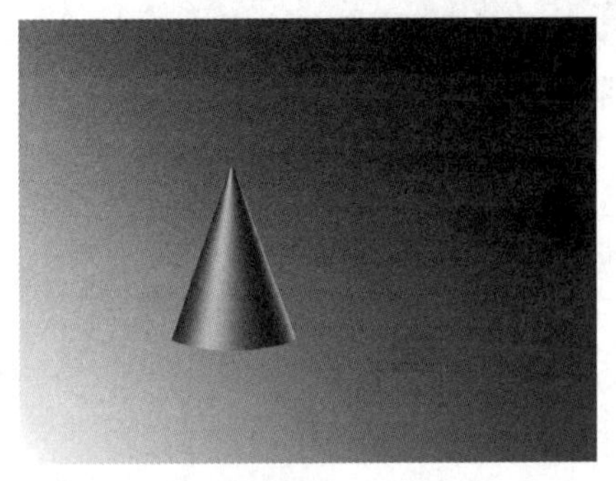

图 2-45　删除圆锥体左右底角

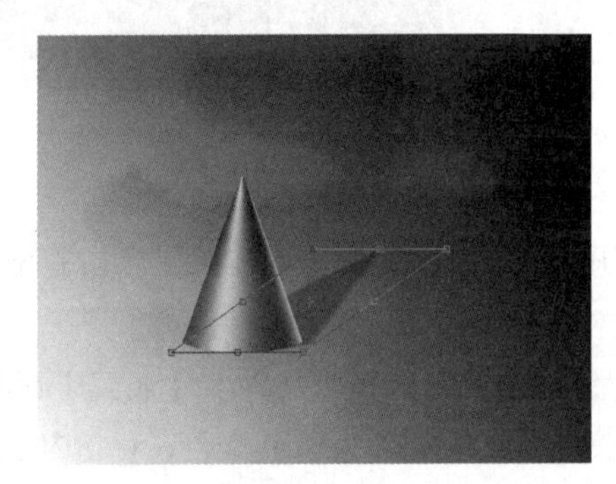

图 2-46　拖动效果

⑥ 制作圆锥体的投影层：选择【图层】|【图层样式】|【投影】命令，在弹出的对话框中单击【设置阴影颜色】按钮，将阴影颜色设为黑色，单击【确定】按钮产生圆锥体投影；选择【图层】|【图层样式】|【创建图层】命令，将圆锥体与投影分离，自动生成“图层 1”的投影层。

⑦ 设置投影效果：选中“图层 1”的投影层，选择【编辑】|【变换】|【扭曲】命令，拖动控制点成图 2-46 所示效果，按 <Enter> 键确认；选择【滤镜】|【模糊】|【高斯模糊】命令，设置半径为 8，然后单击【确定】按钮。最终效果如图 2-47 所示。

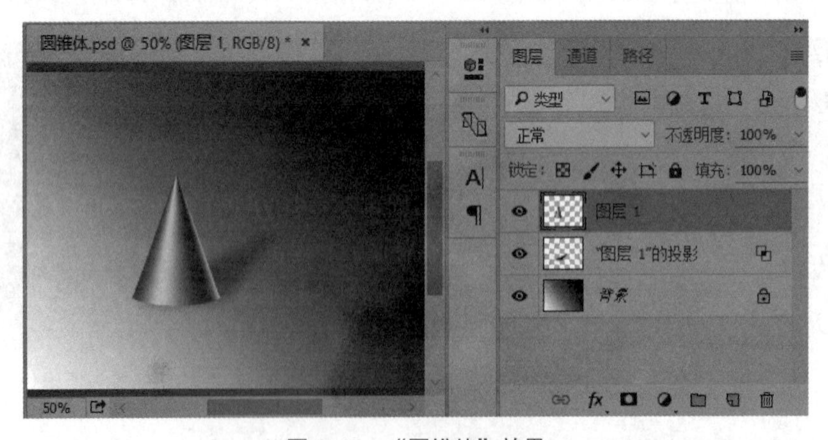

图 2-47　“圆锥体”效果

⑧ 选择【文件】|【存储为】命令，将文件保存为“圆锥体 .jpg”。

【任务 2-7】制作宝宝相框

使用图层变换、图层样式及画笔等工具制作宝宝相框。

操作步骤与提示

① 打开“素材”文件夹中的“宝宝 .jpg”。

② 制作图像背景：在图层面板中复制背景层形成“背景拷贝”层；选择“背景”层，将背景色设为黑色，按 <Ctrl+Delete> 组合键对“背景”层填充黑色。

③ 编辑图层：选择“背景拷贝”图层，选择【编辑】|【自由变换】命令，按 <Shift+Alt> 组合键、鼠标拖动右下角控制点，调整图像大小（见图 2-48），按 <Enter> 键确认。

④ 图层描边：单击图层面板底部的【添加图层样式】按钮，选择【描边】命令，设置位置为内部，大小为 16 像素，颜色为白色，单击【确定】按钮。获得如图 2-49 所示效果。

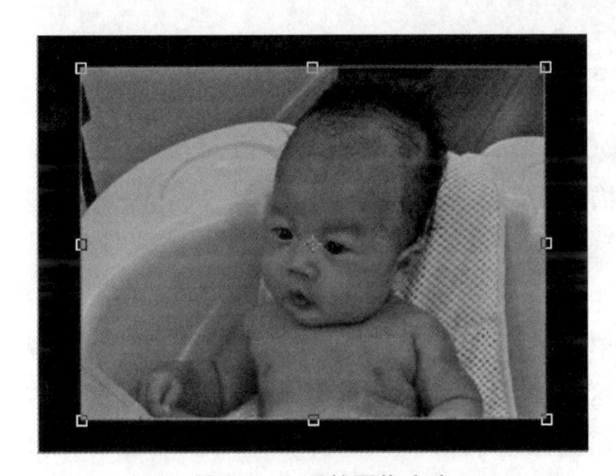

图 2-48　调整图像大小

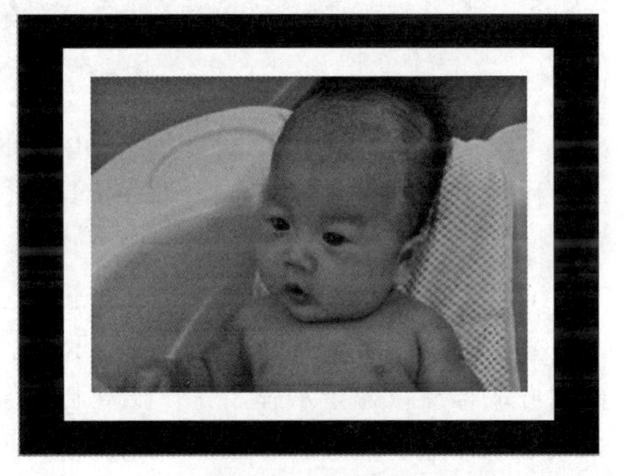

图 2-49　图层描边

⑤ 图像加框线：按 <Ctrl> 键并单击“背景拷贝”图层缩览图，载入选区，选择【选择】|【修改】|【收缩】命令，设置收缩量为 16 像素，单击【确定】按钮，选中宝宝图像；选择【编辑】|【描边】命令，设置宽度为 2 像素、颜色为黑色、位置为内部，完成宝宝图像加框线；按 <Ctrl+D> 组合键取消选择。

⑥ 制作相框效果：新建图层 1，选择【画笔工具】，单击工具选项栏【切换画笔面板】按钮，设置大小为 9 像素、硬度 100%、间距 158%（见图 2-50）。在图层 1 进行绘制。最终效果如图 2-51 所示。

⑦ 选择【文件】|【存储为】命令，将文件保存为“宝宝相框 .jpg”。

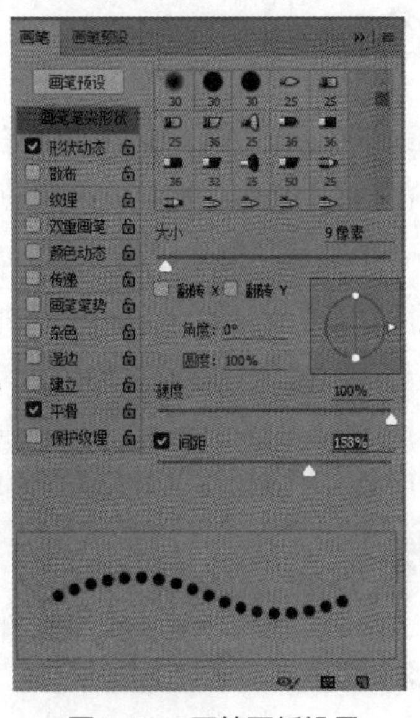

图 2-50　画笔面板设置

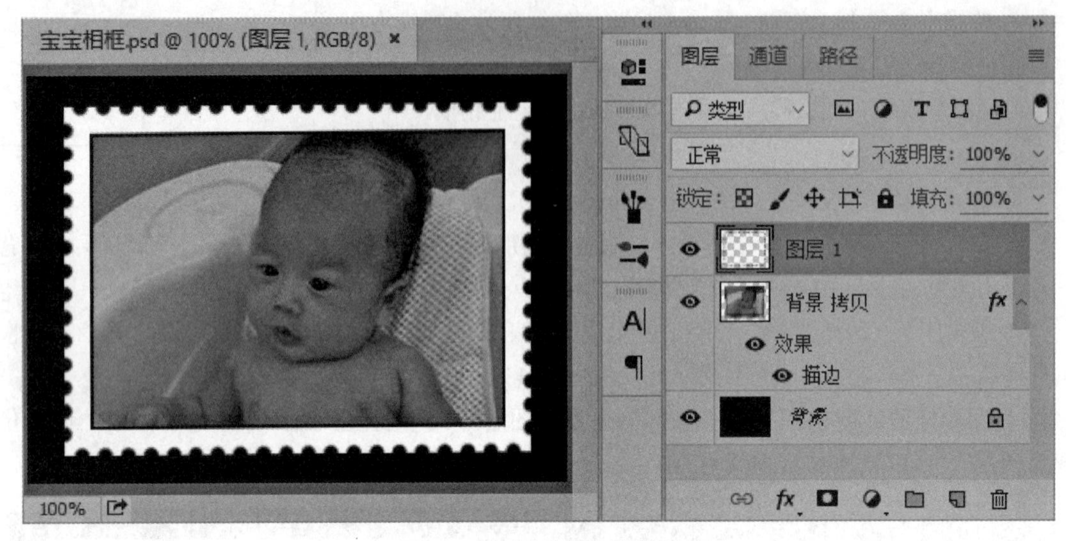

图 2-51 “宝宝相框”效果

【任务 2-8】制作“蜿蜒的山路 .jpg”图像

利用仿制图章、图层、选择、文字工具及【描边】命令等制作“蜿蜒的山路 .jpg”图像效果。

操作步骤与提示

① 打开“素材”文件夹中的“山路 .jpg”、“蓝天 .jpg”和“汽车 .jpg”。

② 去除“山路 .jpg”图像中的指示牌：单击工具箱【仿制图章工具】，将指示牌旁的树叶取样后覆盖指示牌。先在要复制图像区域上设置一个取样点（按住 <Alt> 键单击来设置取样点），然后（放开 <Alt> 键）在需要被复制的区域涂抹，重复上述过程，直至达到要求。

> 小知识&技巧
>
> 使用【仿制图章工具】命令时，为求得边界柔和，通常会调整笔触的硬度和力度，但对部分需要清晰的边界也会造成模糊，因此可以采用“选择工具”来界定范围，才能保证该清晰的清晰，该柔和的柔和。

③ 将“山路”图像中的白色天空部分设为透明：先把背景层转换成普通图层，然后，使用工具箱中的【多边形套索工具】按钮，大致选取天空部分（见图 2-52），执行【选择】|【色彩范围】命令，在弹出的【色彩范围】对话框中，用吸管吸取天空颜色，然后将颜色容差调到 55（见图 2-53），单击【确定】按钮选中天空部分，最后按 <Delete> 键，原天空部分呈透明效果；按 <Ctrl+D> 组合键取消选择。

> 小知识&技巧
>
> 先大致选取天空部分，然后使用【色彩范围】命令来界定选定区域的范围，避免图像中其他类似颜色被选中。

图 2-52　大致选择范围

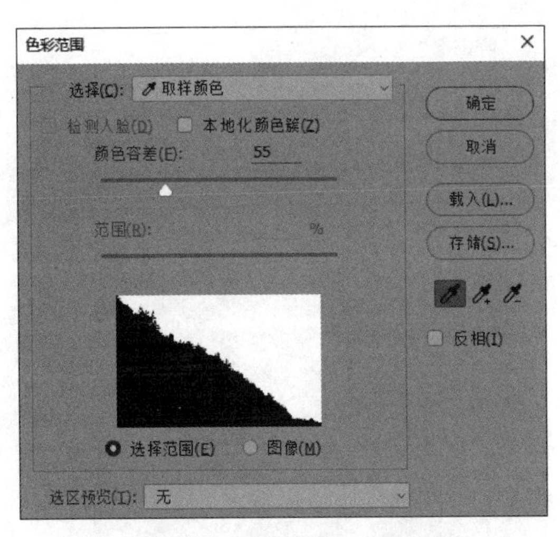

图 2-53　“色彩范围”对话框

④ 将天空设为蓝天白云：用工具箱中的【移动工具】把“蓝天”图像合成到“山路”图像中，水平翻转蓝天图像并调整大小、位置和图层叠放顺序，结果如图 2-54 所示。

小知识&技巧

图层操作时要注意图层面板。高亮显示的图层是当前正在编辑的图层，上面的图层会遮盖下面的图层。图层叠放顺序可以改变，在图层面板中采用鼠标拖动的方法即可移动图层的上下位置。

⑤ 合成汽车图像并添加阴影：选择“汽车”图像，使用【魔棒工具】（调整容差为 10），并配合【选择】|【反选】命令，可完成汽车抠图；使用工具箱中的【移动工具】，把汽车合成到到“山路”图像中；使用【编辑】|【自由变换】命令，调整汽车的大小和位置（见图 2-55）；执行【图层】|【图层样式】|【投影】命令，设置不透明度为 75%、角度为 60° 、距离为 14、扩展为 0、大小为 15（见图 2-56），单击【确定】按钮，为汽车添加阴影。

图 2-54　合成蓝天后的效果

图 2-55　合成汽车图像

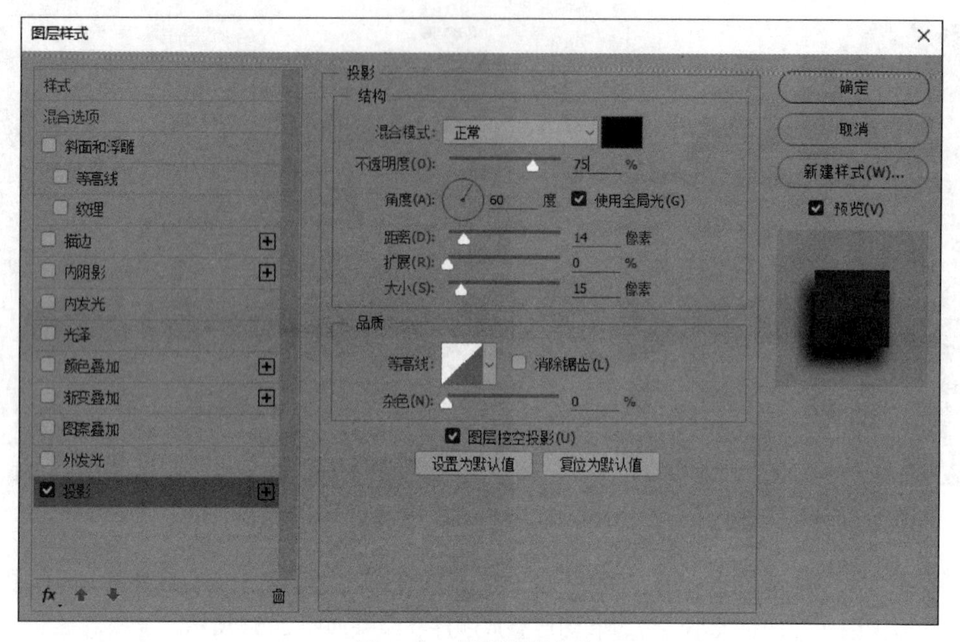

图 2-56　设置投影参数

小知识&技巧

双击图层面板中的某一图层文字区域，可更改图层名称；双击其他部位，可弹出【图层样式】对话框；按住<Ctrl>键单击图像缩览图，可选中图层中所有图像实体，

⑥ 添加文字及制作透明文字效果：使用工具箱中的【横排文字工具】按钮，在图像中输入文字“蜿蜒的山路”；在字符面板中设定字体为华文隶书、100 点、仿粗体、仿斜体，字距调整到 250（见图 2-57），单击工具选项栏【提交】按钮；选择【添加图层样式】|【描边】命令，设置大小 3 像素、填充类型为“橙，黄，橙渐变”的外部描边，如图 2-58 所示；在图层面板中设置“填充”为 0%，使文字成为透明字。最终效果如图 2-59 所示。

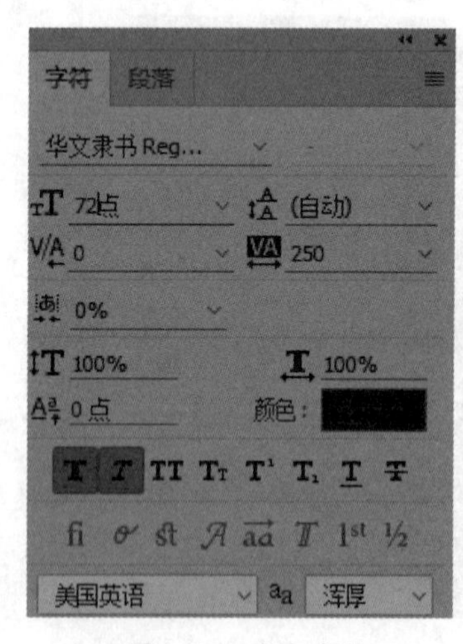

图 2-57　文字参数

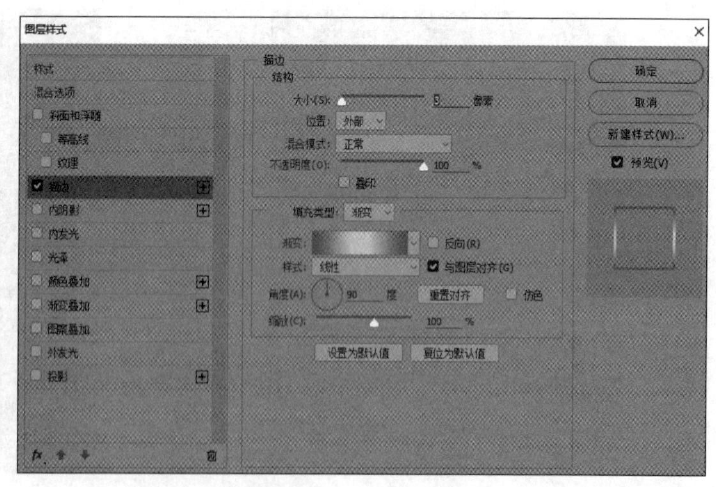

图 2-58　描边设置

图 2-59　“蜿蜒的山路”效果

⑦ 选择【文件】|【存储为】命令，将文件保存为“蜿蜒的山路 .jpg”。

【任务 2-9】制作图像的混合效果

使用通道操作的【计算】和【应用图像】命令，制作图像的混合效果。

操作步骤与提示

① 打开“素材”文件夹中的“日落 .jpg”（见图 2-60）和“小鸟 .jpg”（见图 2-61）图像。

图 2-60　日落

图 2-61　小鸟

② 使用【计算】命令进行通道混合：选中小鸟图像，执行【图像】|【计算】命令，在【计算】对话框中设置：源 1 为“日落 .jpg”、通道为“红”；源 2 为“小鸟 .jpg”通道为“蓝”；单击选中【反相】复选框，混合模式选择“正片叠底”，结果为“新建通道”，如图 2-62 所示；单击【确定】按钮。在“小鸟”图像通道面板中创建了一个 Alpha1 通道，如图 2-63 所示。

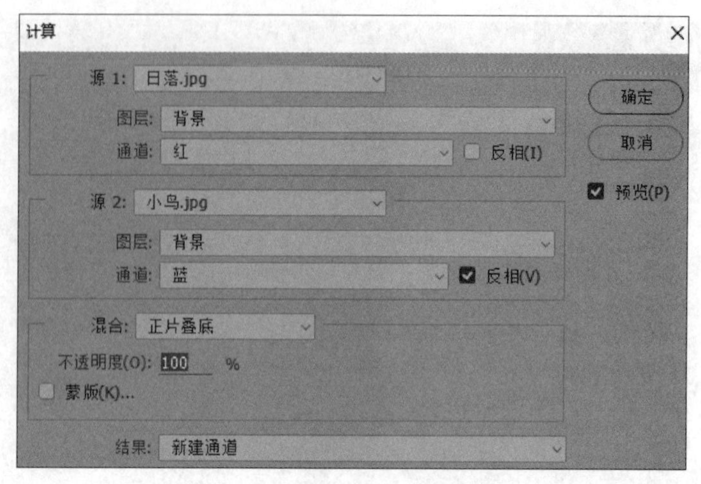

图 2-62 【计算】对话框

图 2-63 Alpha1 通道

③ 使用【应用图像】命令创建图像混合特效：将“日落.jpg”作为当前图像，执行【图像】|【应用图像】命令，源选择“小鸟.jpg”，通道选择 Alpha1，此时目标为“日落.jpg”，混合模式选择“减去”，如图 2-64 所示，单击【确定】按钮，完成图像混合特效的创建。最终效果如图 2-65 所示。

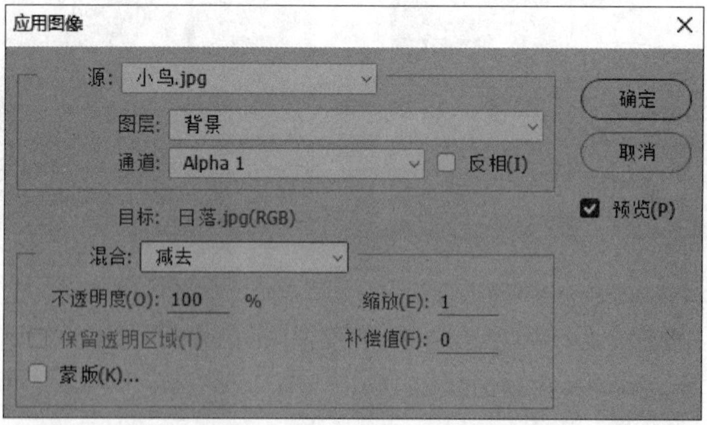

图 2-64 【应用图像】对话框

④ 选择【文件】|【存储为】命令，将文件保存为“日落美景 .jpg”。

图 2-65　“日落美景”效果

【任务 2-10】制作“展翅飞翔”图像

利用图层、蒙版、渐变等工具，制作“展翅飞翔”图像。

操作步骤与提示

① 打开“素材”文件夹中的“飞翔 .jpg”，将背景层转换为普通图层（图层 0）。

② 创建新图层：单击图层面板底部【创建新图层】按钮，新建“图层 1”，设置前景色为白，选取【油漆桶工具】，将图层 1 填充为白色；拖动图层 1 至图层 0 的下方。

③ 添加图层蒙版：选中图层 0，单击图层面板底部【添加图层蒙版】按钮，为图层 0 添加蒙版。

小知识&技巧

图层蒙版用于控制图层中的某些区域如何被隐藏或显示，通过修改图层蒙版，可以将各种特殊效果应用于图层上，而不会影响该图层上原来的图像。图层蒙版是一种灰度图像，在图层蒙版上用黑色绘制的区域将使图像呈透明，用白色绘制的区域使图像呈完全不透明，而用灰度梯度绘制的区域将使图像呈不同的半透明显示。

④ 在蒙版上创建渐变：选中图层蒙版，保持前景色为黑、背景色为白，选择【渐变工具】，在其选项栏中打开【渐变编辑器】对话框，设置【前景色到背景色渐变】，单击【确定】按钮；设置渐变方式为【菱形渐变】，不透明度为 50%，在图像中拖动鼠标从海鸥头部至图像右下方，创建在蒙版上增加渐变后的特效，最终效果如图 2-66 所示。

图 2-66　“展翅飞翔”效果

⑤ 选择【文件】|【存储为】命令将文件保存为“展翅飞翔 .jpg”。

【任务 2-11】制作图像镜框

利用蒙版、滤镜、图层样式及文字工具等，制作图像镜框。

操作步骤与提示

① 打开“素材”文件夹“睡吧 .jpg”图像（见图 2-67），将背景层转换为图层 0。

图 2-67 “睡吧”图像

② 建立图层 1：单击图层面板底部【创建新图层】按钮，新建图层 1；将前景色设为金黄色（R、G、B 参数分别设置为 250、139、9），使用油漆桶工具对图层 1 进行填充，将图层 1 衬于图层 0 的下方。

③ 设置背景层：选择图层 1，执行【图层】|【新建】|【图层背景】命令，将图层 1 转换成背景图层；保持选中背景图层，选择【图像】|【画布大小】命令，在弹出的对话框中选中【相对】复选框、设置宽度和高度均为 0.5 厘米，画布扩展颜色为“前景”色（见图 2-68）。

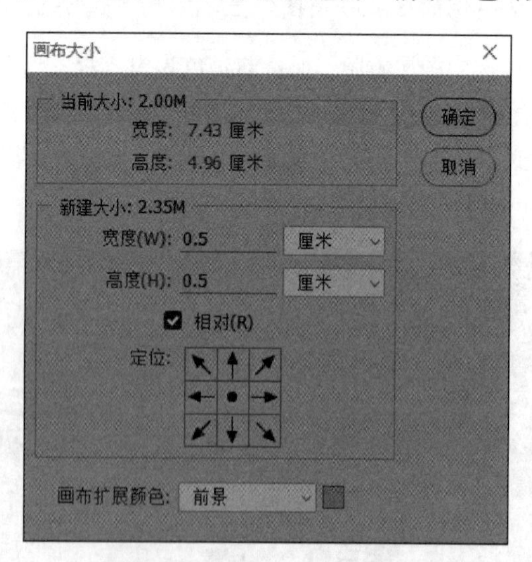

图 2-68 【画布大小】对话框

④ 添加图层蒙版：选择图层 0，按住 <Ctrl> 键单击图层 0 的缩览图，载入此图层的选区，单击图层面板底部的【添加图层蒙版】按钮，为此图层添加蒙版（选中部分被保护）；在蒙版状态下选择【滤镜】|【模糊】|【高斯模糊】命令，在弹出的对话框中设置半径为 30 像素，对蒙版边缘进行模糊处理。

⑤ 删除选区内的图像：按 <Ctrl> 键单击图层 0 的蒙版缩览图，载入选区，选择【选择】|【反选】命令，将选区反选，保持前景色为白、背景色为黑，按数次 <Delete> 键，将选区内的图像删除，如图 2-69 所示。

⑥ 制作喷色描边效果：按 <Ctrl+D> 组合键取消选择，选择【滤镜】|【滤镜库】|【画笔描边】|【喷色描边】命令，在弹出的对话框中设置描边长度为 20、喷色半径为 25、描边方向为右对角线，如图 2-70 所示。单击【确定】按钮，效果如图 2-71 所示。

图 2-69　将选区内的图像删除

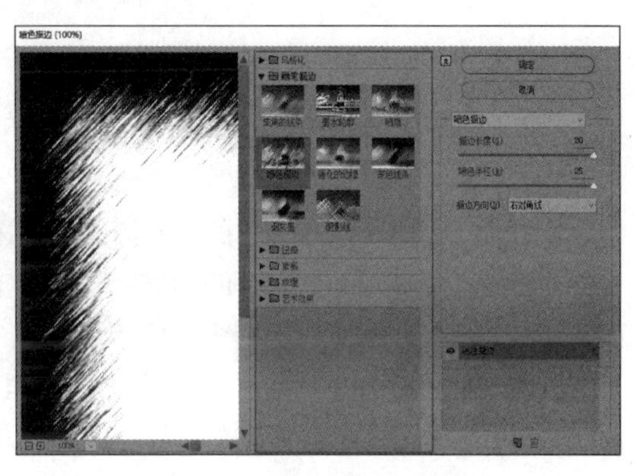

图 2-70　【喷色描边】对话框

⑦ 制作文字：选取【横排文字工具】，输入文字“Baby，please sleep”，设置字体 Arial Black、字号 12 点，创建“波浪”的变形文字(参数默认)；在文字层选择【图层】|【图层样式】|【渐变叠加】和【斜面和浮雕】命令，渐变叠加选择【透明彩虹渐变】，斜面和浮雕样式为【浮雕效果】、大小为 10 像素（见图 2-72），单击【确定】按钮。最终效果如图 2-73 所示。

⑧ 选择【文件】|【存储为】命令，以“宝宝睡吧 .jpg”为名保存文件。

图 2-71　“喷色描边”效果图

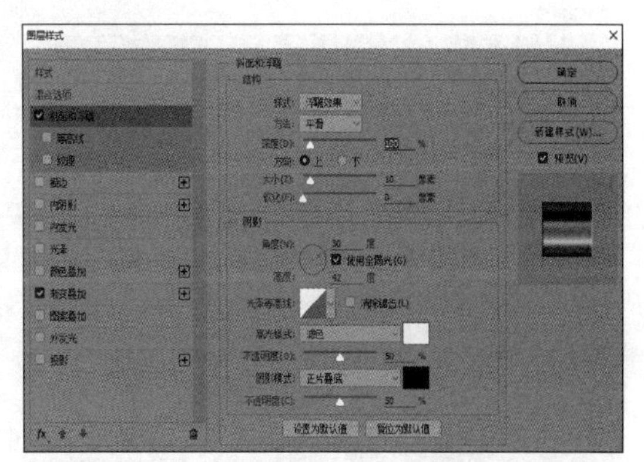

图 2-72　设置文字【斜面和浮雕】

图 2-73　“宝宝睡吧”效果

【任务 2-12】创建图像的淅沥小雨特效

利用【图像】|【调整】命令、滤镜及图层的混合模式等操作，创建图像的淅沥小雨特效。

操作步骤与提示

① 打开“素材”文件夹中的“水湾 .jpg”图像。

② 新建图层 1：单击图层面板底部的【创建新图层】按钮，新建“图层 1”。设置前景色为黑，选择【油漆桶工具】，填充“图层 1”为黑色。

③ 点状化：选择【滤镜】|【像素化】|【点状化】命令，在弹出的【点状化】对话框中设置单元格大小为 3，然后单击【确定】按钮，效果如图 2-74 所示。（【点状化】滤镜的作用是将图像中的颜色分解为随机分布的网点。）

④ 设置阈值：选择【图像】|【调整】|【阈值】命令，在弹出的【阈值】对话框中设置【阈值色阶】为 255，然后单击【确定】按钮，效果如图 2-75 所示。（【阈值】命令可将图像转换为高对比度的黑白图像。）

⑤ 设置动感模糊：选择【滤镜】|【模糊】|【动感模糊】命令，在弹出的【动感模糊】对话框中设置角度为 –75° ，距离为 10，然后单击【确定】按钮。效果如图 2-76 所示。

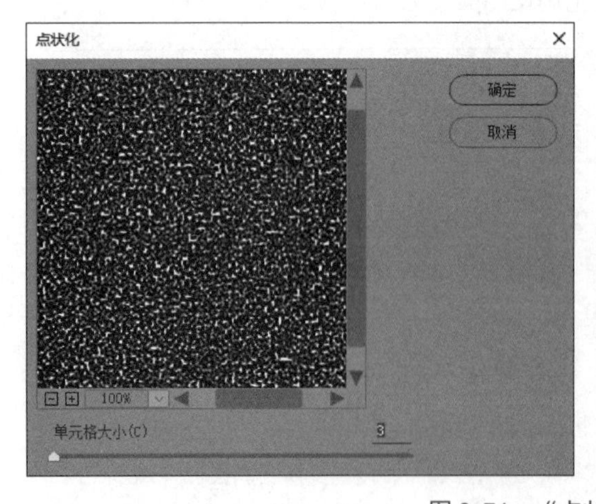

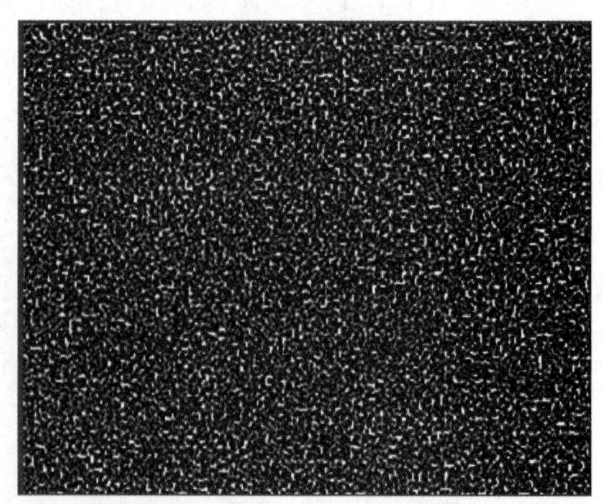

图 2-74　“点状化”设置效果

图 2-75　设置阈值后效果

图 2-76　动感模糊效果

⑥ 设置锐化：选择【滤镜】|【锐化】|【USM 锐化】命令，在弹出的对话框中设置数量为 300、半径为 1、阈值为 0，出现图 2-77 所示效果。（【USM 锐化】命令通过增加图像边缘的对比度来锐化图像。）

⑦ 设置动感模糊：选择【滤镜】|【模糊】|【动感模糊】命令，在弹出的【动感模糊】对话框中设置角度为 -75°，距离为 25，然后单击【确定】按钮，添加动感模糊效果，如图 2-78 所示。

图 2-77　USM 锐化效果

图 2-78　动感模糊效果

⑧ 设置图层混合模式：在图层面板中将图层 1 的混合模式设置为“滤色”，最终效果如图 2-79 所示。

图 2-79　“水湾细雨”效果

⑨ 选择【文件】|【存储为】命令，以“水湾细雨 .jpg”为名保存文件。

【任务 2-13】制作透明立体字效果

利用图层、图层样式、横排文字蒙版工具及滤镜等操作，制作透明立体字效果。

操作步骤与提示

① 打开“素材”文件夹中“风景 .jpg”图像，复制背景图层形成“背景拷贝”层。

② 创建文字选区：选择【横排文字蒙版工具】，在“背景拷贝”图层中输入蒙版文字“景色宜人”，隶书、18 点，单击选项栏【提交】按钮，建立文字选区。

③ 选区加蒙版：保持选中背景拷贝层，单击图层面板底部【添加图层蒙版】按钮，为背景拷贝层添加蒙版，文字选区被加载到蒙版上。

④ 设置图层样式：保持选中图层蒙版，选择【图层】|【图层样式】|【斜面和浮雕】命令，参数：内斜面、深度 100%、大小 5、角度 120 度、不透明度 75%，其他默认，创建如图 2-80 所示的透明立体字效果。

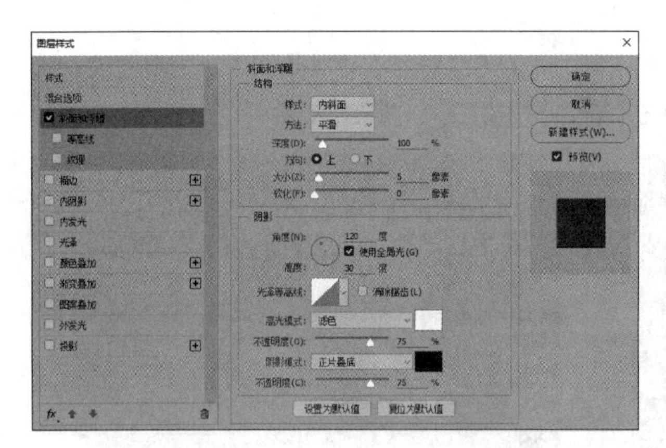

图 2-80　透明立体字效果

⑤ 制作海洋波纹：选中背景图层，使用【矩形选框工具】，选中图像下半部分（倒影部分）。选择【滤镜】|【滤镜库】 | 【扭曲】|【海洋波纹】命令，在弹出的【海洋波纹】对话框中设置波纹大小为 10，波纹幅度为 15，然后单击【确定】按钮。最终效果如图 2-81 所示。

图 2-81　“景色宜人”效果

⑥ 选择【文件】|【存储为】命令，以“景色宜人.jpg”为名保存文件。

【任务 2-14】制作“奥运五环”宣传广告

使用魔棒工具、【图像】|【调整】命令、滤镜及图层样式等方法制作“奥运五环”的宣传广告。

操作步骤与提示

① 打开“素材”文件夹中的“环.jpg”和“草原.jpg”图像。

② 抠图并合成：选中“环”图像，用【魔棒工具】点选白色部分（容差设为 20、不连续），然后反选，选中圆环；用【移动工具】拖动选中的“环”移动到“草原”图像中形成图层 1。

③ 复制和移动“环”：将图层 1 再复制 4 个，把 5 个图层分别重命名为：蓝、黑、红、黄、绿，并移动到合适位置，如图 2-82 所示。

图 2-82　五环

④ 色彩调整：选择【图像】|【调整】|【色相 / 饱和度】和【图像】|【调整】|【亮度 / 对比度】命令来调整各环的颜色，黑色的必须先选择【图像】|【调整】|【去色】命令。具体参数见表 2-1。

表 2-1　调整各环颜色参数

图层	色相 / 饱和度		亮度 / 对比度	
	色相	饱和度	亮度	对比度
蓝	30	10		
黑			–80	80
红	143	60		
黄	–143	15		
绿	–90	0		

⑤ 制作环环相扣效果：复制“黄”“绿”两个图层，并移动到各“环”图层的下方。按样张用【橡皮擦工具】擦掉最上面“黄”“绿”图层的相关部分，使呈现环环相扣的效果。

⑥ 合并图层并制作投影：合并除背景层外的所有“环”图层，使五环成为一个图层并更名为“五环”，复制该图层形成“五环拷贝”图层；选中“五环”图层，按住 <Ctrl> 键单击该图层的缩览图，

载入此图层的选区，按 <Alt+Delete> 组合键填充前景色（设置前景色为黑色），取消选区；用【移动工具】将五环移动到合适位置，选择【滤镜】|【模糊】|【高斯模糊】命令，模糊半径 10 像素，图层不透明度为 45%。形成五环投影，如图 2-83 所示。

图 2-83　五环投影

⑦ 制作文字：在工具箱中选择【横排文字工具】，设置字体为隶书，大小为 60 点，在图像中创建文字“一起向未来”；文字添加“投影”、“斜面和浮雕”和“水晶”的“图案叠加”效果（各参数自定），最终结果如图 2-84 所示。

图 2-84　“奥运五环”效果

⑧ 选择【文件】|【存储为】命令，将文件保存为“奥运五环 .jpg”。

2.7 课后习题与实践

一、单项选择题

1. 位图文件的扩展名为（　　）。

A. BMP　　B. PSD　　C. TIFF　　D. PCX

2. 对于静态图像，目前广泛采用的压缩标准是（　　）。

A. JPEG　　B. DVI　　C. MP3　　D. MPEG

3. 色彩位数用8位二进制来表示每个像素的颜色时，能表示（　　）种不同的颜色。

A. 256　　B. 16　　C. 8　　D. 64

4. 24位真彩色能表示多达（　　）种颜色。

A. 2400　　B. 10的24次幂

C. 2的24次幂　　D. 24

5. 同一幅图像中相邻像素特性具有相关性，这是（　　）。

A. 视觉冗余　　B. 信息熵冗余

C. 时间冗余　　D. 空间冗余

6. 关于矢量图形的概念，以下说法中，不正确的是（　　）。

A. 图形是通过算法生成的

B. 图形放大或缩小不会变形、变模糊

C. 图形放大或缩小会变形、变模糊

D. 图形基本数据单位是几何图形

7. 在使用Photoshop进行图像处理时，使用【编辑】菜单中的命令，不可以进行（　　）操作。

A. 描边　　B. 素描　　C. 剪切　　D. 填色

8. 在网页中最为常用的两种图像格式是（　　）。

A. GIF和BMP　　B. JPEG和PSD

C. JPEG和GIF　　D. BMP和PSD

9. 以下叙述正确的是（　　）。

A. 位图是用一组指令集合来描述图形内容的

B. 色彩位图的质量仅由图像的分辨率决定的

C. 分辨率为640×480像素，即垂直共有640像素，水平有480像素

D. 表示图像的色彩位数越少，同样大小的图像所占的存储空间越小

10. 以下叙述正确的是（　　）。

A. 图片经摄像机输入到计算机后，可转换成由像素组成的图形

B. 图像经数字压缩处理后可得到图形

C. 图片经扫描仪输入到计算机后，可以得到由像素组成的图像

D. 图形属于图像的一种，是计算机绘制的画面

11. JPEG格式是一种（　　）。

A. 能以很高压缩比来保存图像而图像质量损失不多的有损压缩方式

B. 有损压缩方式，因此不支持24位真彩色

C. 不可选择压缩比例的有损压缩方式

D. 可缩放的动态图像压缩格式

12. 以下不是扫描仪的主要技术指标的是（　　）。

A. 分辨率　　　　　　　　　　　　　　B. 色彩深度及灰度

C. 扫描幅度　　　　　　　　　　　　　D. 厂家品牌

13. 以下叙述正确的是（　　）。

A. 编码时删除一些无关紧要的数据的压缩方法称为无损压缩

B. 解码后的数据与原始数据不一致称为有损压缩编码

C. 编码时删除一些重复数据以减少存储空间的方法称为有损压缩

D. 解码后的数据与原始数据不一致称无损压缩编码

14. 以下有关GIF格式的叙述正确的是（　　）。

A. GIF格式只能在Photoshop软件中打开使用

B. GIF采用有损压缩方式

C. 压缩比例一般在50%

D. GIF格式最多能显示24位的色彩

二、填空题

1. Photoshop中如果要保存图像的多个图层，须采用________格式存储。

2. 扩展名ovl、gif、bat中，代表图像文件的扩展名是________。

3. 屏幕上显示的图像通常有两种描述方法。一种称为点阵图像，另一种称为________图形。

4. 16位的增强色能表示________种颜色。

5. 在计算机中表示一个圆时，用圆心和半径来表示，这种表示方法称作为________。

6. 视频中包含了大量的图像序列，图像序列中两幅相邻的图像之间有着较大的相关，这表现为________冗余。

7. 多媒体计算机获取图像的方法有：使用数码照相机、________、数码摄像机、数码摄像头、视频捕捉卡，以及直接在计算机上绘图等。

三、操作题

1. 启动Photoshop CC，打开“素材”文件夹中“pic1.jpg”和“pic2.jpg”文件；将pic2图像中的船只合成到pic1图像中并适当调整大小；制作如样张所示的船的倒影；为船只的倒影添加水波的滤镜，样式为从中心向外，数量12，起伏20，并适当调整不透明度。图像最终效果参照样张（见图2-85），以“lx1.jpg”为文件名保存结果。

2. 启动Photoshop CC，打开“素材”文件夹中pic3.jpg、pic4.jpg和pic5.jpg文件；新建一个640×480像素的RGB白色图像，设置背景为白色到粉色(#f6bdbd)的径向渐变填充；将pic3.jpg、pic4.jpg和pic5.jpg中的花合成到背景图像中，并分别使用复制、缩放和旋转进行大小和位置的调整；添加距离和大小都为20像素、角度为155°、不透明度为75%的投影（花除外）。书写文字“美不胜收”（华文新魏、72点、仿粗体）。设置文字“黄，紫，橙，蓝”渐变叠加的图层样式效果。最终效果参照样张（见图2-86）。将结果以lx2.jpg为文件名保存。

图2-85 "lx1.jpg"样张

图2-86 "lx2.jpg"样张

3. 启动Photoshop CC，打开"素材"文件夹中pic6.jpg和pic7.jpg，使用"魔棒"(容差为50)选取大树及草丛，建立新图层作为前景；将pic7.jpg中的图像全部合成到pic6.jpg中，合成后该图层的混合模式更改为"变亮"；用横排文本工具输入文字"暴风雨的前奏"，字体为黑体、大小60点、黄色(RGB参数为255、255、0)，并创建变形，样式为"贝壳、垂直、弯曲30%"，适当调整位置；为文本添加投影样式(角度120°，距离16，扩展23%，大小7)。图像最终效果参照样张(如图2-87)。将结果以lx3.jpg为文件名保存。

图2-87 "lx3.jpg"样张

4. 启动Photoshop CC，打开"素材"文件夹中pic8.jpg、pic9.jpg和pic10.jpg；将pic9和pic10图像合成到pic8图像中并适当调整大小(pic10图像可采用【编辑】|【变换】|【变形】命令进行调整)；按样张制作椭圆形花瓶阴影，羽化值5，颜色(R:102，G:102，B:102)。添加文字"花瓶贴花"，其格式：华文行楷，55点，按样张调整文字位置，并设置投影效果(距离5、扩展0%、大小5)和渐变叠加(色谱)的效果。图像最终效果参照样张(见图2-88)，以"lx4.jpg"为文件名保存结果。

图 2-88　“lx4. jpg”样张

5. 启动 Photoshop CC，新建一个 600 × 500 像素的 RGB 白色图像，填充背景层为黑色；新建图层 1，用矩形选框工具画出立柱。用渐变工具填充，渐变编辑器设定渐变条左、中、右色标分别为“#989898”、“#ffffff”和“#676767”，立柱上端用椭圆选框工具画出端面，用“#d7d7d7”色填充（可采用 <Alt+Delete> 组合键填充前景色），下端按样张修改成圆弧端面，采用复制、自由变换等方法制作其余水平栏杆和格栅。图像最终效果参照样张（见图 2-89），结果以 lx5.jpg 为文件名保存。

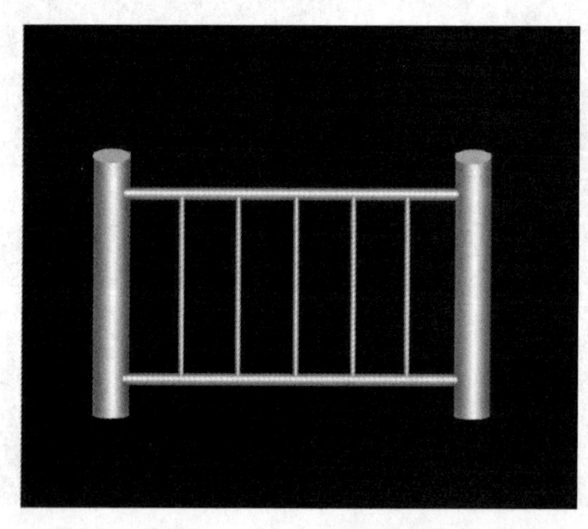
图 2-89　“lx5. jpg”样张

6. 启动 Photoshop CC，打开“素材”文件夹中的“pic11.jpg”文件，按样张创建选区；创建新图层，在选区中填充颜色（R: 164，G: 103，B: 7），添加杂色，数量为 40%，单色；添加“动感模糊”的滤镜效果，角度为 0°，距离为 20; 利用斜面和浮雕制作出像框的效果。图像最终效果参照样张（见图 2-90）。以“lx6.jpg”为文件名保存结果。

7. 启动 Photoshop CC，打开“素材”文件夹中的“pic12.jpg”文件，按样张利用选区和旋转扭曲滤镜创建 3 处扭曲木纹（“旋转扭曲”参数分别为 200、150、-180）；以背景图层为基础，利用横排文字蒙版工具、斜面和浮雕（内斜面、深度200%、大小5）图层样式创建“木纹立体字”文字（隶书、100点）。图像最终效果参照样张（见图2-91）。以“lx7.jpg”为文件名保存结果。

图2-90 “lx6.jpg”样张

图2-91 “lx7.jpg”样张

8. 启动Photoshop CC，打开“素材”文件夹中的“pic13.jpg”和“pic14.jpg”文件，将“pic14.jpg”图像合成到“pic13.jpg”图像中，形成图层1，调整大小，将图层1的混合模式调整为柔光；复制图层1形成“图层1拷贝”层，将该图层混合模式调整为强光，为“图层1拷贝”层添加图层蒙版，使用径向渐变工具（前景色为黑、背景色为白）创建如样张所示效果；输入文字“人与自然之美”，字体为隶书、大小10点，为文字添加描边（大小2像素、白色、居外），制作透明字效果。图像最终效果参照样张（见图2-92）。以“lx8.jpg”为文件名保存结果。

9. 启动Photoshop CC，打开“素材”文件夹中“pic15.jpg”和“pic16.jpg”文件，将“pic15.jpg”图像中的雄鹰合成到“pic16.jpg”中，调整其大小、位置和角度，形成图层1；用多边形套索工具勾选雄鹰的翅膀、尾部等需要产生动感的部分，添加动感模糊（参数自定）滤镜特效；按样张制作雄鹰在海水中的倒影；利用文字工具添加“俯冲”的透明效果文字（华文琥珀，100点），扇形变形（水平、弯曲20%、垂直扭曲-25%），添加黑色3像素的居外描边，添加投影效果（参数自定）。图像最终效果参照样张（见图2-93）。将结果以lx9.jpg为文件名保存。

图2-92 “lx8.jpg”样张

图2-93 “lx9.jpg”样张

10. 启动 Photoshop CC，打开“素材”文件夹中“pic17.jpg”和“pic18.jpg”文件，将“pic18.jpg”图像合成到“pic17.jpg”中，并水平翻转，设置“叠加”的图层混合模式；合并所有图层，制作镜框效果，并添加大小为 10 像素、样式为枕状浮雕的斜面和浮雕图层样式，为镜框添加马赛克拼贴的滤镜特效；添加文字“海边家园”，字体为“华文琥珀”、“大小 15 点”、颜色为“#b40302”，并添加白色、2 像素的外部描边和内阴影图层样式，设置文字层的不透明度为 75%。图像最终效果参照样张（见图 2-94）。将结果以 lx10.jpg 为文件名保存。

图 2-94 “lx10. jpg”样张

第3章 音视频处理

多媒体作为传递信息的载体，主要表现形式有文字、声音、图像、动画、视频等多种媒体形式。本章主要介绍音频和视频这两种常用媒体的处理内容和处理方法，并了解各种音频、视频的文件格式及其播放器软件，以帮助读者在多媒体信息化社会、网络化时代更好地使用计算机获得更多资讯。

学习目标：

通过对本章内容的学习，学生应该能够做到：

- 了解：数字音视频和数字视频的简单处理。
- 理解：数字音频和数字视频基础知识。
- 应用：Audition、快剪辑和格式工厂等工具软件的使用。

3.1 音频信息的处理

3.1.1 声音的数字化

1. 认识声音

声音是携带信息的重要媒体，是一种物理现象，是通过一定介质（如空气、水等）传播的一种连续振动的波，也称为声波。

声音有三个重要的物理量，即振幅、周期和频率。振幅是波的高低幅度，表示声音的强弱；周期是指两个相邻波之间的时间长度；频率（周期的倒数）是指每秒振动的次数，以 Hz 为单位。

声音具有三个要素：音调、音强和音色。它们分别与声音的频率、振幅、波形等相关。音调与声音的频率有关，频率越快，音调越高。例如，20Hz 表示物体每秒振动 20 次所传播出的声波。并不是所有频率的声音信号都能够被人们感觉到，人的听觉范围大约为 20~20kHz，数字媒体技术主要研究的是这部分音频信息的使用。音强又称为响度，它取决于声音的振幅。振幅越大，声音就越响亮。

声音的传播是以声波形式进行的。由于人类的耳朵能够判别出声波到达左、右耳的相差时差、声音强度，所以能够判别出声音的来源方向。同时又由于空间作用使声音来回反射，从而造成声音的特殊空间效果。这也正是人们在音乐厅与在广场上聆听音乐感觉效果不一样的原因之一。因此，现在的音响设备都在竭力模拟这种立体声和空间感效果。

2. 声音信号的数字化

声音是模拟信号，只有转换成数字音频信息才能被计算机所识别、存储和处理。

将模拟的声音信号转变为数字音频信号的过程称为声音信号数字化，这一过程是由声卡中的模拟 / 数字（A/D）转换功能来完成的。如图 3-1 所示，模拟音频信息经过采样、量化和二进制编码三个阶段，实现 A/D 转换，得到数字音频信息。

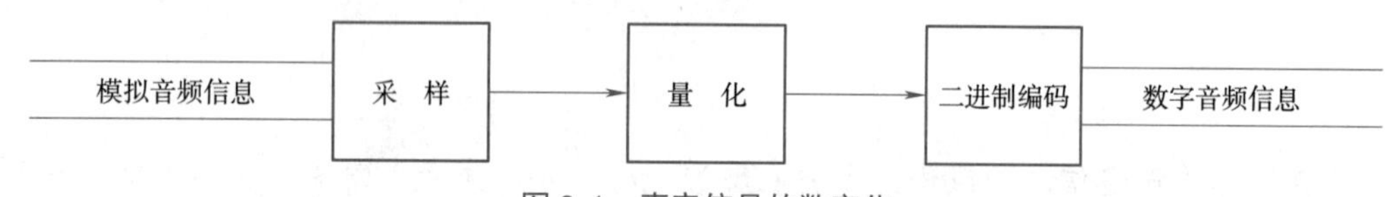

图 3-1　声音信号的数字化

3. 波形音频的三个参数

（1）采样频率

采样频率是指每秒从模拟声波中采集声音样本的个数，其计量单位为赫兹（Hz）。采样频率越高，声音质量越好，但所占用的存储空间也越大。声音信号的采样如图 3-2 所示。

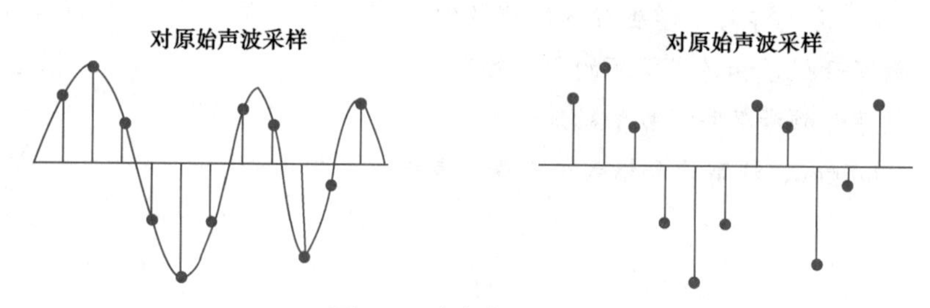

图 3-2　声音信号的采样

一般采用的标准采样频率有 11.025kHz、22.05kHz、44.1kHz。

（2）量化位数

量化位数是指将采样数据按大小存储的过程。一般有 8 位、16 位、32 位等。量化位数越大，声音幅度分辨率越高，还原时品质越好，声音数据占用的存储空间越大。声音信号的数字化过程如图 3-3 所示。

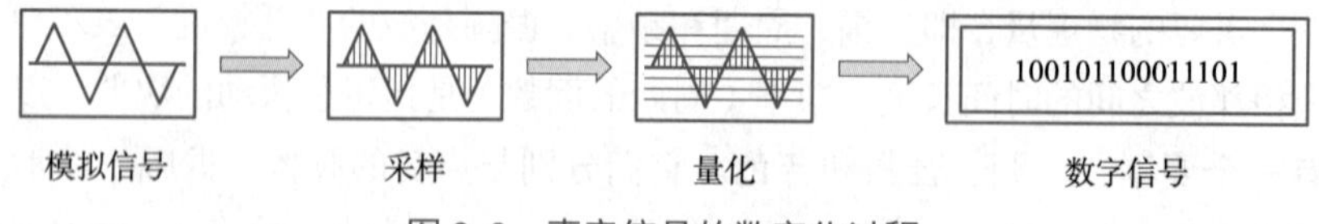

图 3-3　声音信号的数字化过程

（3）声道数

声道数是数字音频声音质量的另一个因素，一般有单声道、双声道、多声道。

4. 存储量计算

数字声音信息的音质高低与其所需要的存储量大小，与上述采样频率、量化位数、声道数三个参数的选取直接相关。

例如：电话的音质主要考虑到能实时听到对方的声音，故采用音质较低、存储量较小的 11.025kHz 采样频率、8 位量化的单声道音质。而收音机对声音音质的要求比电话稍高，所以采用 22.05kHz 采样频率、16 位量化的单声道的广播音质。对于用户要求更高的音乐欣赏，则采用 44.1kHz 采样频率、16 位量化的双声道的立体声 CD 音质，但其存储空间也相对更大。

数字音频占用存储量的计算公式为

$$存储量=采样频率 \times 量化位数 \times 声道数 \times 时间 / 8（字节）$$

例：试计算采样频率 44.1kHz，16 位量化，双声道的 CD 音质，一分钟的音频所需要的存储量是多少？

解：采样频率 44.1kHz，16 位量化，双声道的 CD 音质的存储量为

$$44.1 \times 1\,000 \times 16 \times 2 \times 60 / 8=10\,584\,000（字节）$$

5. 音频压缩编码技术

音频的编码是为了解决声音信息的大数据量存储和传输问题，国际上制定了许多相关标准，以规范数字音频处理和传输。声音处理的基本过程包括采样、量化、编码压缩、编辑、存储、传输、解码、播放等环节。

音频数据压缩编码方法可分为无损压缩和有损压缩两大类。无损压缩主要包含各种熵编码（利用信源的统计特性进行码率压缩的编码，又称为统计编码）；而有损压缩则可分为波形编码、参数编码、感知编码和同时利用多种技术的混合编码。

对经过压缩处理的数字声音，引入音频编码算法的数据压缩比来衡量压缩效果，计算公式如下：

$$音频数据压缩比 = \frac{压缩前的音频数据量}{压缩后的音频数据量}$$

3.1.2 常用声音文件格式

1. WAV 格式

WAV 格式是 Windows 数字音频的标准格式，也是广为流行的一种声音格式，几乎所有的音频编辑软件都支持 WAV 格式。其文件扩展名为“.wav”。

由于 WAV 格式一般存放的是未经压缩处理的音频数据，所以其缺点是产生的文件太大，不适合用于长时间声音的记录，更不适合在网络上传播。

2. MP3 文件

MP3 是 MPEG Layer3 的缩写，它是目前很流行的音频文件的压缩（有损）标准。MP3 文件的扩展名为“.mp3”。

相同长度的音乐文件，用 MP3 格式存储，一般只需要 WAV 文件的 1/10 存储量。

3. MIDI 格式

MIDI 是乐器数字化接口的英文 Musical Instrument Digital Interface 的缩写。MIDI 文件的内容只是能使合成音乐芯片演奏乐曲的代码，其文件扩展名为“.mid”。

MIDI 格式的优点是文件存储量很小，缺点是播放时需要声卡的支持，所以 MIDI 音乐重放时，

其音色效果也随声卡的不同而不同。

4. CD 格式

CD 格式是当今世界上音质最好的数码音频格式之一。标准 CD 格式采样频率为 44.1kHz，量化位数为 16 位，双声道。CD 音轨近似无损，声音忠于原声，是音乐欣赏的首选音频格式。

CD 文件的扩展名为“.cda”，实际上，该文件只是一个索引文件，并未包含声音信息，因而不管 CD 音乐长短如何，“.cda”文件的长度都固定为 44 字节。因此，我们不能直接复制“.cda”文件到硬盘上进行播放，而需要使用音频转换软件把 CD 格式的文件转换成 WAV 后才能播放。

5. RealAudio 格式

RealAudio 主要适用于网络在线音乐欣赏，Real Audio 格式的文件就是 Real 文件，主要格式有 RA、RM 和 RMX 等，它们分别代表不同的音质。其特点是可自适应网络带宽，选择不同的音质格式，从而保证在听到流畅声音的前提下，获得较好的音质效果。

6. WMA 格式

WMA（Windows Media Audio）格式是微软公司开发的，Windows 操作系统中默认的音频编码格式。WMA 的音质强于 MP3，更胜于 RA，在录制时，其音质可调，好时可与 CD 媲美，同时，其压缩率也高于 MP3，一般可达 1∶18，支持音频流技术，可用于网络广播。WMA 格式的声音文件扩展名为“.wma”。

WMA 的另一个优点是提供内置的版权保护技术，可以限制播放时间、播放次数、播放的计算机等，这给音乐公司的防盗版提供了一个重要的技术支持。

7. OGG 格式

OGG 全称是 0GGVorbis，是一种音频压缩格式。OGG 是完全免费、开放和无专利限制的。OGG 音频文件可以不断地进行大小和音质的改良，而不影响原有的编码器或播放器。

MP3 是有损压缩格式，因此压缩后的数据与标准的 CD 音乐相比是有损失的。OGG 也是有损压缩，但通过使用更加先进的声学模型去减少损失。因此，数字音频在相同位速率（Bit Rate）编码情况下，OGG 比 MP3 音质更好一些。

8. AAC 格式

AAC 全称 Advanced Audio Coding，是一种基于 MPEG-2 的高级音频编码技术。由 Fraunhofer IIS、杜比、苹果、AT&T、索尼等公司共同开发，以取代 mp3 格式。2000 年，MPEG-4 标准出台，AAC 重新整合了其特性，故又称 MPEG-4 AAC，即 M4A。

作为一种高压缩比的音频压缩算法，AAC 压缩比可达 18:1，远胜 MP3。AAC 格式能同时支持 48 个音轨、15 个低频音轨，具有多种采样率和比特率、多种语言的兼容能力，以及更高的解码效率。AAC 在手机上的应用相对多一些，此外计算机上很多音频播放软件都支持 AAC 格式，如苹果 iTunes。

9. AIFF 格式

AIFF 是 Audio Interchange File Format 的英文缩写，是 Apple 公司开发的一种数字音频交换文件格式，可以使用暴风影音、iTunes 等软件来播放 AIFF 格式的文件。

AIFF 是苹果计算机的标准音频格式，属于 QuickTime 技术的一部分。

10. FLAC 格式

FLAC 是 Free Lossless Audio Codec 的缩写，意为免费的无损音频压缩编码。不同于其他有损压缩编码，如 MP3 及 AAC，FLAC 不会破坏任何原有的音频信息，可以还原音乐光盘音质。FLAC 已被很多软件及硬件音频产品（如汽车播放器和家用音响设备）所支持。

3.1.3 音频编辑的处理

1. 常用的音频处理效果

（1）音量（Volume）

软件处理音量时，一般有三种常见方式：一是滑钮（旋钮），二是百分比，三是增减分贝（dB）数值。另外，还有一种是在保证不出现削波失真的前提下将音量调整到最大。

（2）降噪（Noise Reduction）

降噪是指降低或消除设备噪声、环境噪声、喷音、爆音等不应有的杂音。一般有 FFT 采样降噪、使用噪声门、调整均衡等方法。

（3）均衡（Equalize）

均衡是指提升或衰减某些频段的音量。每一种声音都有它的振动频率。频率越小，音调越低；频率越大，音调越高。例如，低音类乐器（大提琴、贝司等）的主体频率一般为 30~300Hz，人声的主体频率为 60~2 000Hz。

某一声音往往并不完全由一个特定的频率构成，也就是说，录入的某段音频由很多频率段组成（基音的频率段和泛音的频率段）。比如，女声的基音频率为 200Hz~2kHz，而泛音则可扩展到 7Hz~10kHz，乐器也是如此。

很多时候需要做必要的均衡处理。比如，为了突出小提琴音色的亮丽，需要提升它的高频区；而贝司、低音鼓则需要适当提升低频，衰减高频。在声部（乐器）众多的时候，均衡就更为重要，可以使整个作品各声部层次分明，清晰而不混浊。

均衡的另外两个重要用途是：①减少噪声，常用于录音时的效果前置（使用调音台的均衡）；②创造新的音色。

（4）压限（Compress）

可以按照均衡的概念去理解这个效果的作用和意义，所不同的是，均衡是增减声音某些频率段的音量，而压限则是针对声音不同部分的音量进行增减。也就是说，可以对某段音频中音量低于某一限度的部分进行平滑的首量提升（其余部分不变），对音量高于某一限度的部分进行平滑的音量衰减（其余部分不变），或二者同时作用。简单地说，就是平衡音量。

（5）混响（Reverb）

简单地说，混响就是声音余韵，即音源在空间反射出来的片首。适当设置混响，可以更真实、更有现场感地再现声音源，也可以起到修饰、美化的作用。

（6）合唱（Chorus）

这里说的合唱效果并非很多人的合唱，而是指声音的重叠。它可以使原声音加宽，加厚。

（7）延迟（Delay）

延迟是指增加音源的延续。它不同于混响，是原声音的直接反复，而非余韵音。它也不同于合唱。合唱是单纯的声音重叠，而延迟给人一种错位、延绵的感觉。

（8）变调（Pitch）

变调是指改变一段音频的音高，使音调升高或降低。

（9）变速（Stretch）

变速是指改变一段音频的时长（波形长度），使音乐速度发生变化。

（10）声像（Pan）

声像是指声音在二维空间里的定位（立体声左右定位）。

（11）环绕（Surround）

环绕是指立体声游弋，使声音的二维空间定位不断发生改变。

（12）淡入 / 淡出（Fade in/out）

淡入 / 淡出是指使声音从无到有或从有到无（即声音的音量渐变）。

（13）静音（Silence）

静音即无声，使波形的振幅为零。

（14）回声（Echo）

回声是指声音的反射，指声音发出后经过一定的时间再返回被人听到，就像面对高山呼威一样。

（15）数字回旋（Convolution）

数字回旋就是电子味道很浓的混响加回声。

（16）声场扩展（Expand）

声场扩展即立体声增强，扩大声场范围。

（17）限制（Limit）

限制是指将音频中音量超过某一设置值的部分限制为设置值。

（18）镶边（Flanger）

使用镶边效果能在原来音色的基础上给声音再加上一道独特的“边缘”，使其听上去更有趣，更具变化性。

还有很多音频效果，比如激励（Inspirit）、失真（Distortion）、哇音（Wahwah）等，在此不作介绍。

2. 音频编辑

随着数字媒体技术的发展，声音处理技术得到了广泛的应用。声音处理软件也层出不穷。常用的声音处理软件有 Adobe Audition、Audacity、GoldWave、Sonar 等。

音频编辑的主要操作有以下几个：

① 降噪，去除录音时的背景噪声。

② 调节均衡，使高、中、低几个频段听起来更加悦耳。

③ 添加混响、延迟等效果。

④ 压缩与限制，即动态处理。

⑤ 删除无用的部分，将需要合并的音轨拼贴起来。

在本章的“实训任务与操作方法”的任务 3-1 中将以“Adobe Audition”音频编辑工具的使

用为例，介绍数字音频处理的一些方法和过程。

3.1.4　语音合成与识别

语音是人类进行信息交流的重要的媒介。如果人和计算机之间也能如同人和人之间一样，使用语音自然、便捷地交流，那么人机交互界面也将进一步得到改观，更加人性化。这一目标也使得计算机语音处理技术有了更加广阔的发展空间。

语音处理技术主要包括两方面的内容，一是语音合成技术，二是语音识别技术。

1. 语音合成技术

语音合成，也就是赋予计算机“讲话”能力，使计算机能够用语音输出结果。

计算机输出的经过合成处理的语音应该是可懂、清晰、自然且具有表现力的，这是语音合成技术追求的境界和目标。目前，语音合成技术已走向实用，但要达到理想的境界，还需要不断地科研攻关。

2. 语音识别技术

语音识别，就是赋予计算机“听懂”语音的能力，这样在我们输入文字和命令时，就可以用语音替代键盘和鼠标操作了。

3.2　视频信息的处理

3.2.1　视频的数字化

1. 视频

视频的记录方式可以分为模拟视频信号和数字视频信号两种方式。

模拟视频是指其信号在时间和幅度上都是连续的。普通电视机、录像机和摄像机中采用的就是模拟视频。

数字视频，即Digital Video，简称DV。数字视频信号是由模拟的视频信号进行数字化转换得到。

2. 视频的数字化

计算机要对视频进行处理，必须将来源于模拟摄像机的模拟信号转化为数字信号，即以数字化的方式来表示连续变化的图像信息。

视频的数字化过程同音频相似，在一定的时间内以一定的速度对单帧视频信号进行采样、量化、编码等，实现模/数转换、彩色空间变换和编码压缩等，这个过程需要视频捕捉卡和相应的软件的支持，再经计算机处理并存储到硬盘等存储器中。

3.2.2　常用视频文件格式

数字视频文件的格式一般取决于视频的压缩标准，一般分成影像格式和流格式两大类。目前，常用的视频文件具体格式主要有AVI、MPEG、MOV、RM/RMVB、ASF等。

1. AVI格式

AVI（Audio Video Interleavad）格式是一种支持音频/视频交叉存取机制的格式，即使音频和视频交织在一起同步播放。

AVI 格式由微软公司开发，是 Windows 系统中通用的视频格式。AVI 视频文件可方便地通过 Windows Media Player 播放器进行播放。

AVI 格式的优点是兼容性好、调用方便、图像质量好，对设备要求不高。AVI 格式的缺点是视频文件较大。它是的一种符合 RIFF 文件规范的数字音频与视频文件格式。

2. MPEG 格式

MPEG（Moving Picture Experts Group）格式是国际通用的有损压缩标准，现已被所有计算机平台共同支持。MPEG 视频文件，可用诸如 Windows Media Player、暴风影音等很多视频播放器播放。

MPEG 标准包括 MPEG 视频、MPEG 音频和 MPEG 系统（音、视频同步）三个部分。MPEG 格式的视频相对于 AVI 文件而言，有较高的影片质量和更高的压缩率。

3. ASF 格式 /WMV

ASF（Advanced Streaming Format）格式是高级流格式，由微软公司推出，ASF 格式的压缩率和图像质量都很不错，是一个在 Internet 上实时传播多媒体信息的技术标准。WMV（Windows Media Video）格式是微软公司开发的可以直接在网上实时观看视频节目的流式视频数据压缩格式。

4. MOV 格式

MOV（Movie Digital Video Technology）格式是苹果公司开发的一种音频、视频文件格式，使用 Quick Time Player 播放器播放。

MOV 格式具有较高的压缩比和较为完美的视频清晰度，采用有损压缩方式，画面效果比 AVI 格式稍好。目前已成为数字媒体软件技术领域的事实上的工业标准。

5. RM 格式和 RMVB 格式

RM（Real Media）格式是一种流式视频格式，RMVB 格式是由 RM 格式升级延伸出的新视频格式。RMVB 格式比 RM 格式有着更好的压缩算法，能实现较高压缩率和更好的运动图像的画面质量。

6. M4V

M4V 格式是苹果公司开发的一种标准视频文件格式，应用于视频点播网站和各类移动设备（iPod、iPhone、PlayStation Portable 等）上。此格式基于 MPEG-4 编码第二版，是 MP4 格式的一种特殊类型，其后缀常为 .MP4 或 .M4V。其视频编码采用 H.264 编码，音频编码采用 AAC。相比于其他格式，它能够以更小的体积实现更高的清晰度。

7. FLV

FLV（Flash Video）格式是随着 Flash MX 的推出而开发出的一种流媒体视频格式。

FLV 文件体积小巧，1 min 清晰的 FLV 视频大小为 1MB 左右，一部电影在 100 MB 左右，是普通视频文件体积的 1/3。FLV 文件具有 CPU 占有率低、视频质量良好等优点，曾经在网络上非常流行。

8. F4V

F4V 是 Adobe 公司为了迎接高清时代而推出的支持 H. 264 的流媒体格式。作为一种更小更清晰更利于在网络传播的格式，F4V 正逐渐取代传统的 FLV 格式。FLV 格式采用的是 H.263 编码，而 F4V 则支持 H.264 编码的高清晰视频。F4V 格式的市晰度明显比用 H.263 编码的 FLV 格式好。

9. 3GP

3GP（3rd Generation Partnership Project，第三代合作伙伴项目计划）格式是一种 3G 流媒体的视频编码格式，主要是为配合 3G 移动通信网络的高传输速度而开发的，也是手机中最常用的一种视频文件格式。其文件体积小，移动性强，适合移动设备使用。目前大部分支持视频拍摄的移动设备都支持 3GP 格式的视频。

日前流行的视频网站，如优酷、搜狐等高清频道下的视频，文件格式多为 FLV、F4V、MP4、M4V 等。

3.2.3 数字视频格式的转换

视频文件格式众多，且出自不同企业、研究机构或组织。不同格式的视频文件编码方式也不同，这给视频的播放和编辑带来不便。当发现所安装的播放器无法播放某种格式的视频文件时，可以通过视频编辑软件将某种格式的视频文件另存为其他格式的视频文件，也可以使用视频格式转换工具直接将不兼容的视频格式转换为自己需要的视频格式。

常见的可用于视频格式转换的工具有格式工厂、会声会影、Windows Movie Maker、魔影工厂等，在众多视频格式转换工具中，“格式工厂”是一款免费的、应用最广泛的多媒体格式转换软件。它支持各种数字视频格式和各种手机视频格式的转换，在转换过程中还可以修复某些意外损坏的视频文件。它的使用也很简单，只需要“添加文件”“选项设置”“输出配置”三个简单步骤，就可以轻松完成视频格式的转换。下面简单介绍“格式工厂”软件的使用。

1. 基本界面

“格式工厂”软件安装之后，可以通过【开始】菜单找到并单击运行，启动之后显示如图 3-4 所示的初始界面。

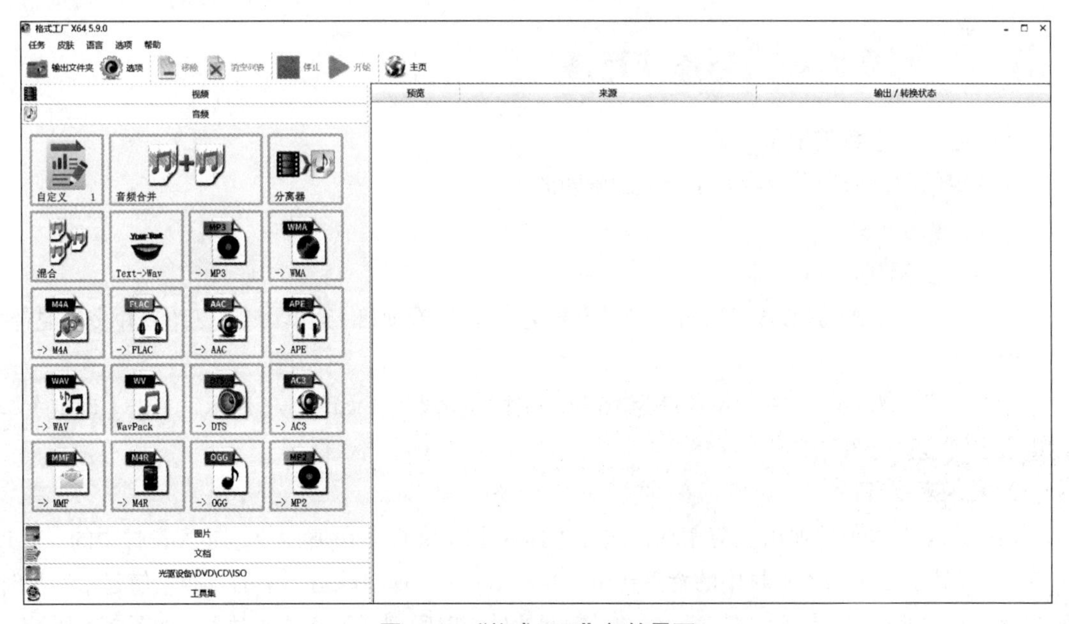

图 3-4　“格式工厂”初始界面

2. 格式转换

“格式工厂”使用非常简单，操作步骤如下：

① 从初始界面左侧窗格中选择想要转换的目标格式。

② 在弹出的对话框中单击【添加文件】或【添加文件夹】按钮，选择需要转换的原文件。

③ 单击【确定】按钮，关闭对话框。

④ 单击【开始】按钮，开始转换格式，直到系统提示转换完成。

3.2.4 视频处理

1. 视频处理内容

视频信息的处理包括视频画布的剪辑、合成、叠加、转换、配音等方面的内容。

2. 视频处理软件

视频编辑软件种类繁多，Windows Movie Maker、爱美刻、爱剪辑、快剪辑、会声会影、Vegas 等工具，比较适合零基础、没有任何视频制作经验的人使用。Adobe Premiere、Adobe After Effect、Ulead Video Studio 等工具则适合比较专业的人员使用。

3. 数字视频的编辑处理

想要编辑和制作数字视频，首先要准备好视频素材。素材可以使用数字录像设备拍摄后获得，也可以从一些共享视频网站上获取，还可以利用 360 浏览器的“边播边录”功能获取。接着选择一款自己常用的视频编辑工具软件，用该视频编辑软件对素材进行编辑处理，包括对素材进行调速、裁剪、分割、静音、删除、分离音轨、叠加、设置滤镜效果等常用操作，还包括制作片头、片尾字幕，镜头间的转场特效等。最后还需要将编辑好的视频导出成常用的视频文件，可以进一步上传到网上，这样，所制作的视频就可以分享给大家欣赏了。

在本章的“实训任务与操作方法”的任务 3-2 中将介绍数字信息处理的一般方法和过程。

3.3 实训任务与操作方法

【任务 3-1】合成配乐朗诵

将给定的朗读语音和背景音乐合成配乐朗诵。

操作步骤与提示

1. 新建多轨混音项目

启动 Adobe Audition CS6，选择【文件】|【新建 | 多轨混音项目】菜单命令打开【新建多轨混音】对话框。

设置采样率为 44 100Hz，位深度为 16 位，主控为立体声，如图 3-5 所示，单击【确定】按钮进入多轨编辑视图。

2. 插入多轨音频

在轨道 1 中右击，弹出快捷菜单，选择【插入】|【文件】快捷命令，导入素材中的“3-1.mp3”。在轨道 2 中插入素材中的背景音乐“3-2. wma”。拖动轨道 1 中的音频，使起始处与时间刻度第 5 秒处对齐；同理，轨道 2 中的音频起始处与时间刻度第 0 秒处对齐，如图 3-6 所示。

新建多轨混音

混音项目名称：未命名混音 1

文件夹位置：C:\Users\HUAWEI\Desktop　浏览...

模板：无

采样率：44100　Hz

位深度：16　位

主控：立体声

确定　取消

图 3-5　新建多轨混音

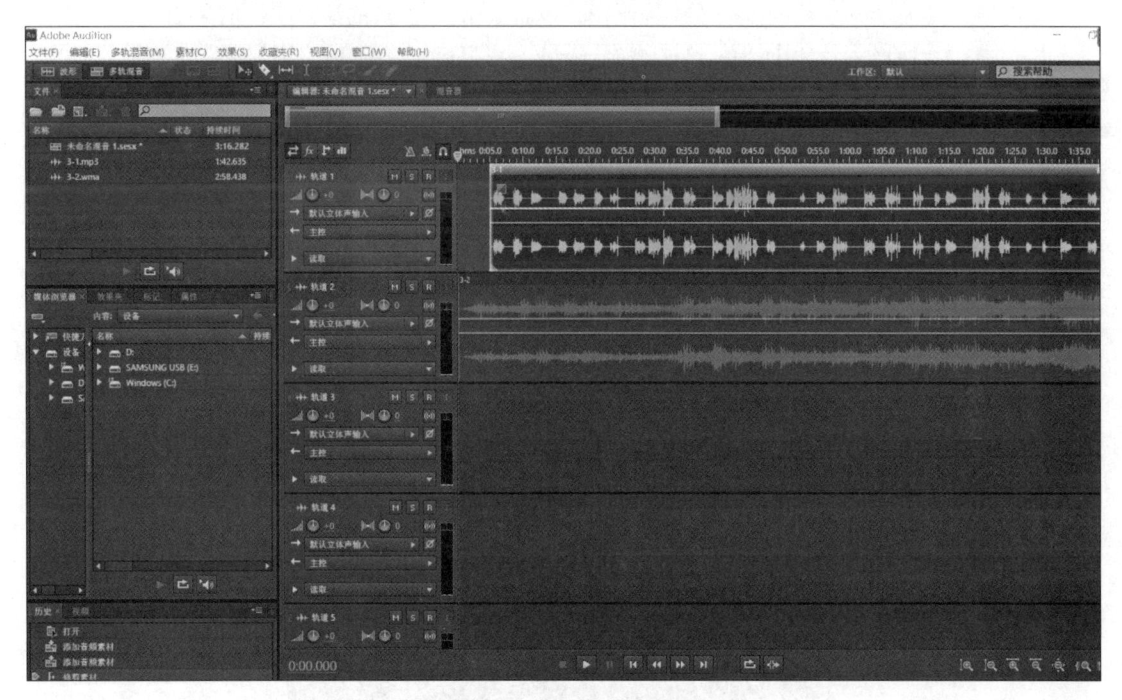

图 3-6　插入多轨音频

> **提示：**
>
> 查看音频的不同部分，有两种常用方法。一种是用“缩放”面板中的“放大（时间）”工具或“缩小（时间）”工具；另一种是水平拖动时间滑杆或拖动时间滑杆两端（时间滑杆位于所有轨道的上方），定位到所需的时间片段。

3. 调整背景音乐长度

在时间标尺 2 min 处单击，将播放头定位于此，如图 3-7 所示。

在轨道 2 的第 2min 位置处右击，弹出快捷菜单，选择【拆分】命令，将背景音乐一分为二，选中分割线右侧部分，按【Delete】键将其删除。

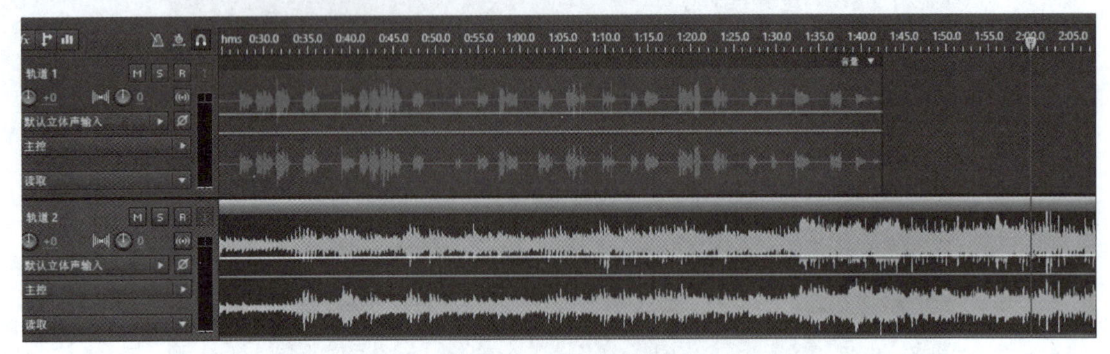

图 3-7　拆分音频

4. 设置背景音乐淡入淡出效果

拖动轨道 2 波形开始处的【淡入】控制钮，设置波形开始 5s 的淡入线性值为 26。

拖动轨道 2 波形末端的【淡出】控制钮，设置波形最后 12s 的淡出线性值为 26。

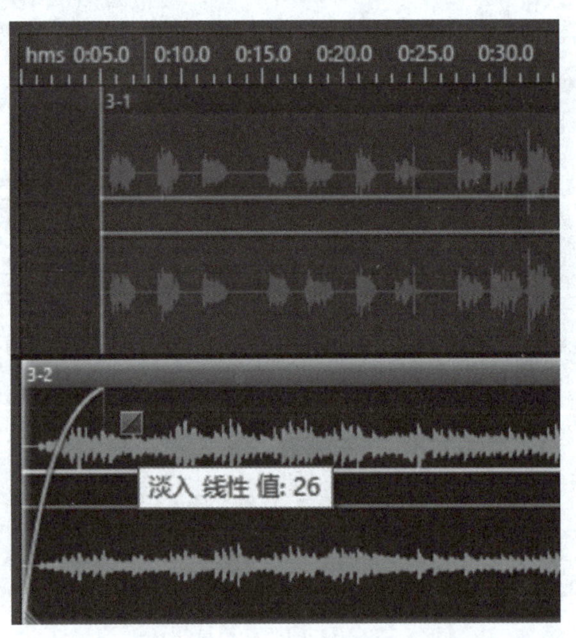

图 3-8　设置背景音乐淡入

> 提示：
> 水平拖动这两个控制钮可以改变淡入或淡出的持续时间，垂直拖动则可以改变淡入或淡出的变化速度。

5. 调整背景音乐的音量

背景音乐的音量太高会破坏朗读效果，可以将其调低。右击轨道 2 中的波形（注意不要右击水平方向的黄色音量包络线和蓝色声像包络线），弹出快捷菜单，选择【匹配素材音量】命令，打开【匹配素材音量】对话框。【匹配素材音量为：】设为响度，【目标音量】设为 -30dB，如图 3-9 所示。

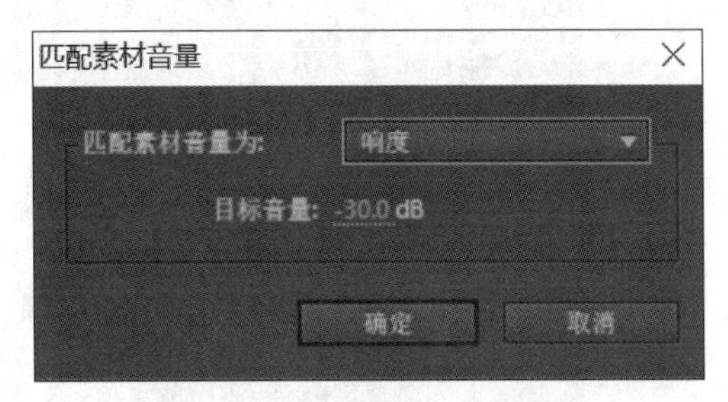

图 3-9　调整背景音乐的音量

单击【确定】按钮完成背景音乐的音量设置，如图 3-10 所示。

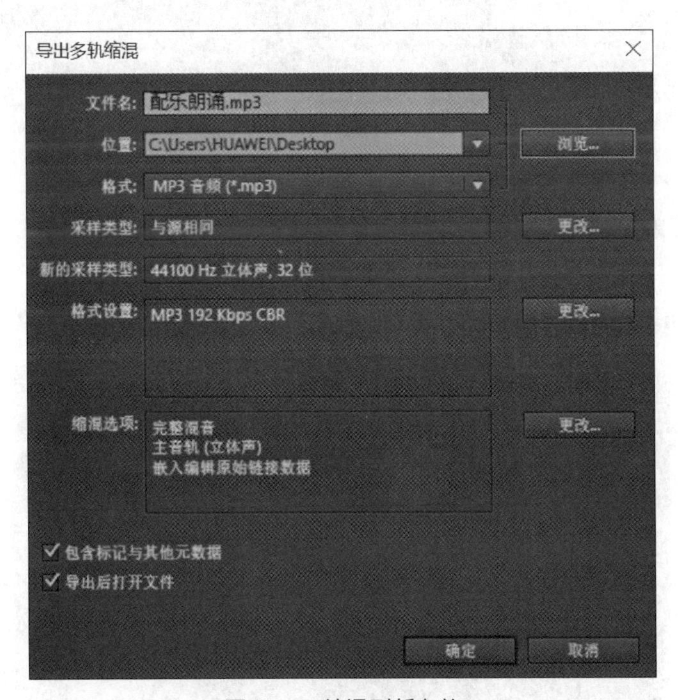

图 3-10　缩混到新文件

【任务 3-2】消除环境噪声

对语音进行降噪处理，消除环境噪声。

操作步骤与提示

1. 选定环境噪声

启动 Adobe Audition，选择【视图】|【波形编辑器】菜单命令进入波形编辑视图，选择【文件】|【打开】命令，打开配套资源“3-4.mp3”。使用“缩放”面板的“放大（时间）”工具和“放大（振幅）”工具调整波形文件，使音频前端的环境噪声部分清晰可见。选择前端的噪声，准备对其采样，如图 3-11 所示。

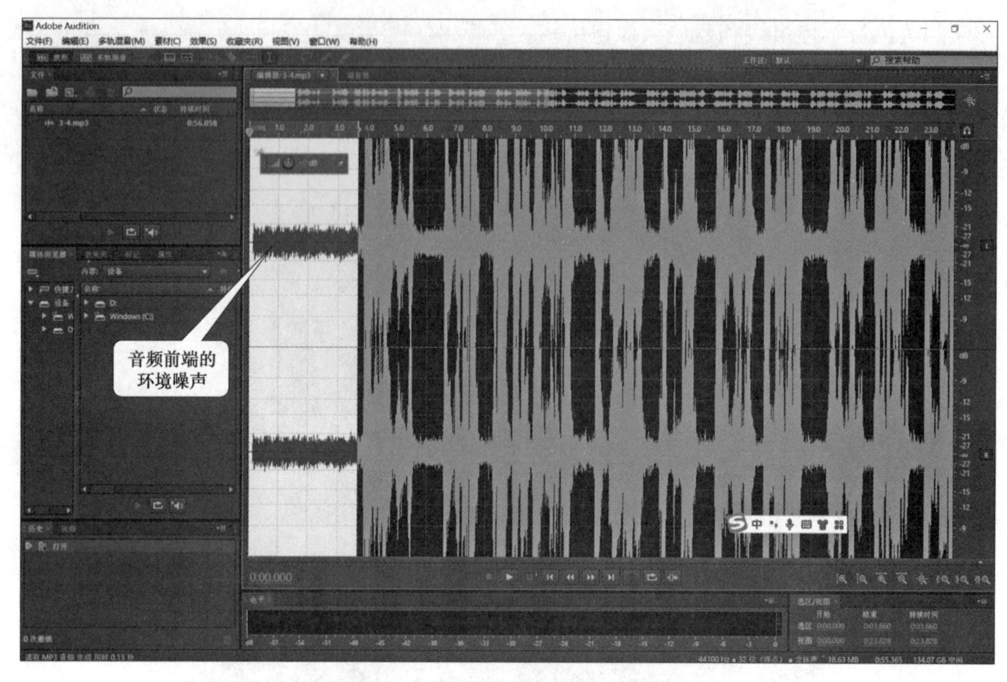

图 3-11　选取音频前端的环境噪声

2. 采样环境噪声，获取噪声样本

选择【效果】|【降噪（N）】|【恢复】|【降噪（N）（处理）】菜单命令，打开【效果 - 降噪】对话框，单击左上角【捕捉噪声样本】按钮，对所选噪声进行采样。采样完成的效果，如图 3-12 所示。

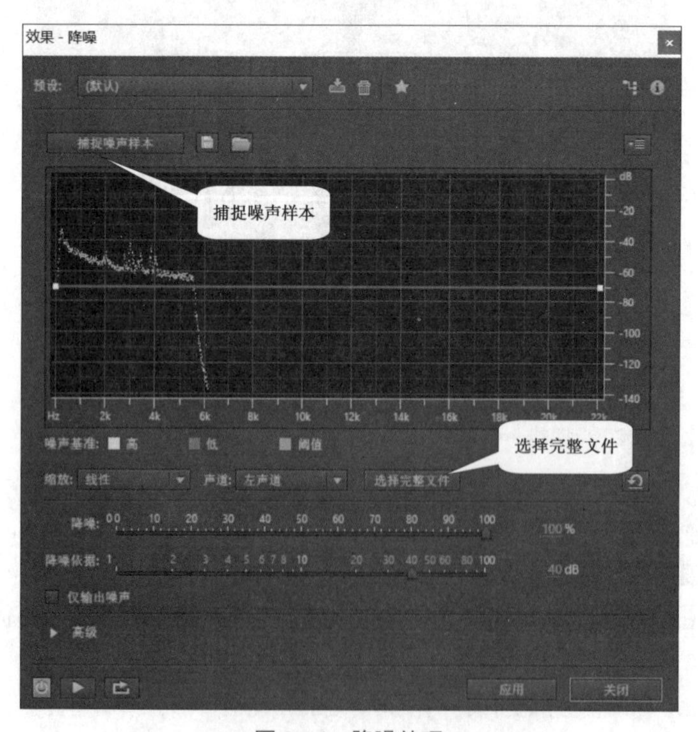

图 3-12　降噪处理

3. 降噪

单击【效果 - 降噪】对话框中的【选择完整文件】按钮，此时，波形编辑窗口中当前音频被整体选中，再单击【应用】按钮完成降噪。降噪后的波形如图 3-13 所示。对比原来的波形，发现所有噪声处的振幅归零或变小，环境噪声已基本消除。最后，将音频另存为“降噪 .mp3”。

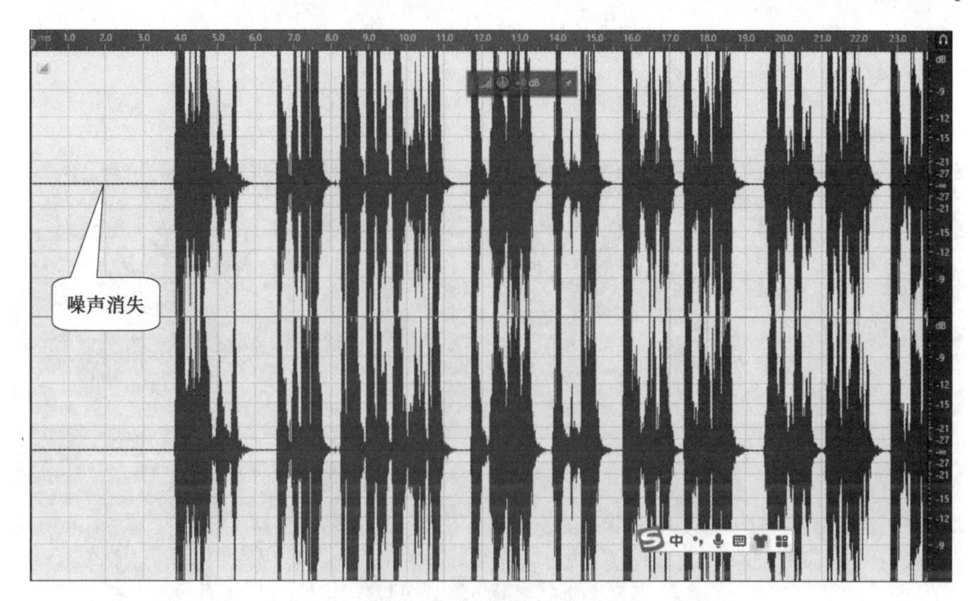

图 3-13　降噪后的声音波形

【任务 3-3】制作伴奏音

消除歌曲中的人声，提取伴奏音。

操作步骤与提示

1. 打开需要消除人声的音频

在 Adobe Audition 的波形编辑视图中打开音频素材“3-5.mp3”，波形如图 3-14 所示。可以先播放一下，听到声音中包含清晰的演唱和伴奏音。双击音频波形可以进行全选。

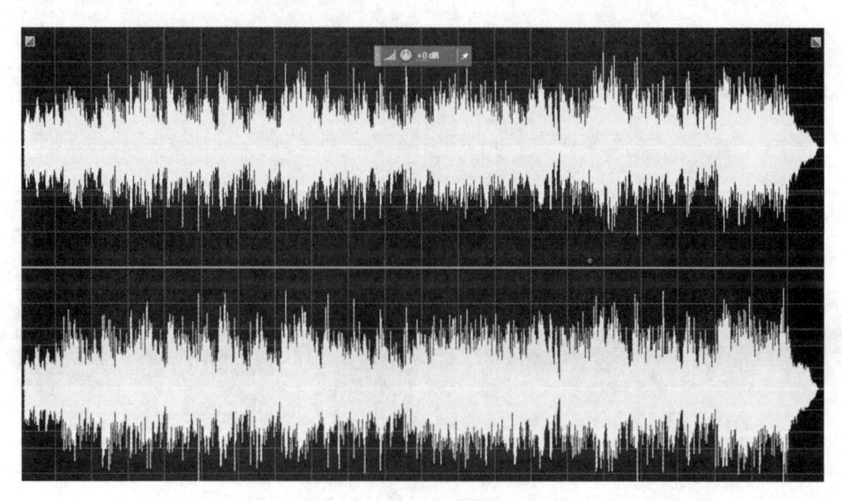

图 3-14　含人声的声音波形

2. 人声移除

选择【效果】|【立体声声像】|【中置声道提取】命令，打开【效果－中置声道提取】对话框。【预设】参数设为“人声移除”，【提取】参数设为“中置”，单击下方的【预演播放】按钮感受效果（也可微调其他选项，但建议保持默认值）。单击【应用】按钮，完成消除人声的处理，如图 3-15 所示。人声移除后，再播放一遍音频，只剩下清晰的伴奏音。消除人声后的伴奏音波形如图 3-16 所示。最后将音频保存为“伴奏音 .mp3”。

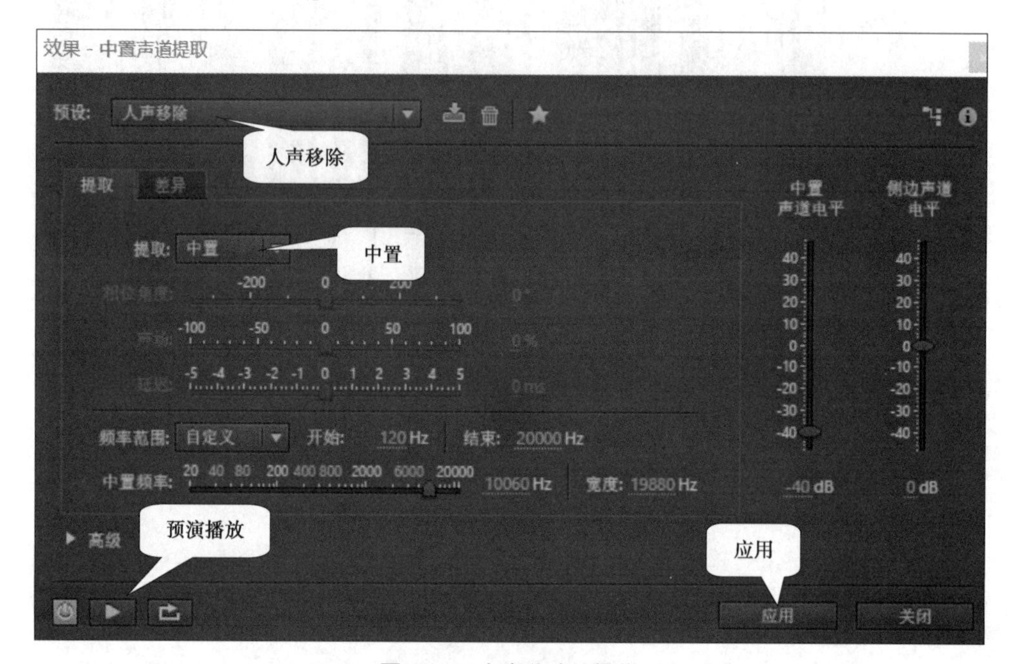

图 3-15　人声移除的操作

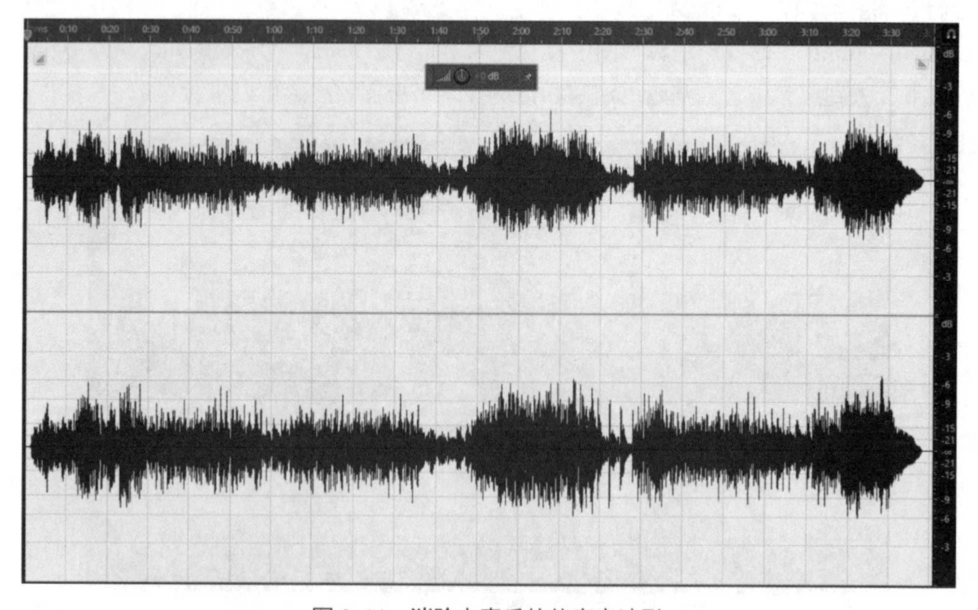

图 3-16　消除人声后的伴奏音波形

【任务 3-4】制作“美丽校园”微视频

快剪辑视频编辑实例使用第 3 章中任务视频素材文件夹中的图片、音乐和视频素材，制作“美丽校园”微视频。

操作步骤与提示

启动快剪辑软件，单击【新建项目】按钮，再单击【专业模式】按钮。

1. 导入图片、视频和音频素材

在【添加剪辑】选项卡中分别单击【本地图片】、【本地视频】按钮，选择素材文件夹中的图片文件“3-6.jpg”、视频文件“3-7.mp4”。

在【添加音乐】选项卡中单击【本地音乐】按钮，选择素材文件夹中的音频文件“3-8.mp3”，该音乐添加到时间轴音乐轨道上。

添加上述素材后的“快剪辑”编辑界面如图 3-17 所示。

图 3-17　“快剪辑”编辑界面

2. 为图片添加字幕

选择时间轴中的图片素材，单击【添加字幕】选项卡，选择【VLOG】选项卡中的第一行第一列字幕样式。单击右上角的【+】按钮，添加字幕到时间轴上，同时弹出【字幕设置】对话框，如图 3-18 所示。

在【字幕设置】对话框的预览区中调整字幕位置。双击画面，输入文字“美丽校园”；在右侧【字幕样式】效果选项卡中选择第一个，【颜色】选项卡中选择白色标题，【字体】选项卡中选择华文彩云。设置字幕的出现时间为 0 秒，持续时间为 6 秒。

单击【保存】按钮确认字幕添加，回到时间轴编辑界面。

图 3-18 【字幕设置】对话框

> **提示：**
>
> 如果以后要修改字幕内容，可以双击时间轴上的“T”文本标记，将再次打开【字幕设置】对话框，进行字幕的编辑修改。

3. 为图片和视频设置转场特效

选择时间轴中的图片素材，单击【添加转场】选项卡。移动鼠标到【向右擦除】效果的右上角，单击出现的【+】按钮，将该转场特效添加到图片素材上。用同样的方法为时间轴中的视频素材添加转场特效。

4. 保存电影

单击右下角的【保存导出】按钮，进入如图 3-19 所示的【导出设置】界面。选择保存目标文件夹。设置导出尺寸为“480P”、文件格式为“MP4”，其他选项参照图 3-19 设置。文件名为“美丽校园.mp4”。

在【特效片头】选项卡中选择“无片头”，在【水印】选项卡中取消选中【加图片水印】复选框。

单击右下角【开始导出】按钮，填写标题“美丽校园”，单击【下一步】按钮，直至导出完成。

图 3-19　导出设置界面

【任务 3-5】制作“动物世界”微视频

录制网上视频素材或者使用“素材和样张 \ 第 3 章”文件夹中的“课后操作视频素材”，制作“动物世界”微视频。

操作步骤与提示

1. 新建项目

启动“快剪辑”软件，单击【新建项目】按钮，选择【专业模式】。

2. 添加网络图片

启动 360 浏览器，选择【图片】，在输入框内输入搜索关键词“天鹅”，通过 360 图片搜索功能搜到“天鹅”图片。在需要的图片上右击，在弹出的快捷菜单中选择【图片另存为】命令，将所需图片保存到“素材和样张 \ 第 3 章”文件夹中。再用添加本地图片的方法，添加到“快剪辑”中。

提示：

如果没有网络，可以使用“第3章\任务实训素材\视频素材”中的图片“3-9.jpg”。

3. 录制网上视频素材

在 360 浏览器中，选择【视频】，在输入框内输入搜索关键词“自然的力量第一集”，单击“视频搜索”按钮。选择并播放搜索到的视频，移动鼠标至视频播放界面时，右上方会弹出水平工具条，如图 3-20 所示。单击【录制小视频】按钮（也可能是【边播边录】按钮，360 浏览器版本不同会有微小差别），进入录屏界面。

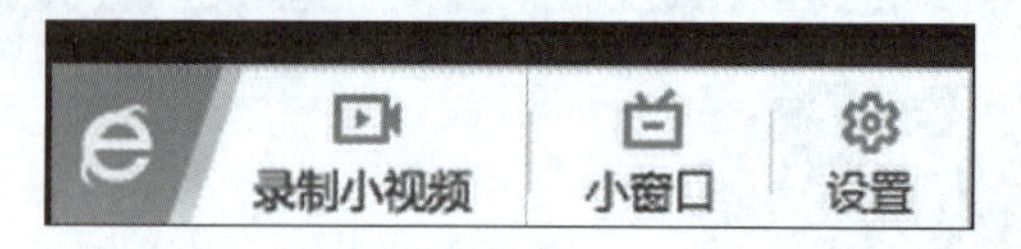

图 3-20　屏幕录制

当视频播放进度条到 19'40" 的位置时，单击红色的【录制】按钮，开始录制。播放到 20'5" 时，单击红色的【停止】按钮，停止录制。再单击【完成】按钮，将自动把录制的视频片断导入到“快剪辑”素材区中。

提示：

如果没有网络，用添加本地视频的方法，将“3-10.mp4”添加到“快剪辑”中。

4. 删除视频片段

选择时间轴视频轨道中的视频素材，将红色滑标拖至 17'56" 处，按下小剪刀形状的【分割】按钮对视频进行拆分。选中后半部分视频片断，右击弹出快捷菜单，选择【删除】命令，删除这段视频的后半段，如图 3-21 所示。

图 3-21　视频分割

5. 对视频进行贴图设置

双击时间轴视频轨道中的视频素材，打开【编辑视频片段】窗口，在视频的 12'56" 处，单击【贴图】按钮。在右侧【添加贴图】区域选择【文字】类别第一个“咔嚓”图案，拖动该贴图到视频预览区合适位置，如图 3-22 所示。单击【完成】按钮确认贴图。

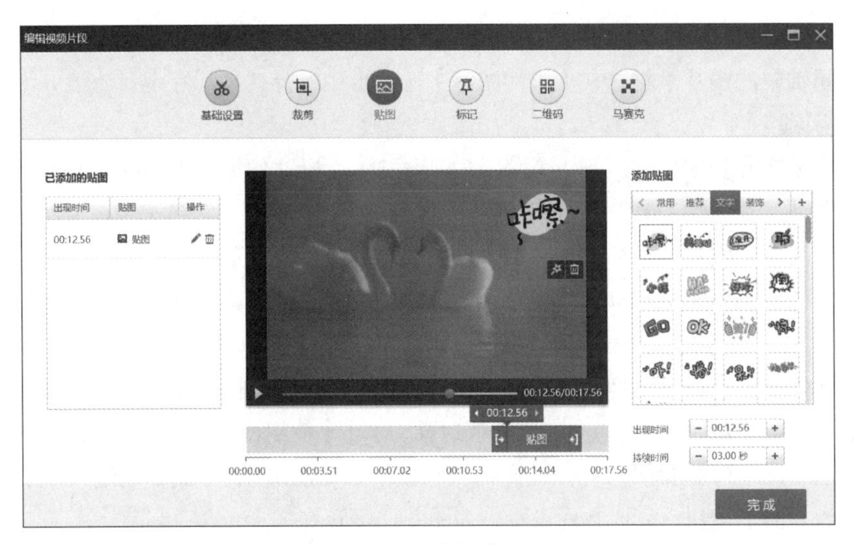

图 3-22　添加贴图

6. 音频设置和音效添加

选择时间轴中的视频素材，右击弹出快捷菜单，选择【静音】，将视频素材中的声音设置成静音，以避免对背景音乐的干扰。

在【添加音效】选项卡中单击【环境】类别中“溪水旁”音效右侧的加号，将其添加到音效轨；向左拖动右侧音频滑块，使得音效长度与视频长度一致。

7. 添加抠图特效

在【添加抠图】选项卡中选择【动物】类别，单击第一个“三角龙奔跑 01”右上角的加号，将其添加到时间轴，并在弹出的【抠图设置】对话框中设置出现时间为 14'6"，持续时间为 48"，如图 3-23 所示。单击【保存】按钮确认添加返回编辑界面。

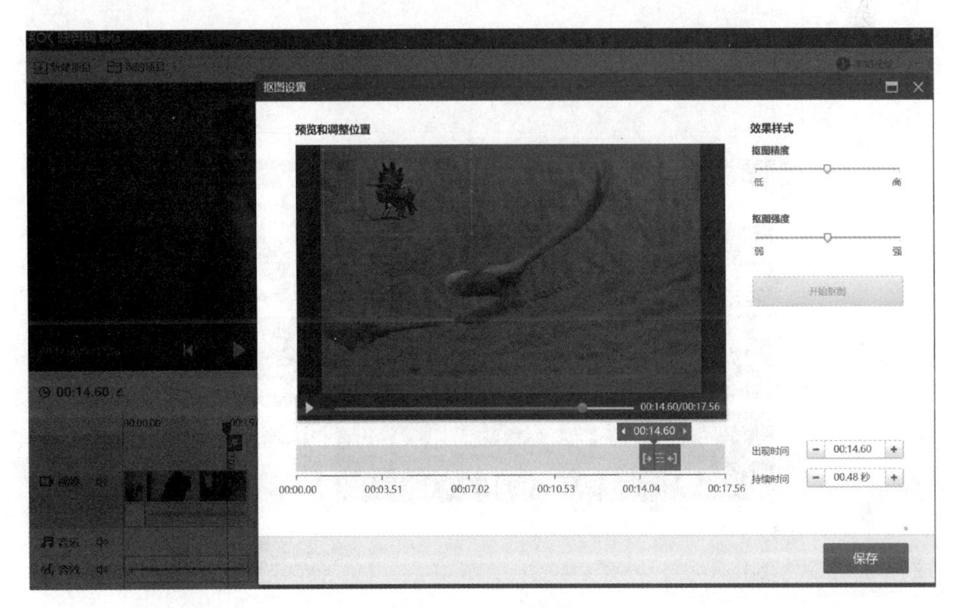

图 3-23　抠图设置

8. 添加滤镜效果

选择时间轴中的图片素材，在【添加滤镜】选项卡中选择“星际穿越”滤镜。

9. 导出视频

单击【保存导出】按钮，在【导出设置】对话框中，设置文件类型为“mp4”，文件主名为“动物世界”，文件尺寸为“720P”。

选择【时尚】特效片头，标题为“动物世界”，创作者为“班级学号姓名”。

选择【加水印】选项卡，单击选中“加图片水印”复选框，单击【更换图片】按钮，选择“3-9（天鹅）.jpg”做图片水印。单击选中“文字水印”复选框，输入文字“天鹅制作”。

单击【开始导出】按钮，打开“填写视频信息”窗口。左侧标题输入文字“动物世界”，简介输入文字“动物世界”。鼠标指向右侧视频封面，单击【使用视频画面】命令，如图 3-24 所示，打开【选择封面】窗口，选择第二种标题样式。标题输入“动物世界”，副标题输入“自然的力量”。单击【设置为封面】按钮，完成封面设置，如图 3-24 所示。

单击“下一步”按钮，导出视频。

图 3-24　封面设置

10. 上传分享

单击【上传】按钮，弹出上传进度框，上传完成后会打开“我的项目”。在“我的项目”中可以查看视频的发布状态。

提示：

分享之前，需要在360注册。如果不准备上传分享，可省略此步。

3.4 课后习题与实践

一、单项选择题

1. MP3（　　）。

A. 是具有最高的压缩比的图形文件的压缩标准

B. 采用的是无损压缩技术

C. 是具有最高的压缩比的视频文件的压缩标准

D. 是目前很流行的音频文件的压缩标准

2. 关于 MIDI 文件的说法，不正确的是（　　）。

A. MIDI 文件所占的存储空间比 WAV 文件大得多

B. MIDI 文件的播放需要声卡的支持

C. MIDI 文件是以一系列指令来表示声音的

D. 媒体播放器可以直接播放 MIDI 文件

3. 以下叙述中，正确的是（　　）。

A. 解码时删除一些重复数据以减少存储空间的方法称为有损压缩

B. 解码后的数据与原始数据不一致称为有损压缩编码

C. 解码后的数据与原始数据不一致称为无损压缩编码

D. 编码时删除一些无关紧要的数据的压缩方法称为无损压缩

4.（　　）标准是用于视频影像和高保真声音的数据压缩标准。

A. PEG　　B. JPG　　C. JPEG　　D. MPEG

5. Windows 中的 Media Player 媒体播放器不支持（　　）格式的多媒体文件。

A. MP3　　B. MPEG　　C. AVI　　D. MOV

6. 属于视频制作的常用软件的是（　　）。

A. Photoshop　　B. Ulead Video Edit

C. Word 2000　　D. Ulead Audio Edit

二、填空题

1. ________卡是使多媒体计算机具有声音功能的主要接口部件。

2. ________音频是将电子乐器演奏时的指令信息通过声卡上的控制器输入计算机，或是利用软件编辑产生的音乐指令集合。

3. 赋予计算机“讲话”的能力，用声音输出结果，属于语音的________技术。

4. 使计算机具有“听懂”语音的能力，属于语音________技术。

5. MPEG 编码标准包括________、MPEG 音频、视频音频同步三大部分。

三、操作题

1. 找一首 WAV 格式的歌曲，注意看一下它的文件大小，听一听它的音质。用 Adobe Audition 将它转换成 MP3 格式，再看一下它的文件大小，听一听它的音质。

2. 找一首歌曲，先在 MP3 播放器上播放，听其效果。然后用 Adobe Audition 调整其源信号的强弱，再复制到 MP3 播放器中播放，与原来的效果进行比较。

3. 找一首歌曲的伴奏音乐，利用 Adobe Audition 的多轨编辑和录音功能录音一首歌曲。

4. 用 Adobe Audition 的录音功能录制一段噪声，进行降噪处理，加一点回声效果；再找一段音乐，把它剪切成适当的长度；然后将诗朗诵和音乐合成，制作成配乐诗朗诵（不追求艺术效果，只练习软件的使用）。

5. 在网上搜索以“保护环境”为主题的视频片断，进行屏幕录制作为素材使用，使用“快剪辑”软件将录制的视频素材制作成一段环保主题的微视频。

操作提示：

① 利用 360 浏览器，搜索环保主题的网络视频，录屏 30 秒。

② 使用“快剪辑”将其拆分为若干段，各片段间设置转场特效，并适当添加抠图特效。

③ 给拆分出的第 1 段视频添加文字描述“保护环境，人人有责”，时长为 8 秒。

④ 将影片保存为“保护环境 .mp4”，分辨率为 640 × 480（480P），并上传分享。

6. 用手机拍摄视频，并利用“快剪辑”软件制作一段关于自己大学生活的微视频，保存为“我的大学生活 .mp4”。

操作提示：

① 用手机拍摄一段或几段自己大学生活的视频。

② 在计算机或者手机上使用“快剪辑”软件对拍摄的视频进行编辑（添加滤镜、音乐、字幕画质、马赛克、装饰、画中画等）。

③ 将影片保存为“我的大学生活 .mp4”，并上传分享。

提示：

如果没有网络，可以使用“素材和样张\第3章”中的视频素材和图片素材完成操作练习。

第4章 动画基础

Flash是一款多媒体动画制作软件，它是一种交互式动画设计工具，可以将音乐、声效、动画以及富有新意的界面融合在一起，制作出高品质的Flash动画。Flash动画减小文件占用的存储空间，提高了网络传送的速度，大大增强了网站的视觉冲击力，从而吸引越来越多的浏览者访问网站。

本章主要学习动画的基础知识、制作Flash元件、逐帧动画、补间动画、遮罩动画、引导线动画以及骨骼动画等。

学习目标：

通过对本章内容的学习，学生应该能够做到：

- 了解：动画的产生原理。
- 理解：计算机动画的类型。
- 应用：制作逐帧动画、变形动画、运动动画、引导路径动画、遮罩动画和骨骼动画。

4.1 动画的基础知识

4.1.1 动画的产生与制作

1. 动画的产生原理

光像在人眼的视网膜上形成后不会马上消失，视觉将会对这个光像的感觉维持一段有限的时间（0.05 ~ 0.1s），这种现象称为视觉暂留特性。利用这个特性，当人的眼睛在连续、快速观看一系列相关联的静止画面时，就产生了动画效果。

例如：要表现花朵开放的画面过程，当多个画面在不到1s的短暂时间内依次连续地出现在眼前时，便可看到花朵开放的动画情景，如图4–1所示。

实际上，任何动态图像都是由多幅连续的静止画面构成的，每一个静止画面被称为一个帧。动画的制作，就是沿着时间轴，每一帧保持一定时间，在人眼感觉不到的情况（25 ~ 30帧/s）下顺序地变更画面的过程。

图 4-1　花朵开放的六个画面

2．动画的制作

传统的动画是制作在透明胶片上的，先由创作人员绘制一系列具有差异变化的画面，再通过摄像机连续拍摄，顺序快速播放便实现了动画。

人工绘制动画是一项艰巨的工作。利用现在的计算机技术，只要制作出动画中比较关键的画面，中间的过渡画面完全可以通过计算自动产生，这样，动画的制作就大为简便了。

计算机动画技术现在已经广泛应用于广告、信息化教学、影视特效等领域。

4.1.2　动画的类型

从动画的视觉效果来看，计算机动画可分为：二维动画、三维动画和虚拟现实动画。

1．二维动画

计算机二维动画的制作是对传统手工动画的一个改进。只要制作出关键帧图像，而关键帧之间的多帧过渡图像可由计算机自动生成。在二维动画制作中，最常用的是所谓基于角色的动画。动画被认为是由各个可运动的角色构成的，角色可以是任何能在计算机屏幕上显示的对象，如线条、矩形、文字、图像，甚至是另一段动画。角色的变化如果没有规律可寻，就只能一帧帧地制作，这便是具有传统动画特色的逐帧动画；如果角色的变化有一定规律，则可以制作好角色在变化前和变化后的两幅关键帧，由计算机软件来生成中间的变化过程，这便是补间动画。

2．三维动画

三维动画对应于空间立体动画。与所有的活动图像一样，三维动画也是由连续渐变的一帧帧画面组成的，每帧都是由计算机计算出的具有透视感的静态图画。三维动画的制作基础是静态三维透视画面的制作。计算机首先制作三维数据的人物、道具和景物，建立角色；接着，在计算机内部“架上”虚拟的摄影机，调整好镜头，并让这些角色和实物在三维空间里动起来，靠近或远离，移动或旋转，变形或变色；同时“打上”灯光，“贴上”材料。再将观察点逐渐移动，或逐渐改变模型中的数据，一个完全由计算机制作的、连续的、栩栩如生的三维画面就形成了。

常见的三维动画制作软件有 3ds MAX、MAYA 等。

3．虚拟现实

虚拟现实技术（Virtual Reality，VR）又称为灵境技术，是一种用计算机形成的、综合的、能使人接受到多种感觉环境的技术，是一种高度逼真地模拟人在现实世界中视、听、动等行为的人机界面技术。

在 VR 中，特制的眼镜、头盔、手套和奇异的人机界面将用户置身于一个近乎真实的生活体验当中，如穿梭在熙熙攘攘的人群中、飞梭在高山峡谷间。在 VR 中，计算机空间是由绘制在三维空间中的几何物体构成，包含物体越多，描述物体像素越多，高度逼真的模拟就越真实。虚拟现实中的每一动作或位移都会引起计算机重新计算构成观众视野的所有物体的位置、角度、尺寸和外型，并须执行数以万次的计算才能保证场景每秒变化 30 次，以保证视觉效果的流畅。

4.1.3　动画的格式

1. GIF 格式

GIF 格式的文件，当存储了一张图片时，就是静态图像文件；当存储了两张以上的图片时，可以顺序播放，就形成了动画。制作 GIF 动画的软件有很多，如 GIF Animation、Cool3D 等，也可以把制作好的 Flash 动画导出为 GIF 动画。

2. SWF 格式

SWF 是 Flash 动画的文件格式，其特点是占用比较小的存储空间，具有交互性，在画面缩放时也不会失真，非常适合描述由几何图形组成的二维动画。这种格式的动画可以与网页格式的 HTML 文件充分结合，并能添加 MP3 音乐，因此被广泛地应用于网页上。

4.1.4　动画的制作步骤

制作动画的一般步骤是：准备素材、设置舞台、绘制或者导入素材、制作动画、调试动画、发布或导出动画，如图 4–2 所示。

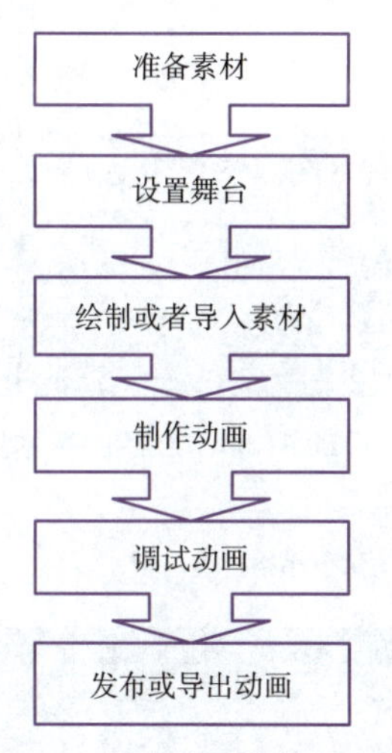

图 4–2　制作动画的基本步骤

① 素材包括文字、图形图像、声音、视频等。文字、图形图像可用绘图工具在 Flash 中绘制，也可通过执行【文件】菜单中的【导入】命令导入。

② 制作动画，就是使素材运动或者变形、变色等。

③ 调试动画，即动画制好后，可以按 <Enter> 键在工作区播放或按 <Ctrl+Enter> 组合键生成扩展名为“.swf”的播放文件。但含有声音和视频的动画不能直接按 <Enter> 键播放，只能通过按 <Ctrl+Enter> 组合键测试。

④ 导出或发布动画，即动画测试成功后需要存盘或导出为其他格式的动画文件，或者发布为能在浏览器中播放的文件。可以分别通过【文件】菜单中的【导出】、【发布设置】、【发布】命令完成。

4.2 二维动画制作工具

4.2.1 Flash CC 简介

Adobe Flash CC 是二维动画的创作工具。图 4-3 所示为 Flash CC 启动后的基本工作界面。图 4-4 所示是 Flash CC 的时间轴。

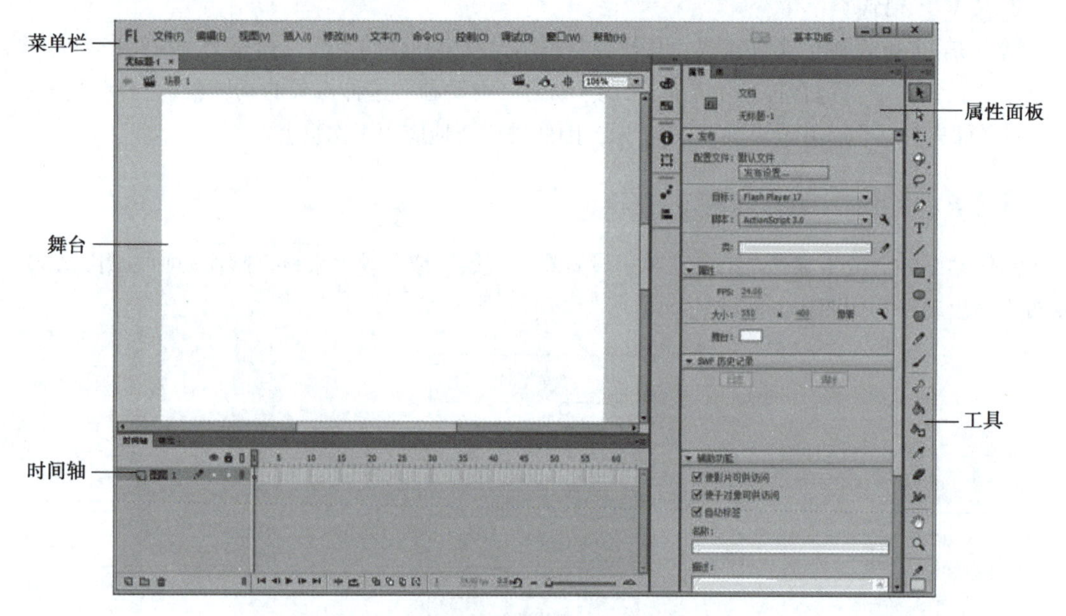

图 4-3 启动 Flash CC 后的基本工作界面

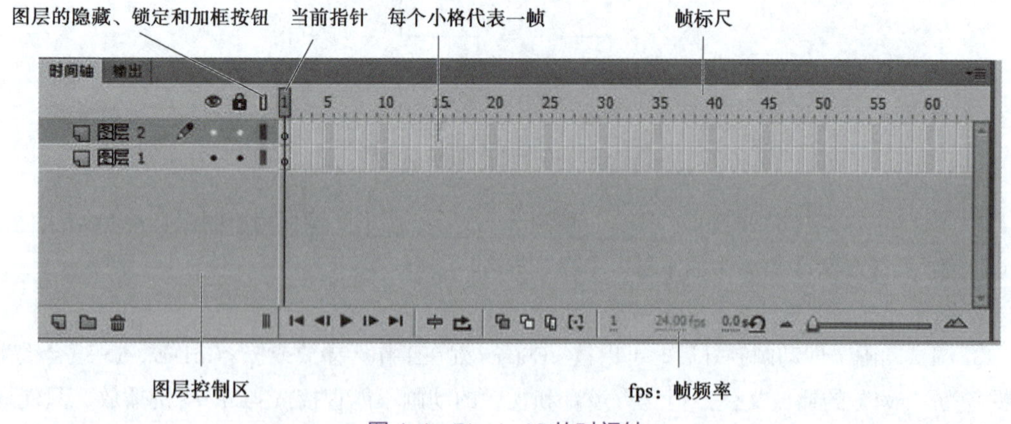

图 4-4 Flash CC 的时间轴

由 Adobe Flash CC 制作的 Flash 动画主要包含矢量图形，但也可以导入位图图像和声音。Flash 动画作品允许访问者输入内容以产生交互，也可以创建非线性电影和其他网络应用程序产生交互。Flash 动画具有文件体积小、流式传输、简单易学和具有强大的交互能力等特点。

4.2.2 Flash 基本概念

1. 矢量图

利用 Flash 绘制的图形是矢量的，既可保证动画显示的完美效果，又使体积很小，因而能在互联网上得到广泛的应用。矢量图缩放时不会失真。Flash 中，矢量图形的特征是：在图形对象被选中时，对象上面会出现白色均匀的小点。利用工具箱中的直线、椭圆、矩形、刷子、铅笔等工具绘制的图形，都是矢量图形。

2. 舞台

舞台是编辑、制作动画的地方。

3. 场景

一个动画文件可以由多个场景组成。每个场景可以由多个图层组成。

4. 帧

组成动画的每一个画面就是一个帧，如图 4–5 所示。

在 Flash 中，将一秒播放的帧数称为帧频，默认情况下 Flash CC 的帧频是 24 帧 / 秒，也就是说每一秒要显示 24 帧画面。如果动画有 48 帧，那么播放的时间就是 2 秒。在 Flash CC 的工作界面中，时间轴右方的每一个小方格就代表一个帧。

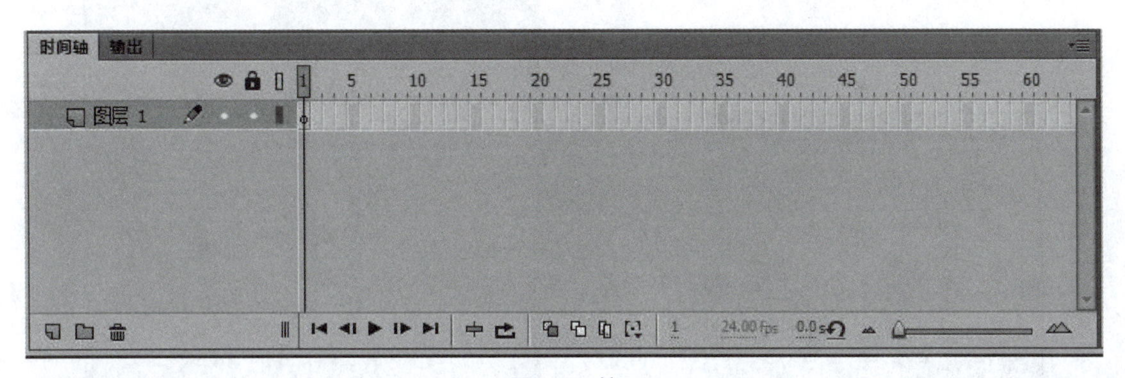

图 4–5　帧

5. 关键帧

关键帧主要用于定义动画的变化环节，是动画中呈现关键性内容或变化的帧。关键帧用一个黑色小圆圈表示。

6. 空白关键帧

空白关键帧中没有内容，主要用于在画面与画面之间形成间隔，它用空心小圆圈表示。一旦在空白关键帧中创建了内容，空白关键帧就会变为关键帧。

7. 普通帧

普通帧用来延长动画的播放时间，它用灰色或者白色的矩形表示。普通帧的最后一帧用白色小矩形表示。图 4-6 分别显示了空白关键帧、关键帧和普通帧。

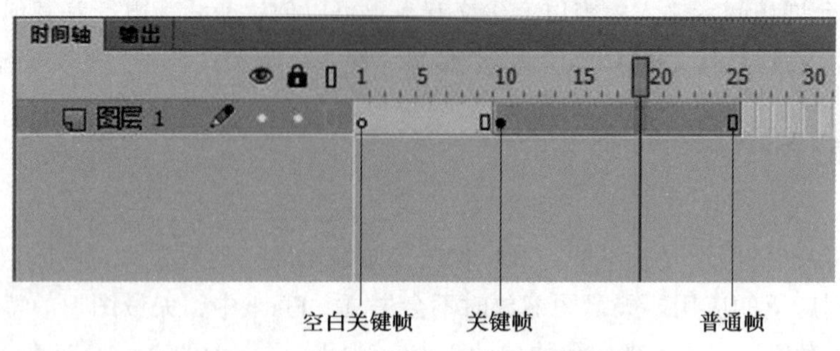

图 4-6　空白关键帧、关键帧和普通帧

8. 图层

对于大多数 Flash 动画来说，一个图层是远远不够的。在不同的图层中制作不同的动画，各个图层的动画组合在一起就形成了复杂的动画效果，如图 4-7 所示。用户在不同的层中进行设计或修改等操作。

9. 库

每个 Flash 文件都有一个库，存放导入的素材和创建的元件，如图 4-8 所示。

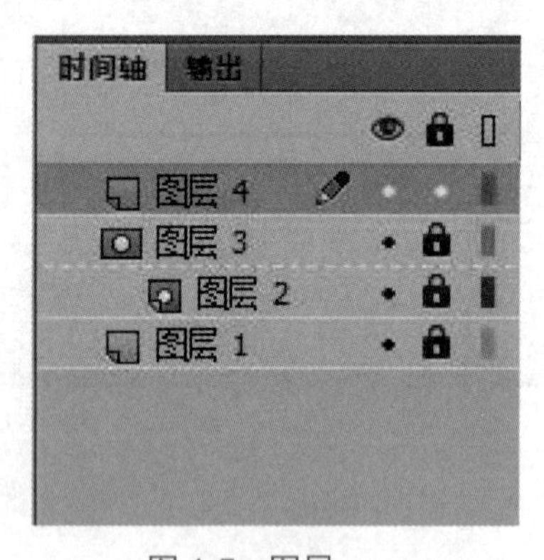

图 4-7　图层

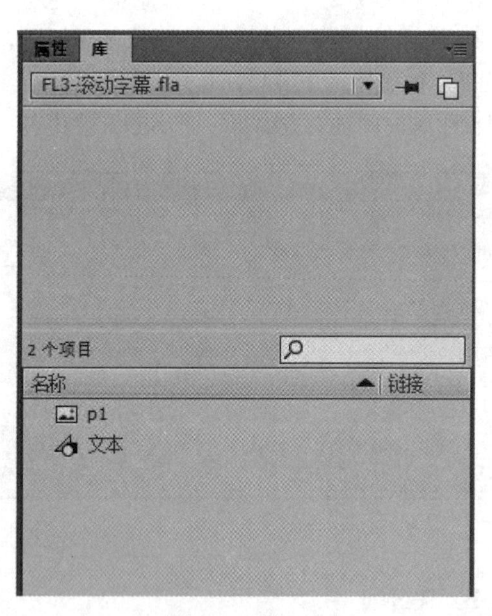

图 4-8　库

10. 元件

Flash 中的元件有三类：图形、影片剪辑、按钮。可以通过转换已制作好的对象来创建元件，也可以利用【插入】菜单的【新建元件】命令进行创建，如图 4-9 所示。元件主要用于补间动画中（不能用于形状补间动画）。在 Flash 中，制作好的元件会存放在库中，可以方便地从库中取用、修改和编辑。库中的元件可以多次使用，提高动画的制作效率。动画文件存储时，反复出现的元件本身只需要保存一遍，节省动画文件的存储空间。

11. 实例

要使用元件，必须打开【库】面板，将元件拖动到舞台上，这时该对象便被称为元件的实例。当库中的元件被编辑修改以后，该元件对应的所有实例都会发生变化。由于一个元件可以调用多次，且调用一次就产生一个实例，因此一个元件可以产生多个实例。实例可以进行大小、形状、透明度等属性的修改，而对应的库中的元件不变。图 4-10 所示为小鸟元件的五个实例。实例可以分离成矢量图，矢量图也可以转成元件。

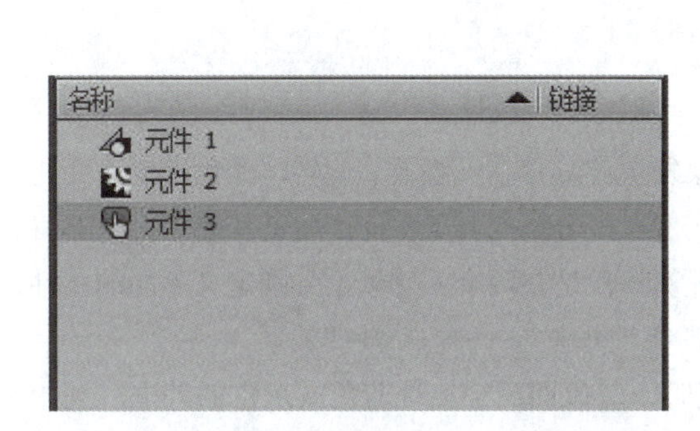

图 4-9　元件

图 4-10　元件实例

4.3 Flash 常见的动画形式

按画面形成的规则和形式，Flash 动画主要分为两大类：逐帧动画和补间动画。补间动画是建立首尾两个关键帧的内容，中间的过渡帧则由计算机通过首尾帧的特性以及动画属性要求计算得到，并补间插入。Flash 补间可分 3 种：补间动画；补间形状；传统补间。按照图层类型分，还有引导线动画、遮罩动画和骨骼动画等。

1. 逐帧动画

逐帧动画是指由许多连续的帧组成的动画。如果一组连续画面中每一幅的内容都不相同，并且其变化也没有规律可循，就需要同传统动画制作方法一样，在 Flash 中逐个安排画面内容，制作逐帧动画。

逐帧动画的制作需要人工绘制每一帧的内容，类似于传统的动画制作过程，且最终输出的文件量也很大。但因为它与电影播放模式相似，适于表演很细腻的动画，如3D效果、人物动作等效果。

下面是创建逐帧动画的几种方法。

① 多幅图片制作逐帧动画：逐个将图片导入连续的各帧中，将建立逐帧动画。

② 绘制矢量逐帧动画：用鼠标或压感笔在场景中逐帧绘制。

③ 文字逐帧动画：用文字作帧中的元素，实现文字跳跃、旋转、缩放等特效。

2. 补间形状动画

补间形状动画即形状补间动画，也是平常所说的变形动画，是针对矢量图形进行的。它是指形状逐渐发生变化的动画。图形的变形不需要人工干预，只须确定变形前的画面和变形后的画面，中间的变化过程交由 Flash 自动计算完成。

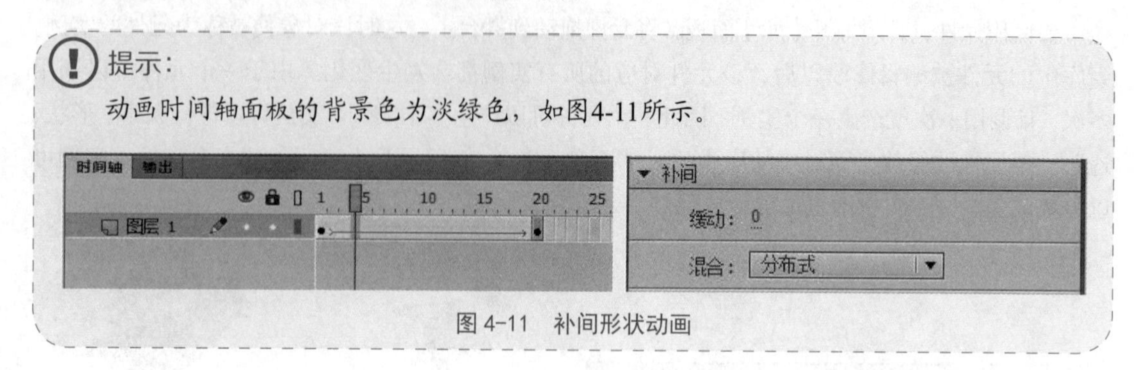

提示：

动画时间轴面板的背景色为淡绿色，如图4-11所示。

图 4-11　补间形状动画

3. 传统补间动画

传统补间动画即动作补间动画，可以使对象发生位置移动、缩放、旋转、颜色渐变等变化。这种动画适用于非矢量图，例如文字、位图和实例，被分离的对象不能产生动作渐变，除非将它们转换为元件或组合。制作动作补间动画的过程实际就是在两个关键帧上分别定义不同的属性，如对象的大小、位置、角度等，然后在两个关键帧之间建立一种运动渐变关系。

Flash 中非矢量图的特征是：在对象被选定时，对象四周会出现蓝色或灰色的外框。利用工具箱中的文字工具建立的文字对象就是非矢量图。非矢量图经过分离，可以转换为矢量图。矢量图经过组合、转元件，可以转换为非矢量图。

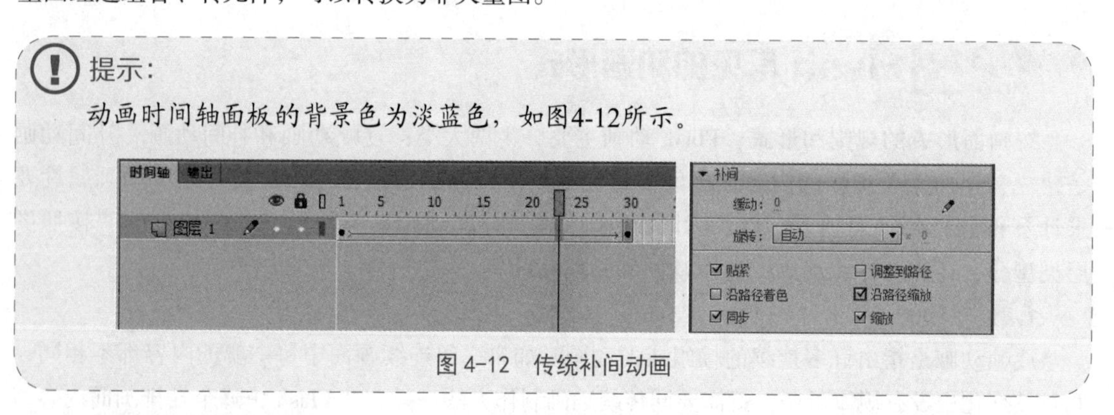

提示：

动画时间轴面板的背景色为淡蓝色，如图4-12所示。

图 4-12　传统补间动画

4. 引导路径动画

引导路径动画也是属于动作补间动画的一种。可以使对象按照事先设定的运动轨迹来进行位移，它的作用对象必须是元件。

在“引导层”中可以用钢笔、铅笔、线条、椭圆工具或画笔工具等绘制出绘制一条运动轨迹，设置“被引导层”中的对象沿着引导线移动。在引导层中绘制的引导线，导出动画后播放时是不可见的，如图 4–13 所示。

创建引导路径动画的方法：

右击时间轴面板左侧的一个普通图层，选择快捷菜单中的【添加传统运动引导层】，该层的上面就会添加一个引导层，同时该普通层缩进成为“被引导层” 。“被引导”层中最常用的动画形式是动作补间动画，但不能使用矢量图。若是矢量图，需要先转换为元件或组合。当播放动画时，一个或数个元件将沿着运动路径移动。

图 4-13　引导层动画

应用引导路径动画需要技巧：引导层中的内容在播放时是看不见的；过于陡峭的引导线可能使引导动画失败，而平滑圆润的线段有利于引导动画成功制作；向被引导层中放入元件时，在动画开始和结束的关键帧上，一定要让元件的注册点对准线段的开始和结束端点，否则无法引导，如果元件形状不规则，可以按下工具栏上的任意变形工具，调整注册点；如果想解除引导，可以将被引导层拖离“引导层”，或在图层区的引导层上单击右键，在弹出的快捷菜单中选择【属性】菜单命令，在对话框中选择【一般】作为图层类型；如果希望对象做圆周运动，可以在“引导层”画出圆形线条，再用橡皮擦去一小段，使圆形线段出现 2 个端点，再把对象的起始、终点分别对准端点即可。

5. 遮罩动画

遮罩是 Flash 中一种很重要的动画类型，很多效果丰富的动画都是通过遮罩动画来完成的，比如常见的手电筒、探照灯等动画效果。灵活应用遮罩，可以使作品更丰富精彩。

要形成遮罩，首先至少要有两层：遮罩层和被遮罩层。在图层区上面的图层上单击右键，在弹出的快捷菜单中选择【属性】命令，在对话框中选择【遮罩层】作为图层类型；下面的图层自动变为被遮罩层，两层同时自动加锁，如图 4-14 所示。

遮罩层中填充了颜色的地方将来变为透明（也称为通透区），没有填充颜色的地方不透明。遮罩层和被遮罩层都可以创建补间动画。在一个遮罩动画中，“遮罩层”只有一个，“被遮罩层”可以有任意多个。

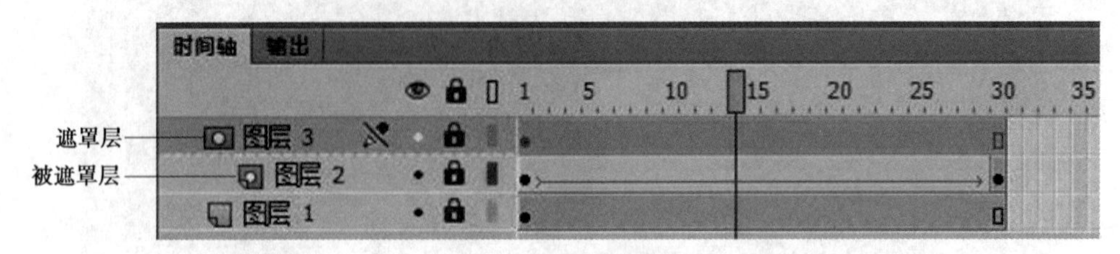

图 4-14 遮罩层动画

6. 补间动画

补间动画和传统补间动画的区别：补间动画只需首关键帧，不需要在时间轴的其他地方再设置关键帧。直接在该层上右击，选择【创建补间动画】命令，会发现那一层变成蓝色，然后先在时间轴上选择需要加关键帧的地方，再直接拖动舞台上的元件，就自动形成一个补间动画。这个补间动画的路径是可以直接显示在舞台上，并且是有调动手柄可以调整的。

传统补间动画是先在时间轴上的不同时间点创建首尾关键帧（每个关键帧都必须是同一个元件），之后，在关键帧之间选择【创建传统补间】命令形成动画。这个动画是最简单的点对点平移，元件由一个位置到另一个位置的变化，实现同一个元件的大小、位置、颜色、透明度、旋转等属性的变化。

提示：

传统补间动画不是两个对象生成一个补间动画，而是一个对象的两个不同状态生成一个补间动画，可以完成大批量或更为灵活的动画调整。补间动画的关键帧上不是圆形而是菱形，如图4-15所示。

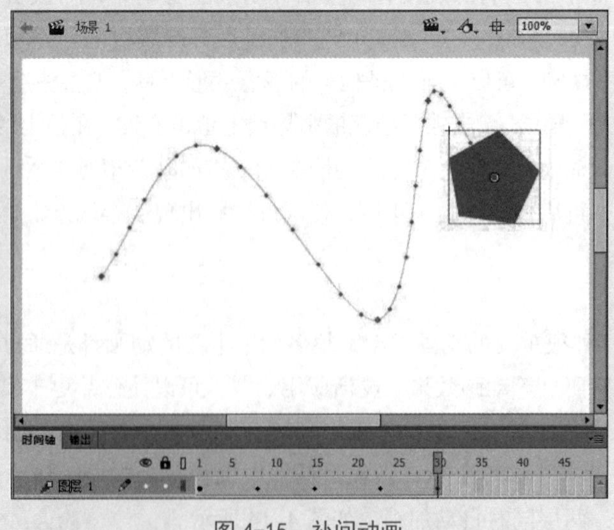

图 4-15 补间动画

7. 骨骼动画

利用Flash动画中的骨骼工具，可以很便捷地把矢量图形或元件实例连接起来，任意设置关节，在不同的关键帧，拖动不同的关节，随心所欲地设计运动方式，从而轻松实现类似骨骼关节运动的动画。

4.4 实训任务与操作方法

【任务 4-1】制作雨景动画

利用素材“雨景”文件夹中的三幅图片，制作动画，另存为“雨景 .fla”，导出为“雨景 .swf”和“雨景 .gif”。

操作步骤与提示

（1）新建 Flash 文档，将图片素材导入到库

① 启动 Flash CC 程序，新建一个 Flash 文档。将舞台大小调节为“显示帧”。

② 选择【文件】|【导入】|【导入到库】命令，在打开的【导入到库】对话框中同时选中这三幅图片，然后单击【打开】按钮，如图 4-16 和图 4-17 所示。

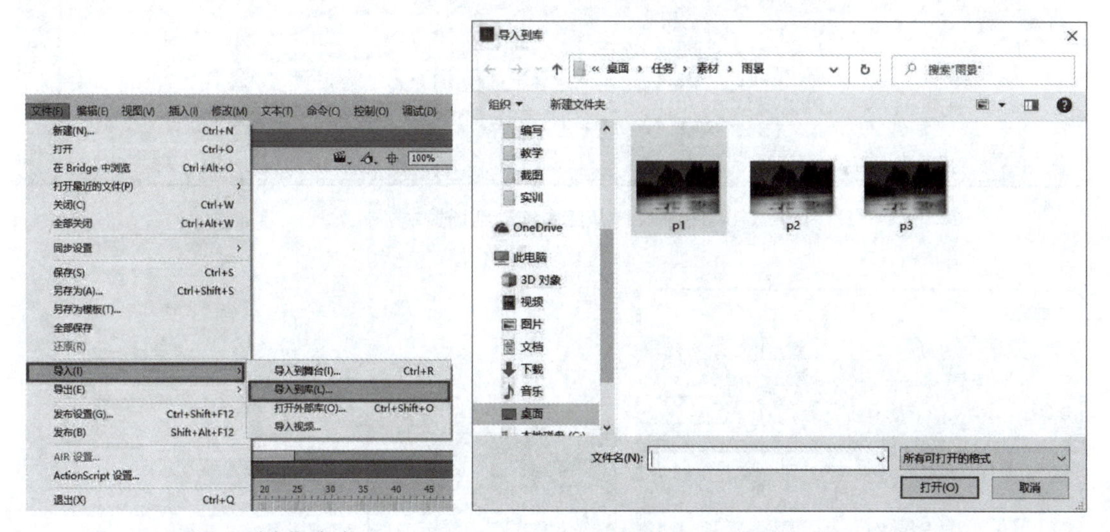

图 4-16 【导入到库】命令　　图 4-17 【导入到库】对话框

（2）将图片素材分别放入第 1、2、3 帧中

① 将“p1.jpg”从库中拖动到场景中，如图 4-18 所示。

② 选择【修改】|【文档】命令，打开【文档设置】对话框，单击【匹配内容】按钮，单击【确定】按钮，使文档大小与图片大小一致，如图 4-19 所示。再一次将舞台大小调节为“显示帧”。

③ 右击时间轴第 2 帧，在弹出的快捷菜单中选择【插入空白关键帧】命令，如图 4-20 所示。

图 4-18　从库中拖动到场景中

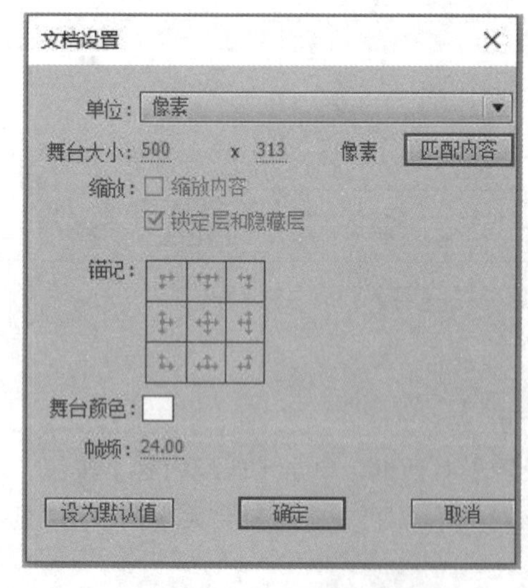

图 4-19　设置文档属性

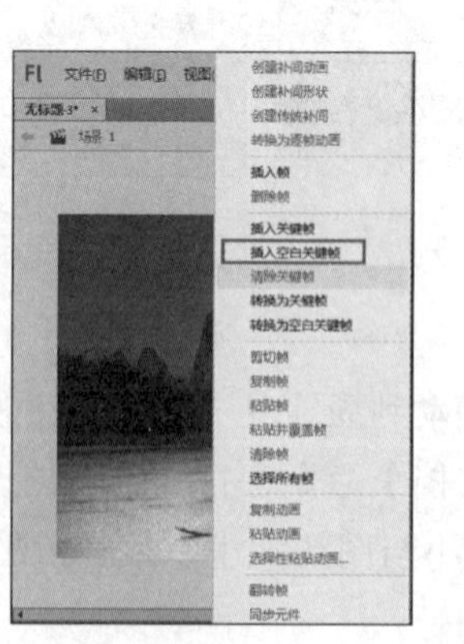

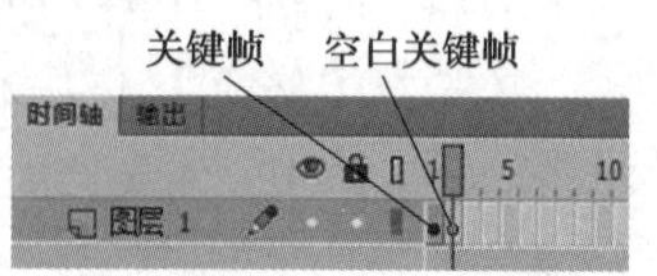

图 4-20　第 2 帧插入空白关键帧

④ 然后将第 2 幅图片拖到第 2 帧的场景中。选中场景中的图片 2，在属性面板中将图片的 x、y 坐标均设置为 0。

⑤ 右击时间轴第 3 帧，在弹出的快捷菜单中选择【插入空白关键帧】命令，然后将第 3 幅图片拖到第 3 帧的场景中。选中场景中的图片 3，在属性面板中将图片的 x、y 坐标均设置为 0。时间轴如图 4–21 所示。

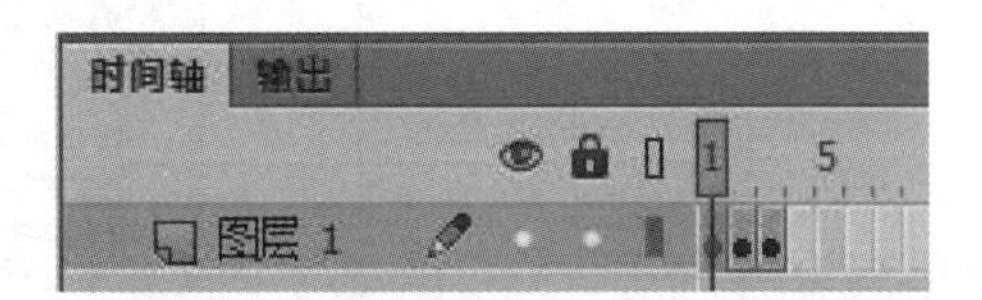

图 4–21　时间轴

（3）播放、测试影片

① 选择【控制】|【播放】命令，或者直接按 <Enter> 键，在编辑状态观看效果。

② 选择【控制】|【测试影片】命令，或者按 <Ctrl+Enter> 组合键，观看最终效果，如图 4–22 所示。

图 4–22　测试影片

（4）保存、导出动画

① 选择【文件】|【另存为】命令，保存为“雨景 .fla”。

② 选择【文件】|【导出】|【导出影片】命令，导出为“雨景 .swf”。

③ 选择【文件】|【导出】|【导出影片】命令，设置【文件名】为“雨景”，【保存类型】为“GIF 动画（*.gif）”，如图 4–23 所示。在弹出的【导出 GIF】对话框中保持默认设置，然后单击【确定】按钮，如图 4–24 所示。

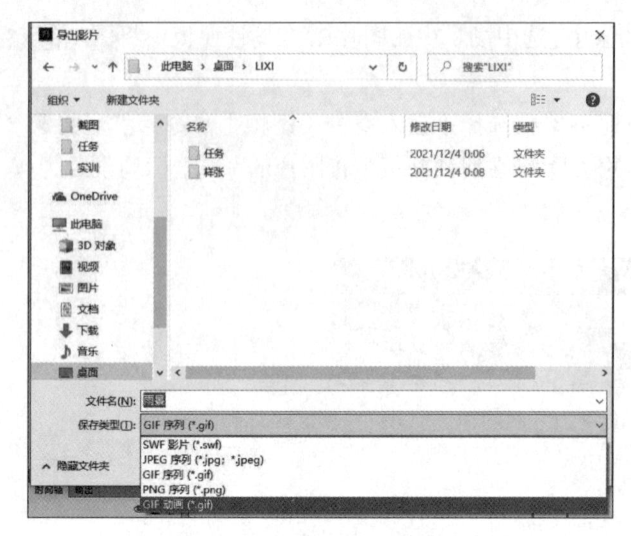

图 4-23　导出为 GIF 动画

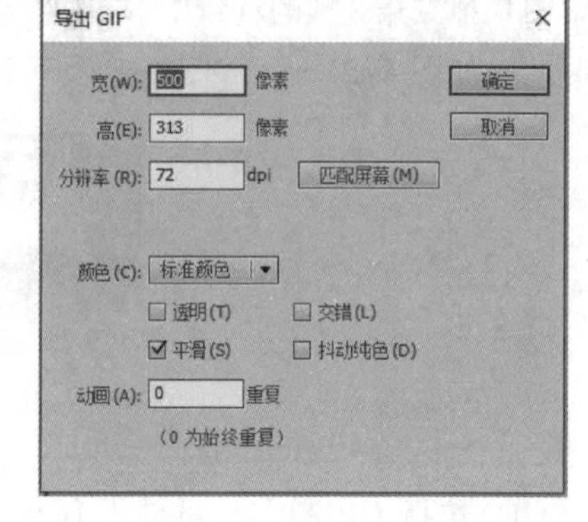

图 4-24　导出 GIF

④ 将文档属性中的帧频由 12 依次改为 24、6，并测试影片，观看效果。

【任务 4-2】逐字显示文本

逐字显示“天生我材必有用”，文本格式为隶书、大小 75、红色。动画总长 35 帧。每隔 5 帧显示一个字。保存为“逐字显示 .fla”，导出为“逐字显示 .swf”。

操作步骤与提示

① 启动 Flash CC 程序，新建一个 Flash 文档。将舞台大小设为“显示帧”。

② 单击工具栏中的【文本工具】T，在【属性】面板中进行图 4-25 所示的设置。

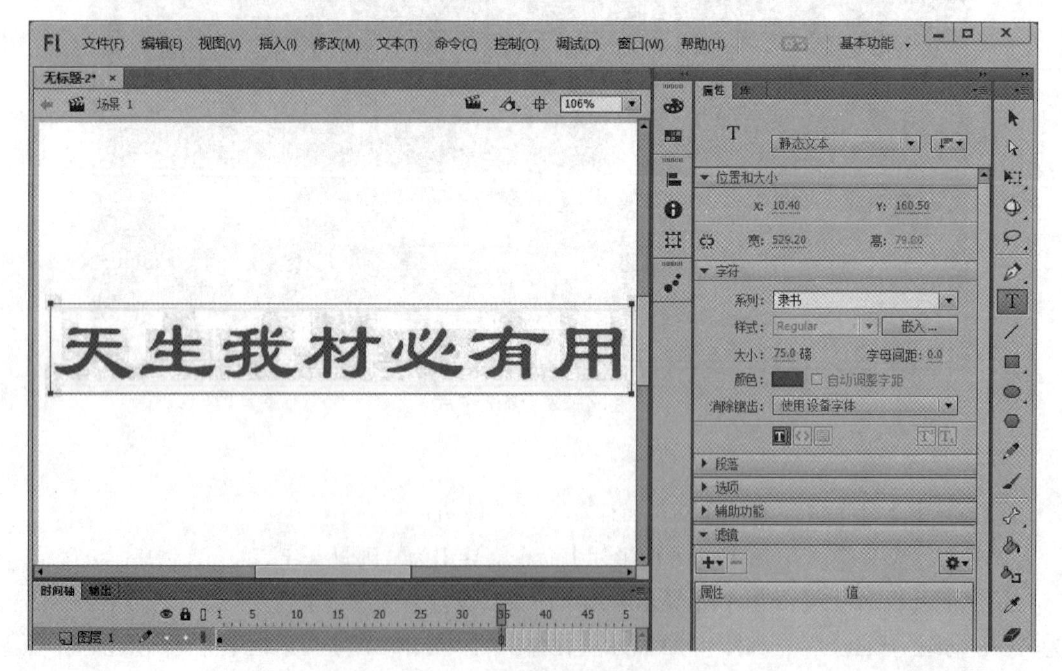

图 4-25　设置文本属性

③ 在舞台上单击，进入输入状态，输入文字“天生我材必有用”。右击时间轴第 35 帧，在弹出的快捷菜单中选择【插入帧】命令。

④ 选择【窗口】|【对齐】命令，打开对齐面板。选中场景中的图片，在对齐面板中单击选中【与舞台对齐】复选框，再单击【水平中齐】、【垂直中齐】按钮，使文本处于舞台中央，如图 4–26 所示。

⑤ 在舞台上右击选中的文字，在弹出的快捷菜单中选择【分离】命令，每个文字被蓝色边框线单独选中，如图 4–27 所示。

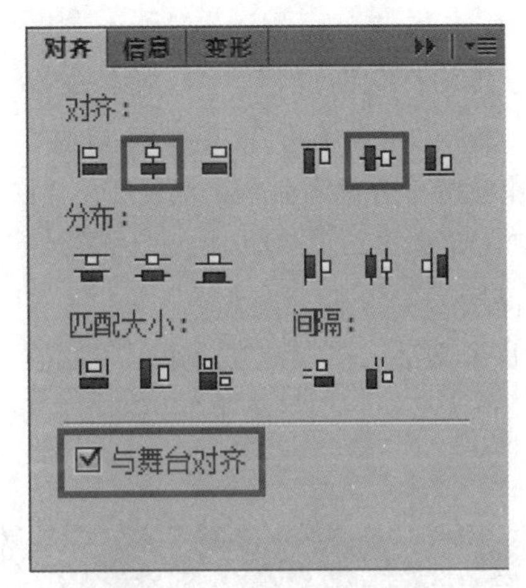

图 4–26　对齐面板

图 4–27　分离文本

⑥ 分别在第 5、10、15、20、25、30 帧处右击，在弹出的快捷菜单中选择【插入关键帧】命令，然后第 1 帧保留“天”字，删掉其余六个字，如图 4–28 所示。

⑦ 第 5 帧保留“天生”两个字，删掉其余五个字，依此类推，“天生我”（第 10 帧）、“天生我材”（第 15 帧）、“天生我材必”（第 20 帧）、“天生我材必有”（第 25 帧）、“天生我材必有用”（第 30 帧），如图 4–29 所示。

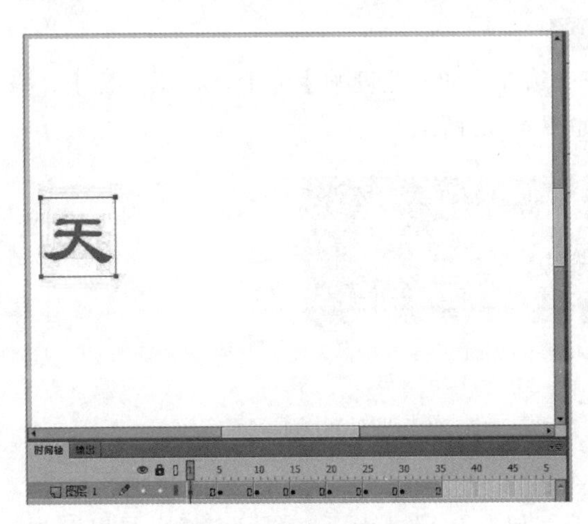

图 4–28　逐字显示（1）

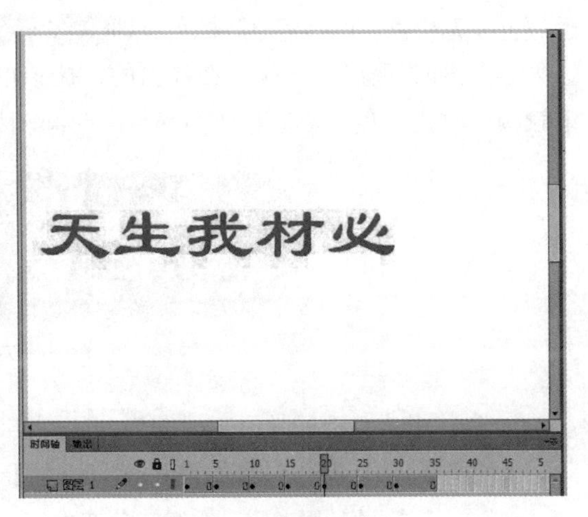

图 4–29　逐字显示（2）

⑧ 测试影片，观看效果。保存为“逐字显示 .fla”，导出影片为“逐字显示 .swf”。

【任务 4-3】制作闪烁字“春天在哪里”

参考样例“闪烁字 .swf”，制作一个 15 帧的动画，在蓝背景上，白边黑色的文字“春天在哪里”，变换为红边黄色、粉边棕色，再变回白边黑色的文字。保存为“闪烁字 .fla”，导出影片为“闪烁字 .swf”。

操作步骤与提示

① 启动 Flash CC 程序，新建一个 Flash 文档，将舞台大小设为“显示帧”。

② 在【属性】面板上设置文档背景色为蓝色。

③ 单击【文本工具】按钮，输入文字“春天在哪里”，字体为“华文行楷”，字号大小为“96”，水平居中、垂直居中。

④ 在舞台上，右击输入的文字，在弹出的快捷菜单中选择【分离】命令，重复 2 ~ 3 次，直至文字变成矢量图，选中标志为一片小白点，如图 4-30 所示。

⑤ 单击【椭圆工具】，在【属性】面板中设置笔触高度为 4 像素。

⑥ 单击【墨水瓶工具】，选择笔触颜色为白色，在每个文字上单击，描白边。

⑦ 选中所有文字，单击【颜料桶工具】，选择填充颜色为黑色，把每个字都填充成黑色，如图 4-31 所示。

图 4-30　将文本分离成矢量图

图 4-31　白边黑字

⑧ 右击时间轴第 5 帧，在弹出的快捷菜单中选择【插入关键帧】命令，在工具栏中，将笔触颜色改为红色、填充色改为黄色，即春天在哪里。

⑨ 右击时间轴第 10 帧，在弹出的快捷菜单中选择【插入关键帧】命令，在工具栏中，将笔触颜色改为粉色、填充色改为棕色，即春天在哪里。

⑩右击时间轴第 15 帧，在弹出的快捷菜单中选择【插入关键帧】命令，在工具栏中，将笔触颜色改为白色、填充色改为黑色。时间轴如图 4-32 所示。

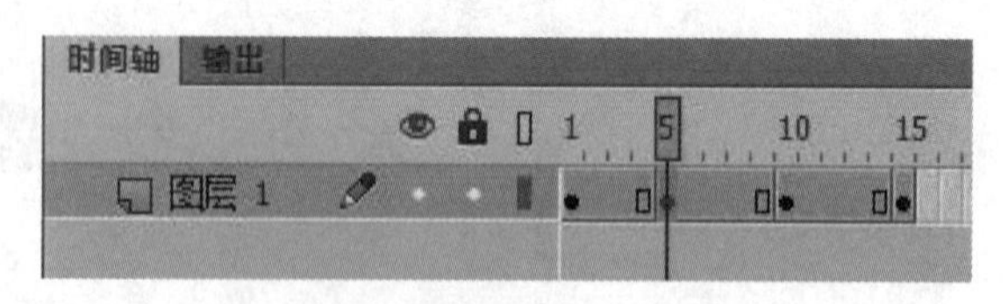

图 4-32　闪烁字时间轴

⑪ 测试影片，观看效果。保存为“闪烁字 .fla”，导出影片为“闪烁字 .swf”。

【任务 4-4】制作矢量图的形状补间动画

制作一个 2s 的动画，使一个绿三角变成红太阳。保存为“矢量图形状补间 .fla”，导出为“矢量图形状补间 .swf”。

操作步骤与提示

① 启动 Flash CC 程序，新建一个 Flash 文档。将舞台大小设为“显示帧”。

② 使用【线条工具】，笔触色为蓝色，笔触粗细 5，在舞台上画出一个三角形，再使用【油漆桶工具】，填充色为绿色，单击三角形，填充为绿色，如图 4-33 所示。使用【选择工具】，删除多余的蓝色线条。

③ 右击第 48 帧，在弹出的快捷菜单中选择【插入空白关键帧】，选中第 48 帧。

④ 使用【椭圆工具】，笔触色为黄色，笔触高度为 50，笔触样式为“斑马线”，填充色为红色，按住 <Shift> 键，拖动鼠标画一个正圆，如图 4-34 所示。

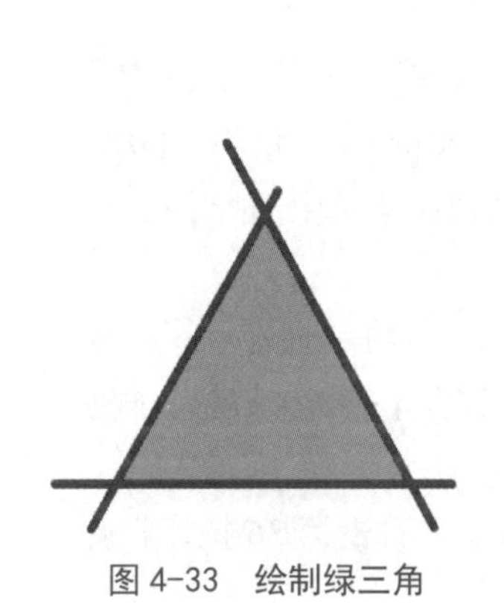

图 4-33　绘制绿三角

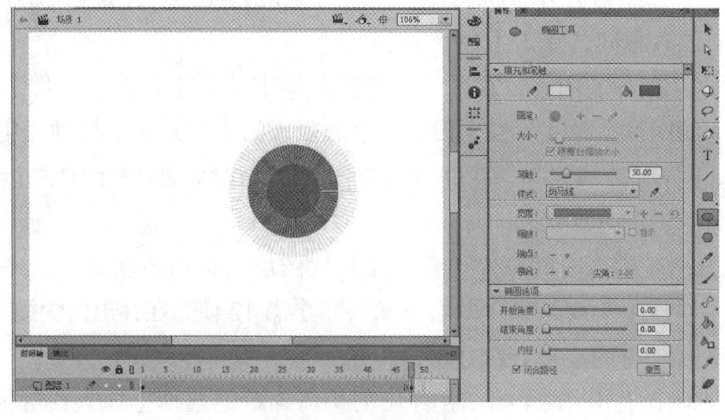

图 4-34　绘制太阳

⑤在 1~47 帧中的任意一帧右击，弹出快捷菜单，选择【创建补间形状】命令。这时，时间轴的第 1~48 帧之间添加了一个长箭头，并以淡绿色底纹填充，如图 4-35 所示。

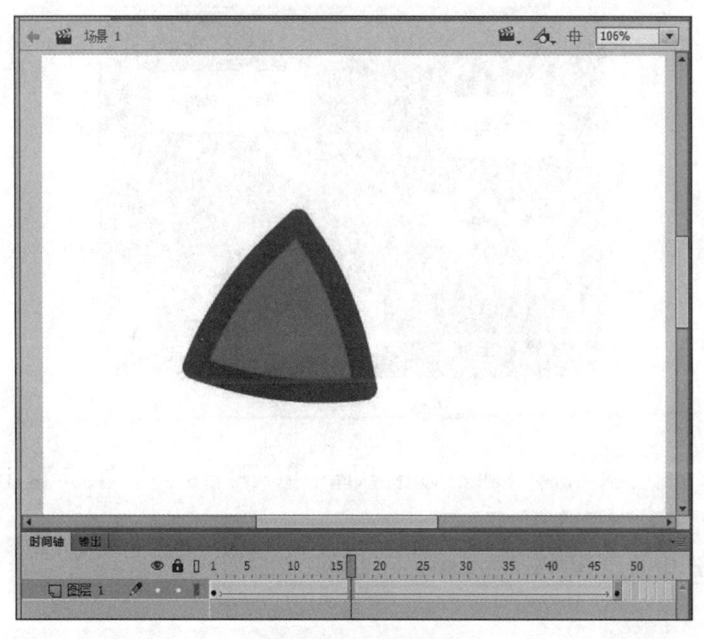

图 4-35　形状补间

⑥ 测试影片，观看效果。另存为“矢量图形状补间 .fla”，导出影片为“矢量图形状补间 .swf”。

【任务 4-5】制作“两只蝴蝶”传统动作补间动画

利用所给的素材“两只蝴蝶 .fla”，制作一个 36 帧的动作补间动画，两只蝴蝶同时飞到舞台中央，停留片刻再飞走，如样张所示。另存为“两只蝴蝶 .fla”，导出影片为“两只蝴蝶 .swf”。

操作步骤与提示

① 双击打开素材文件“两只蝴蝶 .fla”，将“花丛”图片从库中拖入舞台，设置舞台大小与图片相同，单击【显示帧】。

② 右击图片，在弹出的快捷菜单中选择【转换为元件】命令，转换为元件 1。选中舞台上的图片，在【属性】面板的色彩效果的【样式】下拉列表中选择【Alpha】，设为“80%”，如图 Alpha: 80 %。右击时间轴第 36 帧，在弹出的快捷菜单中选择【插入帧】命令，进行加锁。

③ 单击时间轴左下角的【新建图层】按钮，新建一个“图层 2”，将“蝴蝶”影片剪辑元件从库中拖入舞台的右下角，右击第 12 帧，在弹出的快捷菜单中选择【插入关键帧】命令，将“蝴蝶”拖到舞台中央。

④ 右击第 24 帧，在弹出的快捷菜单中选择【插入关键帧】命令。右击第 36 帧，在弹出的快捷菜单中选择【插入关键帧】命令，将“蝴蝶”拖到舞台左上角。

⑤ 分别选中“图层 2”第 1 帧、第 24 帧右击，在弹出的快捷菜单中选择【创建传统补间】命令，加锁，如图 4-36 所示。

图 4-36　第一只蝴蝶

⑥ 新建一个“图层 3”，将“蝴蝶”元件从库中拖入舞台的左下角，重复上述步骤③ ~ ⑤，改变第 12 帧、第 36 帧中蝴蝶的位置。

⑦ 分别右击选中的“图层 3”第 1 帧、第 24 帧，在弹出的快捷菜单中选择【创建传统补间】命令，如图 4-37 所示。

⑧ 测试影片，观看效果。保存为“两只蝴蝶 .fla”，导出影片为“两只蝴蝶 .swf”。

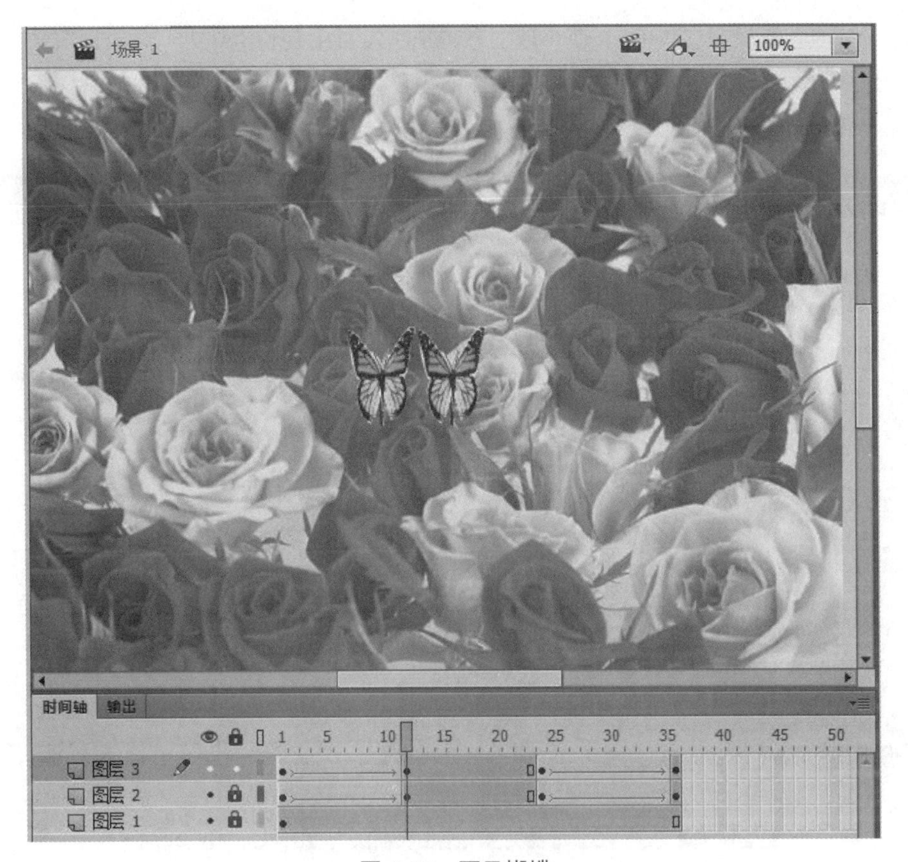

图 4-37 两只蝴蝶

【任务 4-6】制作“自由落体的小球”动作补间动画

利用所给的素材“自由落体的小球 .fla”，如样张所示，制作一个小球从上到下自由落体运动，落地后弹起，反复三次，最后停在桌面上的动画。

操作步骤与提示

① 双击打开素材文件“自由落体的小球 .fla”，设置舞台大小为 400 × 400 像素。

② 将“图层 1”命名为“背景”，将“背景”图片从库中拖入舞台，居中对齐。右击第 75 帧，在弹出的快捷菜单中选择【插入帧】命令，加锁。

③ 新建图层 2，命名为“小球”。将小球从库中拖入舞台上方。右击第 15、30、45、60、75 帧，在弹出的快捷菜单中选择【插入关键帧】命令。其中，第 30 帧小球位置比第 1 帧低，第 60 帧小球位置比第 30 帧低。第 15、45、75 帧小球在桌面上的同一位置。拖动小球时注意按 <Shift> 键，确保几个关键帧中的小球在同一垂线上。

④ 分别右击时间轴第 1、30、60 帧，在弹出的快捷菜单中选择【创建传统补间】命令，在属性面板中将【缓动】值设为“–100”。使小球下落越来越快。【旋转】设为“顺时针”“1 次”，如图 4-38 所示。

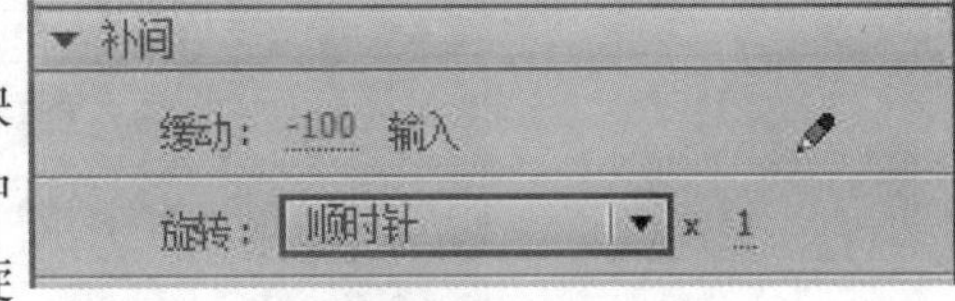

图 4-38 小球下落设置

⑤ 分别右击时间轴第 15、45 帧，在弹出的快捷菜单中选择【创建传统补间】命令，在【属性】

面板中将【缓动】值设为“100”。使小球上升越来越慢。【旋转】设为“顺时针”“1次”。

⑥测试影片，观看效果。保存为“自由落体的小球.fla”，导出影片为“自由落体的小球.swf”。时间轴与效果如图4-39所示。

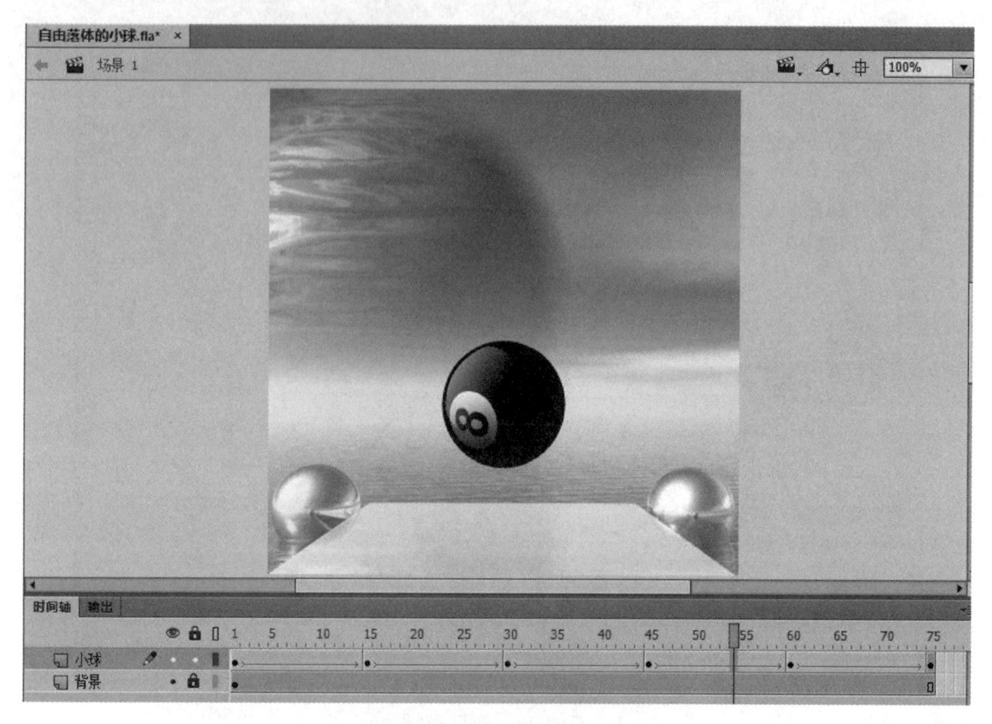

图4-39　自由落体的小球

【任务4-7】制作“雪地上的笨小鸭”

利用素材文件“雪地上的笨小鸭.fla”，使用影片剪辑、动作补间动画技术制作动画，保存为“雪地上的笨小鸭.fla”，导出为“雪地上的笨小鸭.swf”。

操作步骤与提示

①在素材文件夹中找到“雪地上的笨小鸭.fla”，双击打开。将舞台大小调节为“显示帧”，帧频设为“6”。

②选择【插入】|【新建元件】命令，名称为“笨小鸭”，类型为“影片剪辑”，如图4-40所示。

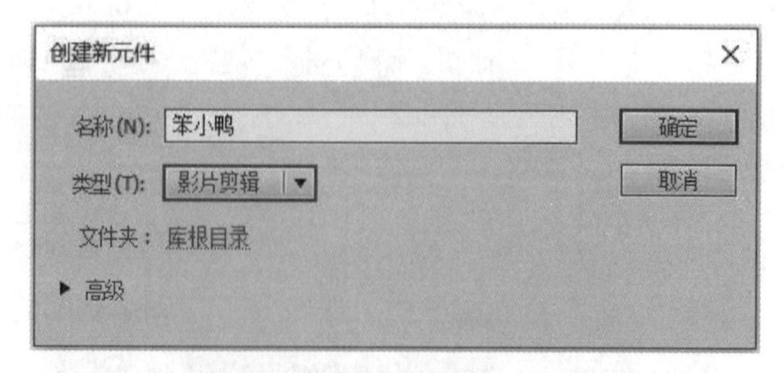

图4-40　创建“笨小鸭”影片剪辑元件

③ 选择【文件】|【导入】|【导入到舞台】命令，在打开的【导入】对话框中选择“雪地上的笨小鸭”文件夹中的“image0001.png”，然后单击【打开】按钮。在随后打开的对话框中单击【是】按钮，导入序列文件，如图 4-41 所示，最后加锁。

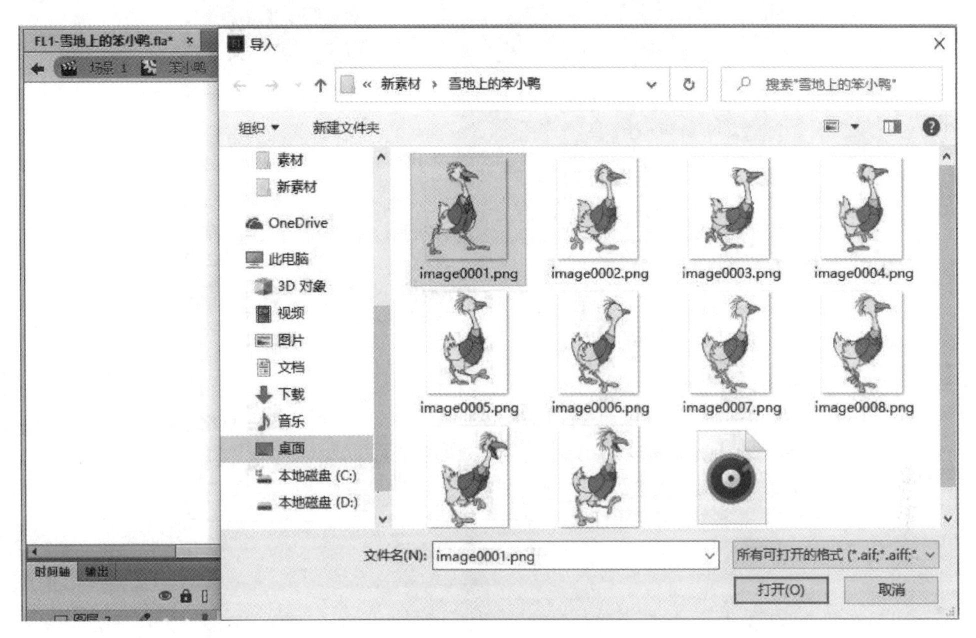

图 4-41　导入序列文件

④ 选择【文件】|【导入】|【导入到库】命令，选择声音素材文件“小鸭音效 .wav”。

⑤ 新建“图层 2”，右击第 7 帧，在弹出的快捷菜单中选择【插入空白关键帧】命令，将“小鸭音效 .wav”拖动到舞台上，在【属性】面板的声音同步方式中选择“数据流”，如图 4-42 所示。

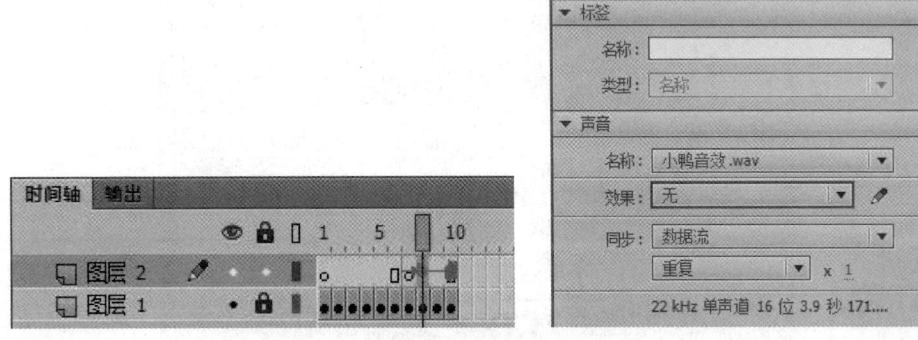

图 4-42　插入声音

⑥ 返回场景 1，将“bj.jpg”从库中拖动到舞台上。将文档大小设置为跟内容相匹配，即 1 024 × 768 像素，右击时间轴第 30 帧，在弹出的快捷菜单中选择【插入帧】命令，对图层 1

加锁，如图 4-43 所示。

图 4-43　设置背景层

⑦单击时间轴上的插入新图层按钮，添加“图层 2”。选中第 1 帧，将库中的“笨小鸭”影片剪辑元件拖到舞台左侧，右击第 30 帧，选择【插入关键帧】命令，将 “笨小鸭”拖到舞台右侧。在 1 ~ 29 帧中间右击，在弹出的快捷菜单中选择【创建传统补间】命令，如图 4-44 所示。

图 4-44　影片剪辑元件做动作补间

⑧ 测试影片、另存为“雪地上的笨小鸭 .fla”，导出为“雪地上的笨小鸭 .swf”。

【任务 4-8】制作“纸飞机”动画

操作步骤与提示

① 双击打开素材文件“纸飞机 .fla”。舞台大小设为“显示帧”。

② 将“p1.jpg”从库中拖动到舞台上，由于图片稍大，在【对齐】面板中单击选中【与舞台对齐】复选框，然后选择匹配大小中的匹配宽和高，使得图片大小与舞台相同，再选择对齐中的和。

③ 右击时间轴第 30 帧，在弹出的快捷菜单中选择【插入帧】命令，然后加锁。

④ 新建“图层 2”，在第 1 帧将“纸飞机”元件从库中拖到舞台左侧，右击第 30 帧弹出快捷菜单，选择【插入关键帧】命令，将“纸飞机”拖动到舞台右侧。选中第 1 帧，“创建传统补间”动画。如图 4-45 和图 4-46 所示。

图 4-45　第 1 帧纸飞机的位置

图 4-46　第 30 帧纸飞机的位置

⑤ 右击图层 2，在弹出的快捷菜单中选择【添加传统运动引导层】命令，添加引导层，“图层 2”自动变为被引导层。利用【铅笔工具】的“平滑”选项，画一条平滑的连贯曲线，然后加锁。

⑥ 单击时间轴“图层 2”第 1 帧，在舞台上拖动“纸飞机”上的注册点（小圆圈），使之穿到引导线上。

⑦ 单击时间轴“图层 2”第 30 帧，在舞台上拖动“纸飞机”上的注册点，使之也穿到引导线上，如图 4-47 所示。

⑧ 单击时间轴“图层 2”第 30 帧，纸飞机被蓝边框线选中，选择【修改】|【变形】|【缩放和旋转】命令，将飞机缩放“50%”，如图 4-48 所示。

⑨ 单击时间轴上的补间箭头，在【属性】面板中单击选中【调整到路径】复选框。

图 4-47　添加引导层

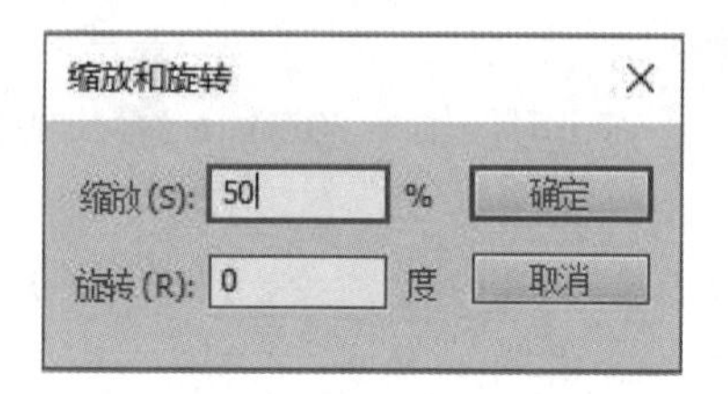

图 4-48　将第 30 帧的纸飞机缩小 50%

⑩ 单击工具栏中的【任意变形工具】按钮，单击时间轴“图层 2”第 1 帧，旋转纸飞机的头部，使其向着引导线的方向。单击第 30 帧，同样旋转纸飞机的头部，属性面板的样式，设置 Alpha 值为 40%，如图 4–49 所示。

（a）第 1 帧

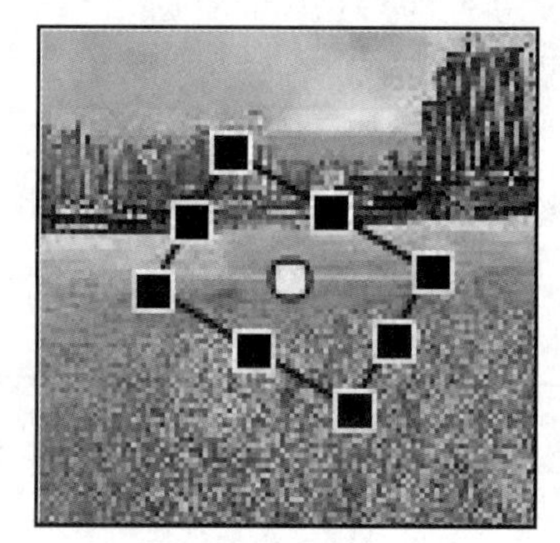

（b）第 30 帧

图 4-49　调节纸飞机的飞行方向（第 1 帧、第 30 帧）

⑪ 同时选中 3 个图层的第 40 帧，右击弹出快捷菜单，选择【插入帧】，使纸飞机在地上停留一段时间。

⑫ 测试影片，保存文件为“纸飞机 .fla”，导出影片为“纸飞机 .swf”。

【任务 4–9】制作滚动字幕动画

一段优美的诗文在舞台上自右向左缓缓滚动。保存为“滚动字幕 .fla”，导出为“滚动字幕 .swf”。

操作步骤与提示

① 双击打开素材文件“滚动字幕 .fla”。舞台大小缩放比例设为“显示帧”，帧频为 8。

② 将“p1.jpg”从库中拖动到舞台上，由于图片稍大，在【对齐】面板中单击选中【与舞台对齐】复选框，然后选择匹配大小中的匹配宽和高，再选择对齐中的和。

③ 右击时间轴第 30 帧，在弹出的快捷菜单中选择【插入帧】命令，然后加锁。

④ 新建“图层 2”将文本元件从库中拖动到舞台的右侧，右击第 30 帧，选择【插入关键帧】命令，将文本拖动到舞台的左侧。右击第 1 帧，在弹出的快捷菜单中选择【创建传统补间】命令。

⑤ 按 <Enter> 键播放，可以看到文字自右向左缓缓移动，如图 4–50 所示，然后加锁。

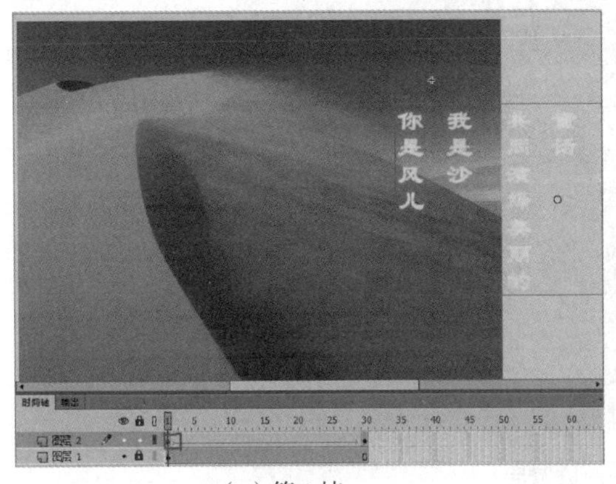

（a）第 1 帧

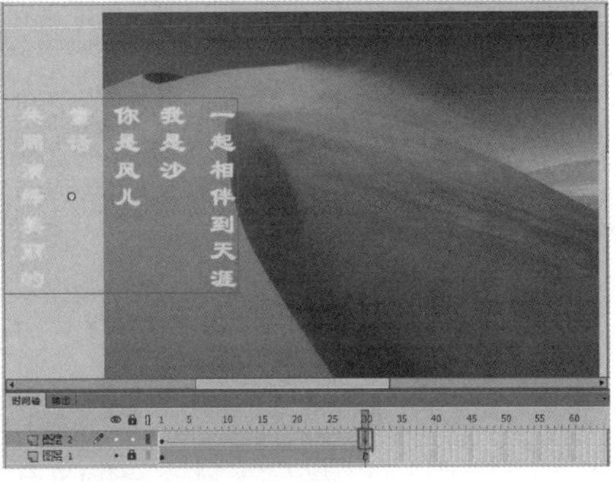

（b）第 30 帧

图 4–50　文本自右向左移动（第 1 帧、第 30 帧）

⑥ 新建“图层 3”，在舞台中间，画一个矩形，高度要刚好盖住文本。宽度要比文本宽度稍窄。播放时可以看到，只能看到矩形内的部分文字在移动，如图 4–51 所示。

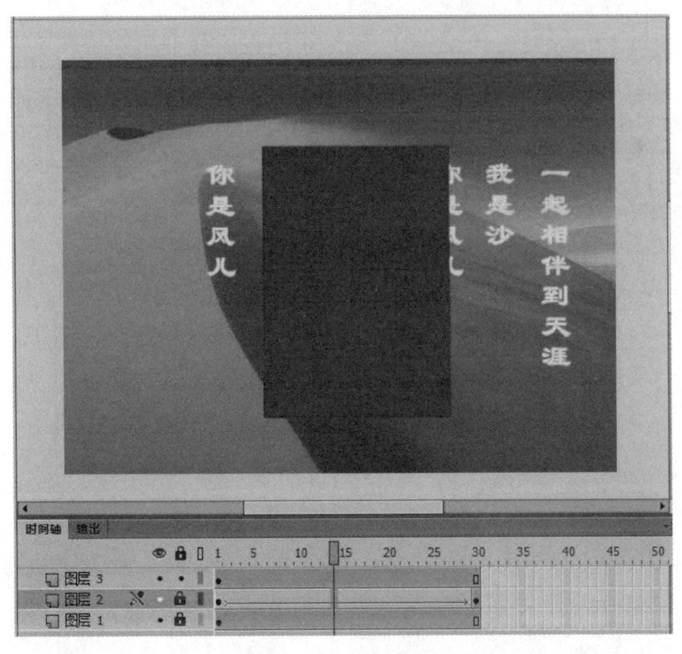

图 4–51　绘制矩形

⑦ 鼠标指向时间轴上的文字“图层 3”，右击该图层，在弹出的快捷菜单中选择【遮罩层】命令，则“图层 3”成为遮罩层，“图层 2”自动成为被遮罩层。同时这两个图层自动加锁，如图 4–52 所示。

⑧ 测试影片，观看效果。保存为“滚动字幕 .fla”，导出影片为“滚动字幕 .swf”。

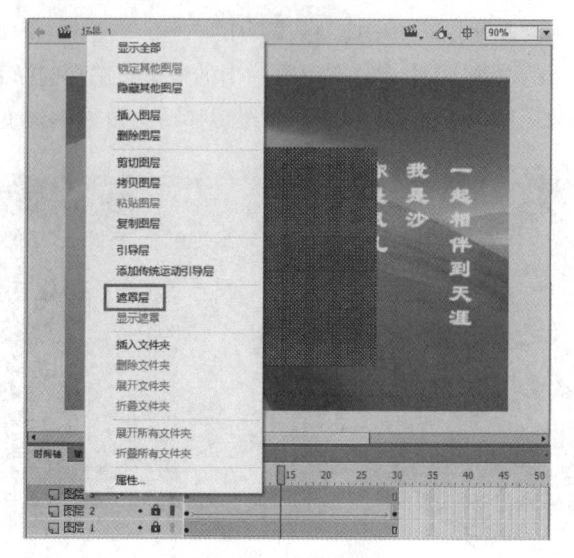

图 4-52　指定遮罩层

【任务 4-10】制作蝴蝶飞翔动画

使用路径动画技术，制作一只蝴蝶任意飞翔的动画。

操作步骤与提示

① 双击打开素材文件“蝴蝶飞翔 .fla”。舞台大小缩放比例设为“显示帧”，帧频为 8。

② 将蝴蝶元件从库中拖到舞台的左侧，右击第 30 帧，在弹出的快捷菜单中选择【插入帧】命令。

③ 右击第 1 帧，在弹出的快捷菜单中选择【创建补间动画】。移动播放指针到第 30 帧，拖动舞台上的蝴蝶到右上角，第 30 帧自动变成关键帧，同时自动出现一条运动轨迹。调整为一条弧线，如图 4-53 所示。

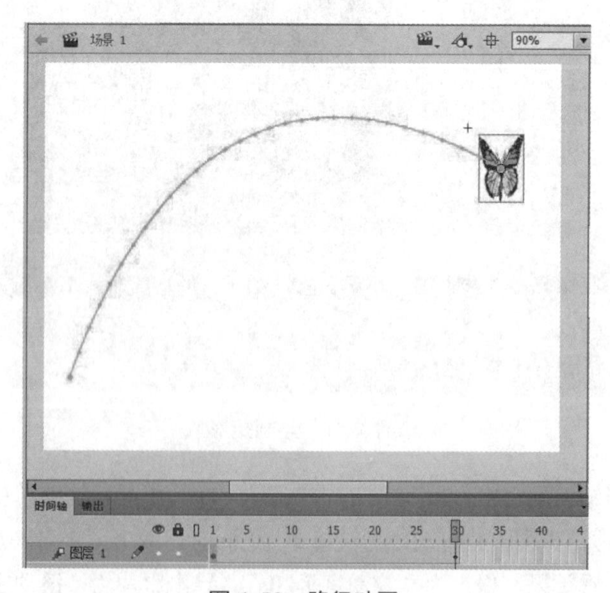

图 4-53　路径动画

④ 移动播放指针到第 15 帧，拖动舞台上的蝴蝶调整位置，第 15 帧自动变成关键帧，自由调整运动轨迹，如图 4–54 所示。

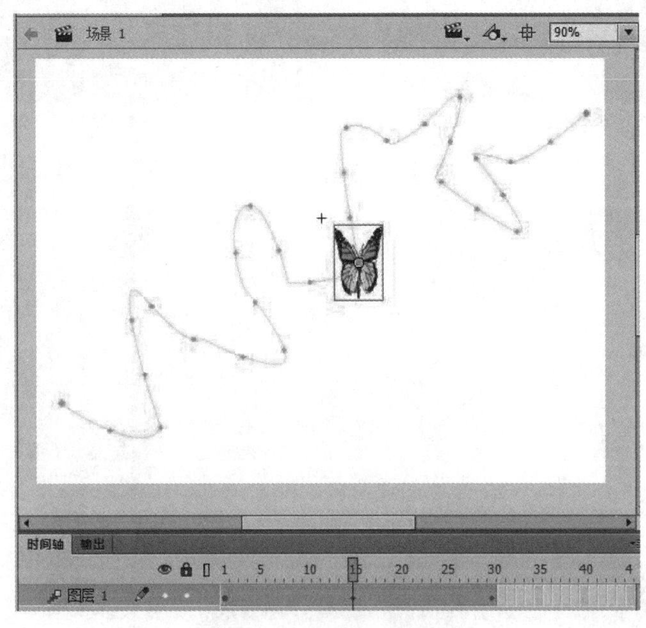

图 4–54　自由调整路径

⑤ 测试影片，观看效果。保存为“蝴蝶飞翔 .fla”，导出影片为“蝴蝶飞翔 .swf”。

【任务 4–11】制作小熊走路动画

使用骨骼动画技术，制作小熊走路的动画。

操作步骤与提示

① 双击打开素材文件“小熊走路 .fla”。舞台大小缩放比例设为“显示帧”，帧频为 12。

② 选择【插入】|【新建元件】命令，名称为“走路的小熊”，类型为“影片剪辑”。

③ 从库中将图形元件“小熊头身体”拖动到舞台合适的位置，第 20 帧插入帧，加锁。

④ 新建图层 2，将图形元件“右腿”拖动到舞台合适的位置。右击弹出快捷菜单，选择【分离】，将右腿分离成矢量图。单击工具栏中的“骨骼”工具，在右腿上拖动鼠标，画出两个关节。自动增加了一个骨架_1 图层，原来的图层 2 变成空层，如图 4–55 所示。

⑤ 选中第 10 帧，用选择工具移动右腿的两个关节，选中第 20 帧，再次移动右腿，如图 4–56 所示。产生走路的动画效果。

⑥ 新建图层 3，从库中拖动“左腿”到舞台合适的位置，重复步骤④、⑤。完成左腿走路的动画效果。将图层“骨架_1”移动到最上层，如图 4–57 所示。

⑦ 回到场景 1，将“走路的小熊”拖动到左侧舞台上，第 30 帧插入关键帧，之间创建传统补间动画。

提示：

左右手的动画，同理进行制作。

⑧ 测试影片，观看效果。保存为“小熊走路.fla”，导出影片为“小熊走路.swf”。

图 4-55　骨架图层及关节

图 4-56　右腿动作

图 4-57　左右腿效果

4.5 课后习题与实践

一、单项选择题

1. 下列软件中，(　　) 不能处理动画。

   A. 3ds MAX　　B. Gif Animation

   C. Photoshop　　D. Flash

2. 属于动画制作软件的是 (　　)。

   A. Photoshop　　B. Dreamweaver

   C. Ulead Audio Editor　　D. Flash

3. 能播放出动画效果的图像文件类型是 (　　)。

   A. GIF　　B. BMP

   C. JPG　　D. TIF

4. 关于矢量图形的概念，以下说法中，不正确的是 (　　)。

   A. 图形是通过算法生成的

   B. 图形放大或缩小不会变形、变模糊

   C. 图形放大或缩小会变形、变模糊

   D. 图形基本数据单位是几何图形

5. 有关过渡动画的叙述中，正确的是 (　　)。

   A. 中间的过渡帧由计算机通过首尾关键帧的特性以及动画属性要求来计算得到

   B. 过渡动画无须建立动画过程的首尾两个关键帧的内容

   C. 动画效果并不依赖于人的视觉暂留特征

   D. 当帧速率达到 5 帧 /s 以上时，才能看到比较连续的视频动画

6. 以下有关过渡动画叙述不正确的是 (　　)。

   A. 中间的过渡帧由计算机通过首尾帧的特性以及动画属性要求计算得到

   B. 过渡动画是不需建立动画过程的首尾两个关键帧的内容

   C. 动画效果主要依赖于人的视觉暂留特征而实现的

   D. 当帧速率达到 12 帧 /s 以上时，才能看到比较连续的视频动画

7. 制作 Flash 动画时，保存的源文件扩展名以及发布后可以嵌入网页的文件扩展名分别是 (　　)。

   A. FLA、SWF　　B. MOV、FLA

   C. SWF、MOV　　D. CDR、MOV

8. Flash 中的遮罩功能可以使指定的 (　　) 具有局部隐藏的效果。

   A. 场景　　B. 图层　　C. 时间轴　　D. 元件

9. 下列关于“矢量图形”和“位图图像”的说法正确的是 (　　)。

   A. 位图显示的质量与显示设备的分辨率无关

B. 在 Flash 中，用户无法使用在其他应用程序中创建的矢量图形和位图图像

C. 在对位图文件进行编辑时，操作对象是像素而不是曲线

D. 矢量图形文件比位图图像文件的体积大

10. 下列关于形状补间的描述正确的是（　　）。

A. Flash 可以补间形状的位置、大小、颜色和不透明度

B. 如果一次补间多个形状，则这些形状必须处在上下相邻的若干图层上

C. 对于存在形状补间的图层无法使用遮罩效果

D. 以上描述均正确

11. 下列名词中不是 Flash 中的概念的是（　　）。

A. 形状补间　　B. 引导层

C. 遮罩层　　D. 翻转平面

12. 下列关于逐帧动画和补间动画的描述正确的是（　　）。

A. 两种动画模式中，Flash 都必须记录各帧的完整信息

B. 前者必须记录各帧的完整信息，而后者不用

C. 前者不必记录各帧的完整信息，而后者必须记录各帧的完整信息

D. 以上说法均错误

13. 下列有关 Flash 中“元件”和“实例”对应关系的描述正确的是（　　）。

A. 一个实例可以对应多个元件

B. 一个元件可以对应多个实例

C. 元件、实例之间只能一一对应

D. 元件和实例之间没有对应关系

二、填空题

1. 补间动画大致可分为形状补间和________补间两种。

2. 在 Flash 中，制作________动画必须使用矢量图形对象才可以制作。

3. 中间的过渡帧由计算机通过首尾两个________帧的特性以及动画属性要求计算得到。

4. 在 Flash 中创作时是在文件扩展名为________的 Flash 文档中工作。

三、操作题

1. 利用素材“娃娃眨眼睛.fla”，制作会眨眼睛的卡通娃娃动画。保存为“娃娃眨眼睛.fla”，导出为“娃娃眨眼睛.swf”，时间轴如图 4-58 所示。娃娃睁眼、闭眼效果如图 4-59 所示。

图 4-58　“娃娃眨眼睛”时间轴

图 4-59　娃娃睁眼和闭眼

2. 制作一个 30 帧的动画，帧频为 10，背景色为黑色，画面中“欲穷千里目”逐渐变成“更上一层楼”，文字都是“华文新魏”，大小为“80”，文字的笔触颜色为“白色”，4 像素，填充色为彩虹色，保存为“文字分离形状补间 .fla”，导出为“文字分离形状补间 .swf”。效果如图 4-60 所示。

图 4-60　文字分离形状补间

提示：

须先将文字分离2 ~ 3次，转换成矢量图，再设形状补间。

3. 参照样张，制作“弹性碰撞”动画（小球顺时针滚动 3 周），时间轴与库如图 4-61 所示。

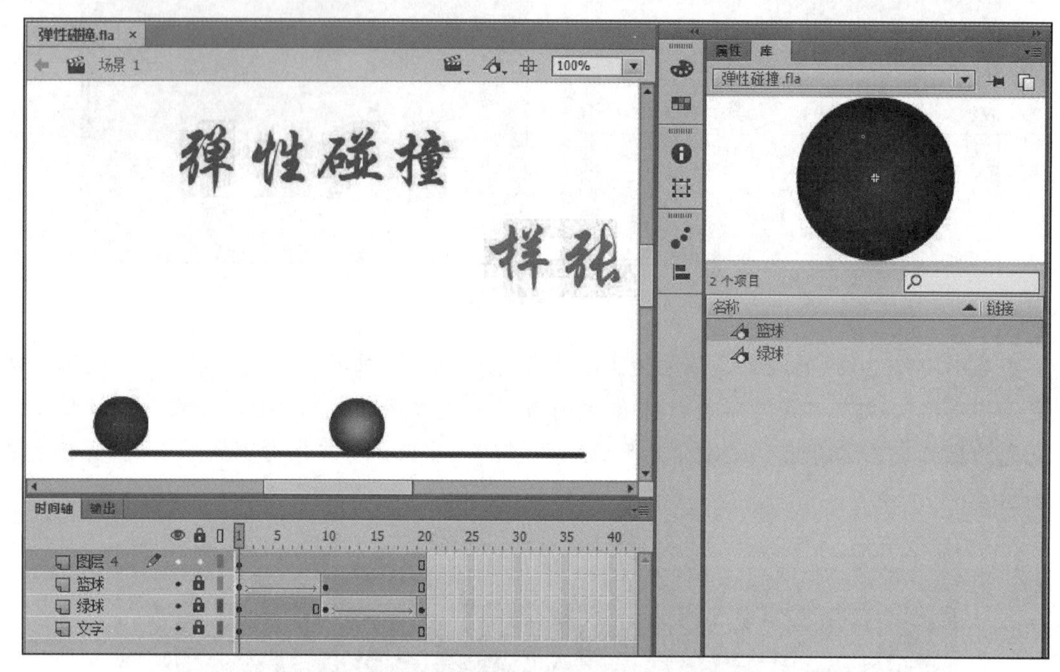

图 4-61 “弹性碰撞”动画的时间轴与库

4. 打开“展开水墨卷轴.fla”文件，制作一幅诗意水墨卷轴展开的动画。保存为“展开水墨卷轴.fla”，导出为“展开水墨卷轴.swf”。时间轴如图 4-62 所示。

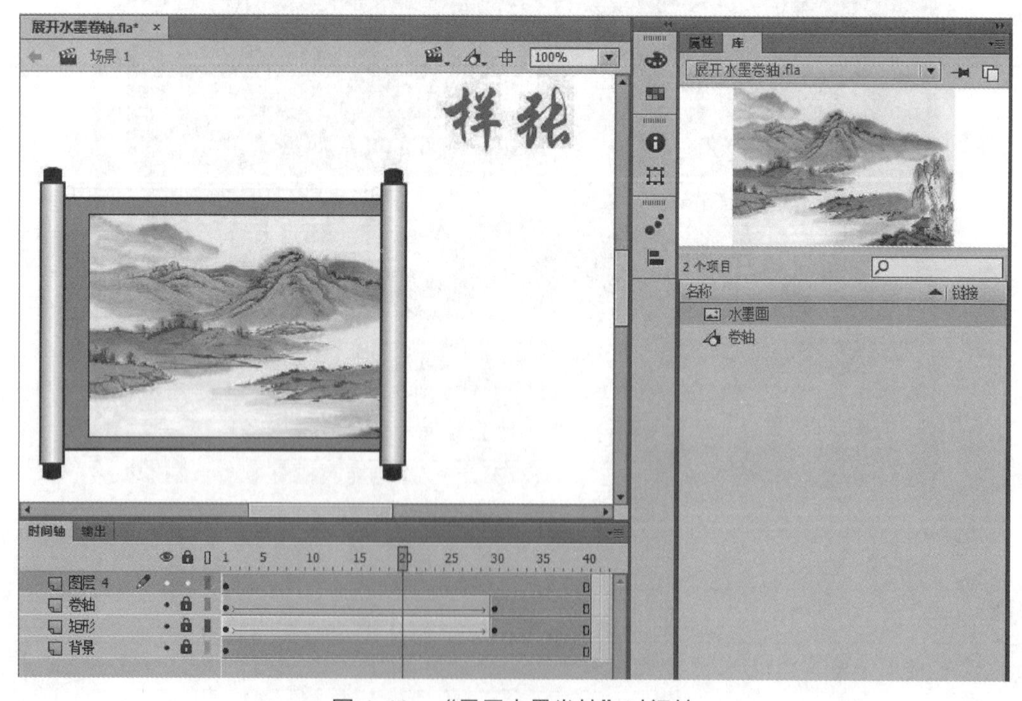

图 4-62 “展开水墨卷轴”时间轴

5. 打开“夜幕下的小天使 .fla”文件，按下列要求制作动画，动画总长为 40 帧。效果参见样张，保存为“夜幕下的小天使 .fla”，导出为“夜幕下的小天使 .swf”。时间轴如图 4-63 所示。

① 将“sky”元件放置在“图层 1”，适当调整大小，显示至 40 帧。

② 将“天使”元件放置在“图层 2”，分别在第 1、20、40 帧设置关键帧，制作元件从小变大、再从大变小如样张所示的动画效果。

③ 将“文字 2”元件放置在“图层 3”，让其从第 20 帧开始出现，显示至第 40 帧，设置从无到有、从上到下的动画效果。

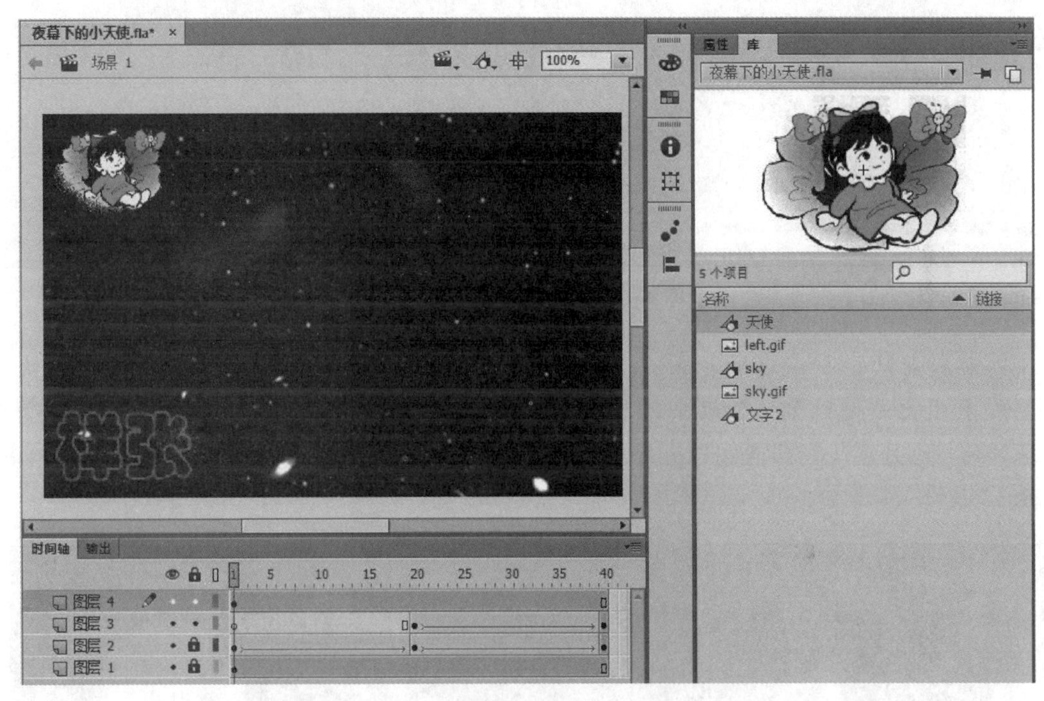

图 4-63　“夜幕下的小天使”时间轴

6. 打开“知人者智 .fla”文件，参照样张制作动画（除“样张”字符外），保存为“知人者智 .fla”，导出为“知人者智 .swf”。注意：添加并选择合适的图层，动画总长为 60 帧。时间轴如图 4-64 所示。

① 设置影片大小为 550 × 400 px，帧频为 10 帧 /s，背景色为“#00CC00”。将“光线”元件放置到舞台，适当调整位置与方向，创建“光线”元件从第 1 帧到第 35 帧从上到下运动，第 36 帧到第 60 帧逐渐消失的动画效果。

② 新建图层，利用“文字 1”元件，在第 5、15、25、35 帧处设置关键帧，创建文字从第 5 帧到第 35 帧逐字出现的动画效果。

③ 创建第 36 帧到第 55 帧把“文字 1”元件变为“文字 2”元件的动画效果，且“文字 2”变为红色，并静止显示至第 60 帧。

④ 新建图层，利用“蝴蝶”元件，从第 35 帧到 60 帧，创建蝴蝶朝着光线飞的动画效果。

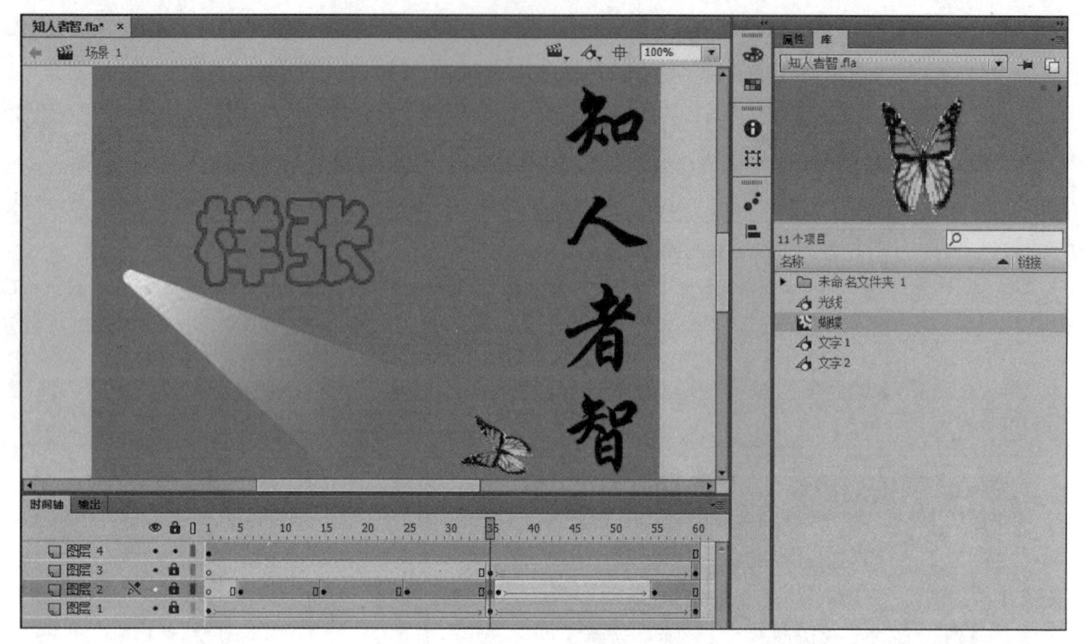

图 4-64 “知人者智”时间轴

7. 利用素材文件“旋转的地球.fla”，参照样张，利用遮罩技术，制作动画，动画总长30帧。

8. 利用上一题所制作的动画，参照样张，利用引导层动画技术，继续制作月亮绕着地球转的“地月系统”，保存为“地月系统.fla”，导出为“地月系统.swf”。时间轴如图4-65所示。

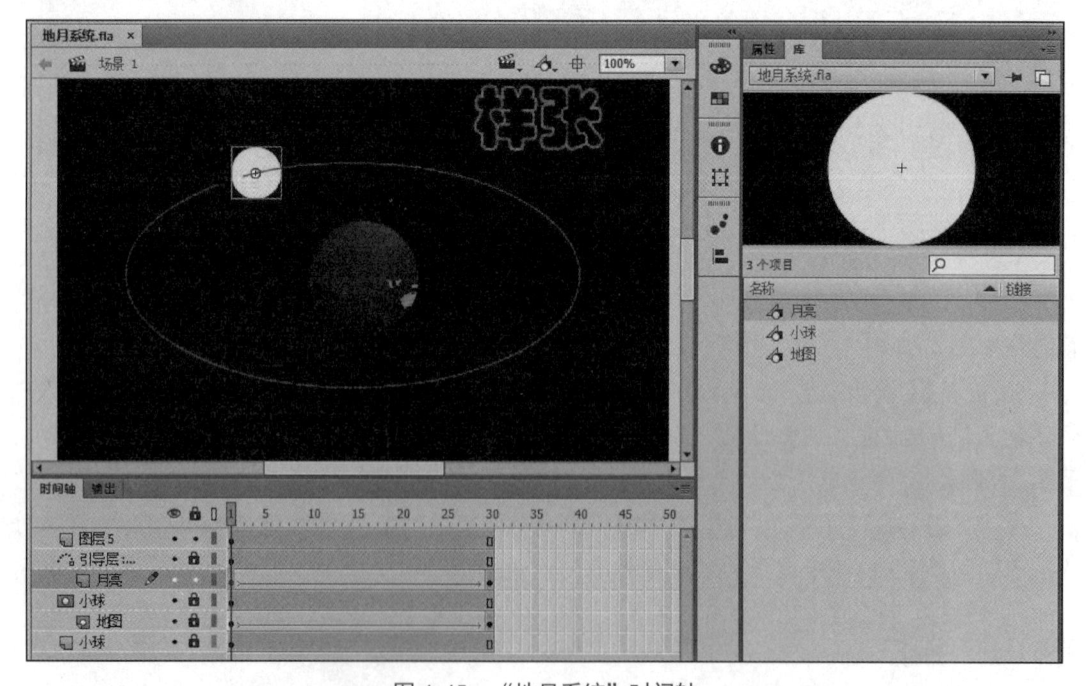

图 4-65 “地月系统”时间轴

9. 打开素材“鸟语花香 .fla”文件，按以下要求制作动画（除“样张”文字外），制作结果以“鸟语花香 .swf”为文件名导出影片并保存。注意：添加并选择合适的图层，动画总长为 60 帧。时间轴如图 4-66 所示。

① 将“背景”元件放置到舞台中央，设置影片大小与“背景”图片大小相同，帧频为 10 帧 / 秒，并静止显示至 60 帧。

② 新建图层，将“小鸟动画”影片剪辑放置在该图层，调整大小和方向，创建小鸟从第 1 帧到第 40 帧从右上到左下的动画效果，并显示至 60 帧。

③ 新建图层，将“文字 1”元件放置在该图层，从第 1 帧静止显示至第 20 帧。然后创建从第 20 帧至第 50 帧将“文字 1”变形为“文字 2”，且“文字 2”颜色变为 #FF9900 的动画效果，并静止显示至 60 帧。

④ 新建图层，利用“叶子 1”元件，适当调整方向，创建从第 1 帧到第 30 帧叶子从右往左，从第 30 帧到第 60 帧叶子从左往右摇曳的动画效果。

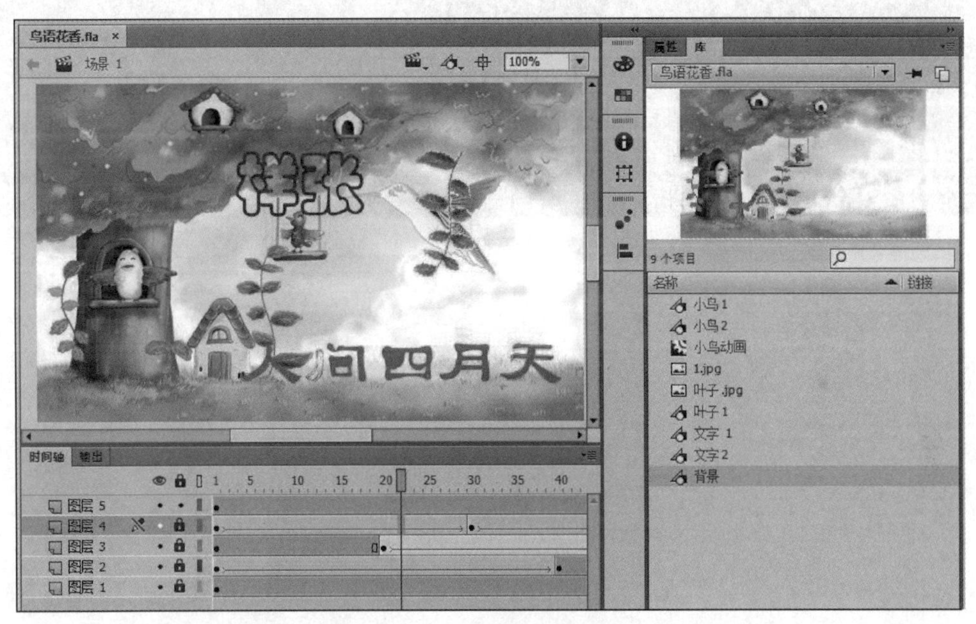

图 4-66　“鸟语花香”时间轴

10. 打开“绿水青山 .fla”文件，参照样张制作动画（除“样张”文字外，样张见文件 \ 样张 \ 绿水青山 .swf），制作结果以“绿水青山 .swf”为文件名导出影片。注意：添加并选择合适的图层，动画总长为 50 帧。时间轴如图 4-67 所示。

① 设置影片大小为 600 × 375 像素，帧频为 8 帧 /s；将库中“青山”放置到舞台，调整大小，使之与舞台大小匹配，静止显示至 50 帧。

② 新建图层，将库中“绿水”放置到舞台，调整大小，使之与舞台大小匹配，设置“绿水”从第 16 帧到第 25 帧，透明度从 0% 到 100% 逐渐淡入的效果，并静止显示到 50 帧。

③ 新建图层，从第 5 帧到 11 帧匀速逐字显示“绿水青山”，华文隶书，字号 50，字间距 10，颜色：#11ff11。从 15 帧到 21 帧文字闪烁 2 次。从第 25 帧到 35 帧，“绿水青山”变

形为“就是金山银山”，并显示到 50 帧。

④ 新建图层，在第 20 帧放入“元件 3”，使其在 20 帧到 35 帧从舞台右下角运动到左上角，同时逆时针旋转 1 圈，淡入并逐渐缩小，静止显示至 39 帧。

图 4-67　“绿水青山”时间轴

第5章 网页制作基础

随着HTML技术的不断发展和完善，产生了众多网页编辑器。Dreamweaver是由美国Adobe公司开发、集网页制作和网站管理于一身、所见即所得的网页编辑器，它以强大的功能及易用性成为网站制作专业人士以及广大网页制作爱好者的首选工具，利用它可以轻松地制作出跨越不同平台和浏览器且充满动感的网页。

本章第1、2节介绍网站和网页的基础概念，讨论网页设计的构思和布局，介绍网站的设计理念与网页配色方面的知识；第3节介绍在Dreamweaver CC 2018开发环境中创建与管理站点；第4节至第7节是本书的网页制作实操方法介绍；第8节简单介绍网站的发布。

学习目标：

通过对本章内容的学习，学生应该能够做到：

- 了解：网站与网页的区别。
- 理解：HTML在网页设计中的基本格式，以及网页中各构成元素的HTML标记。
- 应用：网站创建与管理、网页制作中的文字处理、图像处理、动画处理以及背景音乐处理、网页制作中表格的应用、表单的制作、超链接的设置等操作与应用。

5.1 网站的规划

5.1.1 网站的基本概念

网站是由网页组成的。网站和网页的关系就像家庭与家庭成员的关系一样。但是网站往往要复杂一些，它一般不止包含一个网页。网站内还有其他相互关联的文件，有些文件是在建站过程中自动生成的，不可轻易删除。

对于网站，还有一些其他事情需要考虑和解决。

首先，如果是 Internet 上的网站，就必须要确保保存网站文件的计算机（也就是服务器）一直开机，否则，其他人登录该网站时，就会出现“找不到服务器”的错误提示。一般的个人计算机做不到 24 小时开机，所以采取了一个变通的方法，就是使用别人的计算机。有些人专门提供这样的方便，他们容许用户将自己的网站文件放在他的计算机里，并承诺不会关机。这种服务称为主页空间服务。

其次，网站一般都要有域名，比如 http：//www.taobao.com，如图 5-1 所示。这就需要有域名服务的支持。

互联网上提供域名服务和主页空间服务有免费和收费之分，以满足不同类型的网站需要。

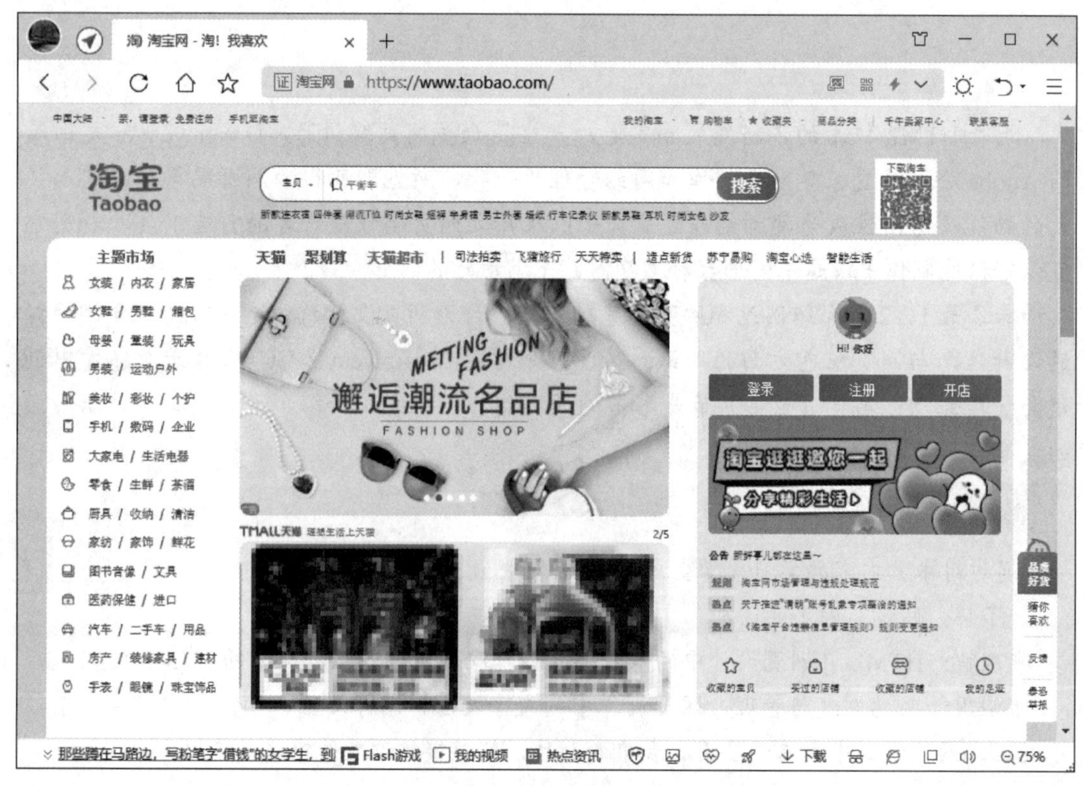

图 5-1　淘宝网站

另外，网站除了一般网页外，往往还有一些其他内容，比如数据库和一些独立的程序文件。以“淘宝”为例，网站需要保存客户的用户名、密码以及交易信息，这都需要数据库的支持。好的网站往往还有独立的程序文件，以通过程序判断客户输入的密码是否正确，等等。总而言之，网站要比网页复杂，一个好的网站需要精心规划和设计。

5.1.2　静态网站与动态网站

根据数据的更新方式，有静态网站和动态网站之分，如图 5-2、图 5-3 所示。

1. 静态网站

如果数据不多，内容比较固定，更新不频繁，可以采用静态网站。静态网站的特点：

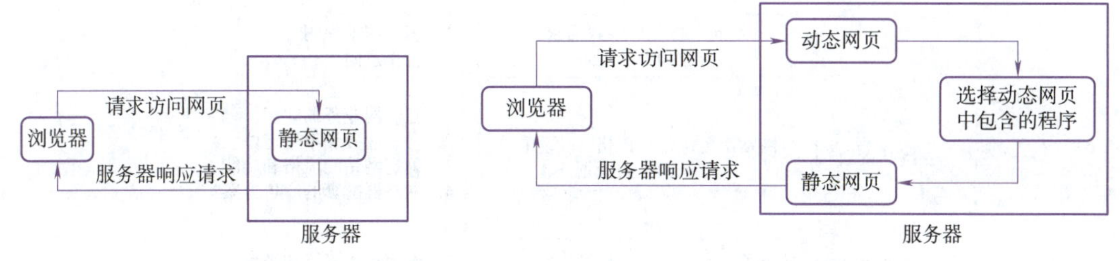

图 5-2 静态网站　　图 5-3 动态网站

① 网页内容一经发布到网站服务器上，无论是否有用户访问，每个静态网页的内容都保存在网站服务器上，也就是说，静态网页是实实在在地保存在服务器上的文件，每个网页都是一个独立的文件。

② 静态网页的内容相对稳定，因此容易被搜索引擎检索。

③ 静态网页没有数据库的支持，在网站制作和维护方面工作量较大，因此，当网站信息量很大时完全依靠静态网页制作方式比较困难。

④ 网页 URL 后缀的常见形式有 .htm、.html、.shtml、.xml 等。

⑤ 静态网页的交互性较差，在功能方面有较大的限制。

⑥ 修改和更新都必须通过专用的网页制作工具，比如 Dreamweaver、FrontPage。

2. 动态网站

所谓“动态”不是指网页上播放的 GIF 或 Flash 动画，也与页面上的滚动字幕等视觉上的“动态效果”没有直接关系。动态网站的特点如下：

① 交互性：网页会根据用户的要求和选择而动态地改变和响应，浏览器作为客户端，成为一个动态交流的桥梁，动态网页的交互性也是 Web 发展的潮流。

② 自动更新：即无须手动更新 HTML 文档，便会自动生成新页面，可以大大节省工作量。

③ 因时因人而变：即当不同时间、不同用户访问同一网址时会出现不同页面。

④ 动态网页是与静态网页相对应的。

⑤ 动态网页 URL 后缀的常见形式是 .asp、.aspx、.jsp、.php、.perl、.cgi 等。

⑥ 使用网页脚本语言，比如 PHP、ASP、ASP.NET、JSP 等，通过脚本将网站内容动态存储到数据库，用户访问网站时通过读取数据库来动态生成网页。

本章主要研究静态网站的制作。

5.1.3 网站开发流程

为了加快网站建设的速度和减少失误，应该采用一定的制作流程来策划、设计、制作和发布网站。通过使用制作流程确定制作步骤，以确保每一步顺利完成。好的制作流程能帮助设计者解决策划网站的烦琐性，降低项目失败的风险。

制作流程的第一阶段是项目规划和信息采集，然后是网站规划和网页设计阶段，最后是网站上传和维护阶段。每个阶段都有独特的步骤，但相邻阶段之间的边界并不明显，即每一阶段并不总是有一个固定的目标。有时候，某一阶段可能会因为项目中未曾预料的改变而更改。步骤的实际数目和名称因人而异，但是总体制作流程基本如图 5-4 所示。

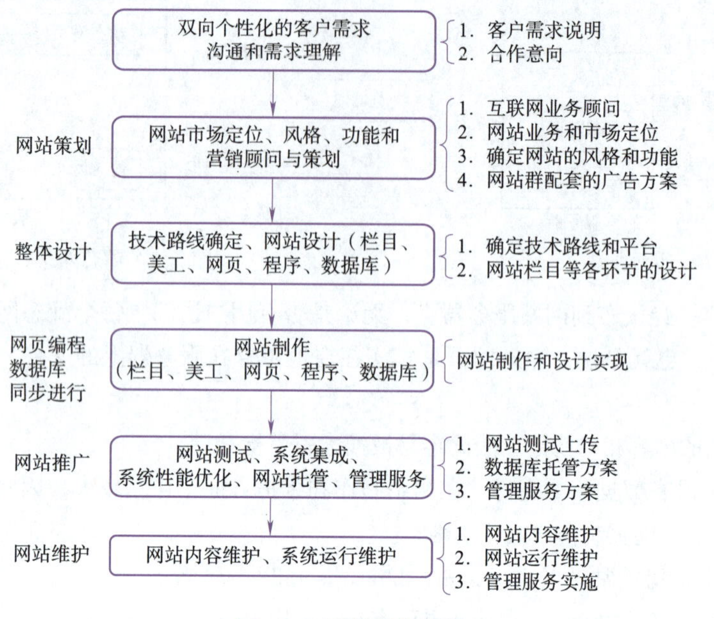

图 5-4　网站制作流程

网站按其功能分类，主要有门户网站、职能网站、专业网站和个人网站。现在的个人站点，按其最初建设的初衷可以分为以下三类：

① 按照个人爱好设置的个人站点，内容是个人自我展示。如个人 QQ 空间。

② 由两三个人组成的某某工作室，像亮亮工作室、丁香鱼工作室等。

③ 发展力求商业化，如走进中关村等。

5.1.4　网站的总体规划与设计

1. 网站的总体规划

在网站设计之前，须先画出网站结构图，其中包括网站栏目、结构层次、连接内容。首页中的各功能按钮、内容要点、友情链接等都要体现出来，一定要切题，并突出重点，首页上应把大段的文字换成标题性的、吸引人的文字，将单项内容交给分支页面去表达，这样才显得页面精练。也就是说，首先要让访问者一眼就能了解这个网站提供什么信息，使访问者有一个基本的认识，并且有继续看下去的兴趣。同时要细心周全，不要遗漏内容，还要为内容扩容留出空间。导航功能要分类合理，分支页面内容上要相对独立，避免重复。另外，网站中的文件和文件夹应遵循：网页的文件名可用汉语拼音、英文缩写、英文原义命名，而不要使用中文字符，也不要用运算符打头；各个文件应分类存放于网站中的不同子文件夹中，如将分支页面文件存放于自己单独的网页文件夹中，图形文件存放于单独的图形文件夹中。

> **注意：**
> 建议在构建的站点中使用英文字符命名网页文件时，全部使用小写的文件名称。

综上所述，网站的总体规划涉及的主要内容包括以下各个方面：

① 确定网站主题。

② 确定网页结构。

③ 确定网页的信息组织和管理方式。

④ 确定信息的存储方法。

⑤ 文档版本的控制。

⑥ 确保结构的完整性和一致性。

2. 网页组织结构

常用的网页组织结构有层次结构、序列结构和网状结构之分。

（1）层次结构

按网页在网站中所处的位置可将网页分为主页和子页两类，如图 5–5 所示。

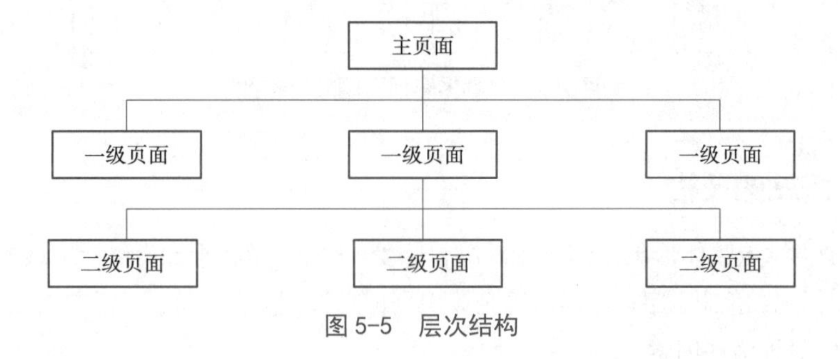

图 5–5　层次结构

（2）序列结构

主页面是标题或引言，后面的各页面按顺序排列，前后有连接，其结构图如图 5–6 所示。

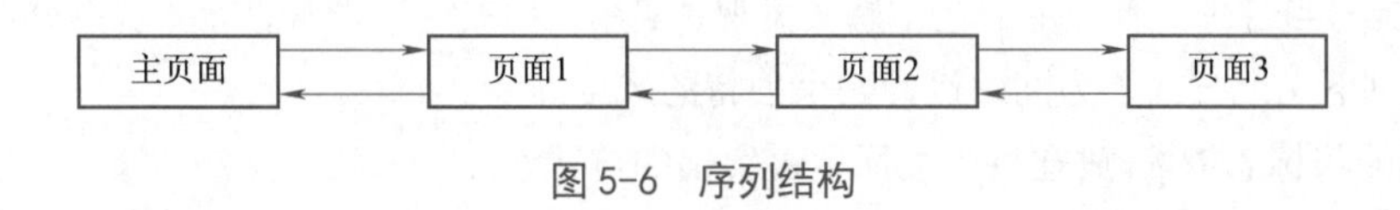

图 5–6　序列结构

（3）网状结构

把一些相关内容链接到一起，浏览者可以通过不同的途径进入所需界面，其结构图如图 5–7 所示。

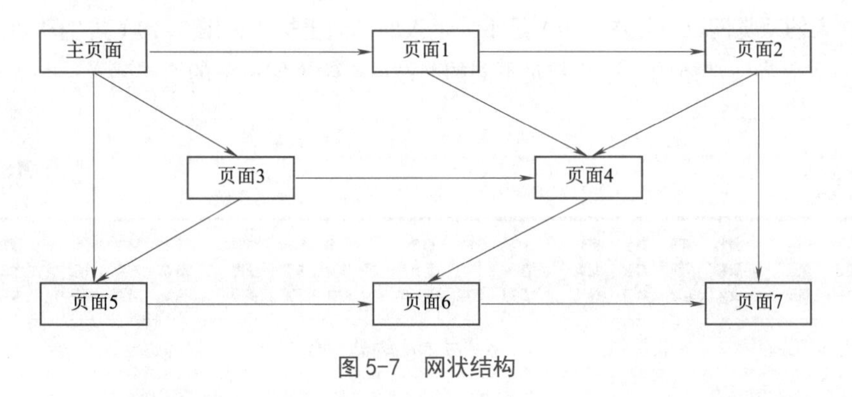

图 5–7　网状结构

站点规划好之后，就可以根据规划绘制出一个网站结构草图，以便于有一个清晰的思路。例如，“零零影视”网站结构图如图 5-8 所示。

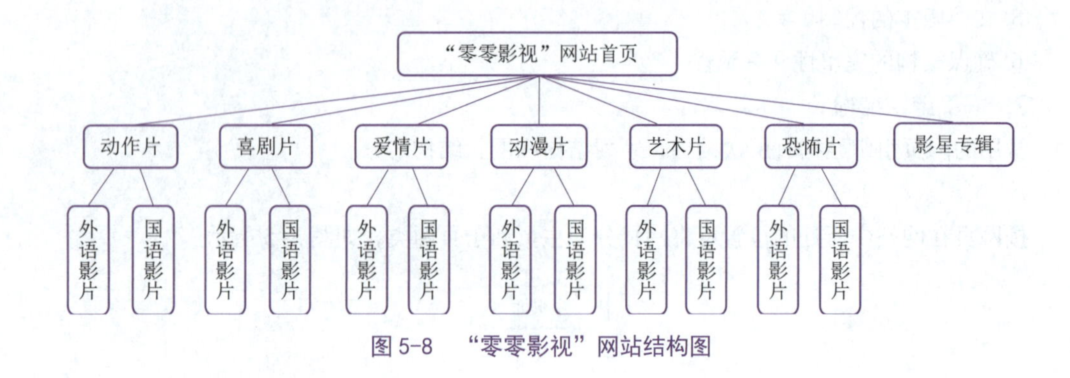

图 5-8 “零零影视”网站结构图

5.1.5 网站的风格

“风格”是指站点整体形象给浏览者的综合感受。这个“整体形象”包括站点的 CI（Corporate Identity，含企业标志，色彩，字体，标语等企业识别信息）、版面布局、浏览方式、交互性、文字、语气、内容价值等等诸多因素。

风格是有人性的，不管是色彩、技术、文字、布局，还是交互方式，只要能由此让浏览者明确分辨出这是本网站独有的，这就形成了网站的“风格”。一般都要求：清纯简洁，主题鲜明，内容编排得当合理、有一定的艺术感，美观、实用，相关链接正常，能体现网站的基本功能。一般可以从以下几个方面来为网站设计一个独特的风格。

① 尽可能将标志 Logo 放在每个页面上最突出的位置。

② 突出标准色彩。

③ 总结一句能反映网站精髓的宣传标语。

④ 相同类型的图像采用相同效果，比如说标题字都采用阴影效果，那么网站中所有标题字的阴影效果设置应该是完全一致的。

例如：人们感觉网易（见图 5-9）是平易近人的，迪士尼（见图 5-10）是生动活泼的，IBM（见图 5-11）是专业严肃的。这些就是不同的网站风格给人们留下的不同感受。

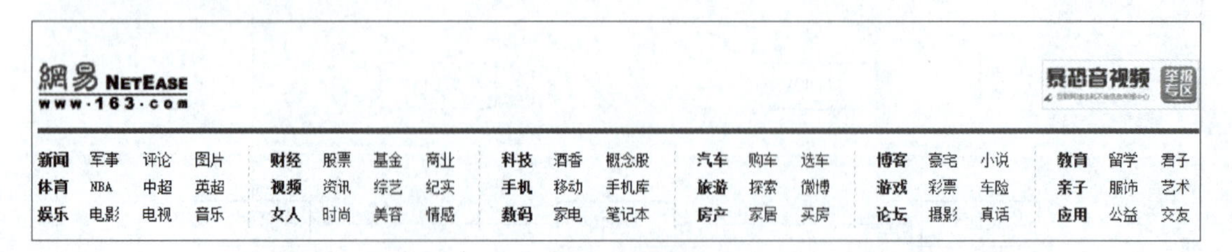

图 5-9 网易的网站风格

图 5-10 迪士尼的网站风格

图 5-11 IBM 的网站风格

5.2 网页设计概述

5.2.1 网页的基本概念

网页是网站中最基本、最重要的组成部分，一般由文字、图像、动画、表格、视频等元素组成，访问网站时看到的第一张网页称为网站的首页或主页（Homepage）。

网页是用超文本标记语言（Hyper Text Markup Language，HTML）或者其他语言编写的，通过 IE 等各种浏览器编译后供用户获取信息，也称为 Web 页。

5.2.2 网页的设计原则

一个优秀的网页页面应考虑内容、速度和页面美感三大因素。

1. 网页制作的原则

① 整体规划。

② 精简原则。

③ 主题鲜明。

④ 善用图像：醒目的图像、新颖的画面、美观的字体。

⑤ 导航醒目：导航链接用 6 ~ 8 个最为理想。

⑥ 重点突出：颜色、图像、标题、内容、动画等要紧紧围绕表达主题。

⑦ 更新及时。

⑧ 速度原则：慎用大图片（图片大小要小于 10 KB），色彩不宜过多（少于 64 种）。

⑨ 网站名称易记。

⑩ 动画适量。

2. 网页布局的原则

① 醒目性：使访问者把注意力集中到网页的内容上。

② 创造性：有鲜明个性，有新的创意。

③ 造型性：维持整体外形上的稳定感和均衡性。

④ 明快性：能准确、快速传达网站的构成内容。

⑤ 可读性：网页的内容让人可以理解。

可归结为：统一、协调、均衡和强调。

5.2.3 网页的构成元素

① 文本：是网页的基本组成部分。

② 图像：是网页的重要组成部分，图像主要有 JPG 和 GIF 两种格式。

图像一般应用于：

• Logo：网站的形象标识，一般置于网页的左上方。

• Banner：用于宣传网站内某个栏目或活动的广告，往往是动画形式。

• 网页的背景：用于统一或改变网页的整体效果。

③ 动画：网页上最活跃的元素，主要有 GIF 和 SWF 格式。

④ 超链接：网站的灵魂，用于实现页面间的跳转。

⑤ 导航栏：一组超链接，可方便地浏览整个站点，可以是文本或者按钮的形式。

⑥ 表单：用来收集站点访问者信息的域集，是人机交互的有力工具。

⑦ 框架：网页的组织形式，在一个窗口中浏览多项内容。

⑧ 表格：网页布局排版的灵魂，可精确定位页面中的各个元素。

⑨ 其他：日期、计数器、音频、视频和网页特效等。

5.2.4 网页的色彩搭配

1. 确定主体色

在网页设计之初，首先要考虑确定这个网站的颜色。一般会根据网站的类别和确定的网页，进行颜色的大致取向。在页面上，除白色为背景外大量使用的颜色，就是这个网页的主体颜色。比如农业类网站，一般都会选择绿色；艺术类网站，大都会选择色彩张扬的颜色或黑色；工商类网站很多选择使用红色。因此，不同的颜色带给人不同的感觉，同时给浏览者感受到设计者的情绪，每种色彩的饱和度或透明度发生略微改变，都会让人的心境产生不同变化。

红色：可以让人思想活跃，让人振奋，充满活力和热情。

绿色：介于冷色与暖色之间，让人感觉和谐、宁静、健康、环保。

金黄：常与白色搭配，让人感觉舒适、优雅。

橙色：容易营造轻松、温馨、时尚的氛围。

蓝色：体现专业主题，让人感觉清爽、清新。淡蓝色结合白色还可营造浪漫、温馨的氛围。

白色：通配色，让人产生明净、清新的感觉。

黑色：容易让人产生压抑、悲伤感，同时使人感觉神秘、深沉。

灰色：营造高雅、温和的氛围，也同时也会让心情受到压抑，产生颓废感。

2. 选择相近色

在网页配色时，尽量控制在三种色彩以内，选择了主体色之后，再配以相近的配色，如黄色配以淡黄色，深粉配以淡粉色，这样容易让网页色彩和谐统一。

（1）网页头部

可以采用主体色的反色，一般采用深色，放在方便浏览者第一眼就能看到的位置。

（2）正文

网页的正文部分要求对比度要高一些，比如白底配深灰色字，黑底配淡灰色字。

（3）导航栏

选择深色的背景色和背景图像，再配以反差强的文字颜色，让导航清晰，准确引导浏览者在网站中浏览。

（4）侧栏

可以选择左侧或右侧，大多数二级页面选择左侧栏，也有一些三级页面选择右侧栏，同样起到引导浏览者浏览网站信息的作用。

（5）尾部

可以考虑与侧栏使用相同颜色，或与头部相呼应的颜色，避免网页整体看起来头重脚轻。

3. 使用跳跃色

在网页中，用来引导视线的颜色，可以使用一些跳跃色，比如一些细线、按钮等，可以让网页增加灵活性，减少审美疲劳。

4. 使用黑白色

无论网站的主体色调是什么，都会用到黑白两种颜色，适当用白色调整网页的空白区域，可以让页面布局更加科学合理。黑色与白色表现的是两个极端的亮度，黑白搭配可以表现出强烈的艺术感，只要搭配得当，所体现的效果往往会比彩色的页面更能生动展示个性，常用于现代派的站点当中。因为白色具有很强的亲和力，最能体现出如雪般的纯洁和柔软；而黑色透露出的神秘感，任何一种颜色都无法比拟，还可用黑色展示出高贵的气质。

5.2.5 网站制作语言简介

1. 常用网页设计语言

① HTML 语言，即 HyperText Markup Language，超文本标记语言。所谓“超文本”就是指页面内可以包含图片、链接，甚至音乐、程序等非文字元素。

② 扩展的功能语言，如 JavaScript 语言可以帮助制作网页的各种特效，是属于网络的脚本语言。JavaScript 可用来改进网页设计、验证表单、检测浏览器、创建 cookies 等。

③ 内部程序语言，如 ASP、PHP、JSP、VB.NET 等。

④ 数据库，如 Access、SQLServer、MySQL 等。

2. 网页设计语言的选用

HTML 是静态网页编程语言。网页设计除了使用基础的 HTML 语言以外，还需要根据网站的属性，使用其他网页设计语言。一般性的动态网站可以使用 ASP（Active Server Page）制作，速度较快；保密性、安全性要求高的网站，如各个银行网站，大多都是 JSP 页面；而对流量有较高要求的网站，则可以使用 PHP 制作，因为 PHP 与 MySQL 数据库搭配效率高、CPU 占用率低。

3. HTML 语言简介

HTML 是一种规范，一种标准，它通过标记符号来标记要显示的网页中的各个部分。1993 年 6 月作为互联网工程工作小组（Internet Engineering Task Force，IETF）工作草案发布了超文本标记语言第一版（并非标准），随后又发布了 2.0、3.2、4.0、4.01 等推荐标准，至 2014 年 10 月 29 日万维网联盟宣布，经过接近 8 年的艰苦努力，终于制定完成 HTML 5.0 标准规范，沿用至今。

网页文件本身是一种文本文件，通过在文本文件中添加标记符，可以告诉浏览器如何显示其中的内容（如文字如何处理、画面如何安排、图片如何显示等）。浏览器按顺序阅读网页文件，然后根据标记符解释和显示其标记的内容，对书写出错的标记将不指出其错误，且不停止其解释选择过程，编制者只能通过显示效果来分析出错原因和出错部位。

实际上，网页的本质就是 HTML，再结合使用其他的 Web 技术（如脚本语言、CGI、组件等），创造出功能强大的网页。因而，HTML 是 Web 编程的基础，也可以说万维网是建立在超文本基础之上的。

文本标记语言源程序文件的扩展名默认使用 HTM 或 HTML。在使用文本编辑器时，须注意修改扩展名。

（1）HTML 的基本格式

标识格式：<标记>指定内容</标记>

基本结构：

```
<Html>              <!—网页开始 ->
<Head>              <!—头部开始 ->
<Title>网页标题</Title>
```

```
……
< / Head>                    <!—头部结束 ->
<Body>                       <!—主体开始 ->
……
< / Body>                    <!—主体结束 ->
< / Html>                    <!—网页结束 ->
```

（2）表格的标记格式

```
<table>                      <!—表格开始 ->
<tr>                         <!—一行开始 ->
<td> 列名 1</td>             <!—一列开始到结束 ->
……
<td> 列名 n</td>
</tr>                        <!—一行结束 ->
</table>                     <!—表格结束 ->
```

（3）超链接的格式

```
<a  href=" 超链接对象 "> 链接说明文字 </a>
```

例如以下就是 html 所表示的文字、音频、视频、图像的超链接，页面浏览效果如图 5-12 所示。

```
<p> 文字的超链接 </p>
<p><A href="http://www.shzq.edu.cn"> 这里是上海中侨职业技术大学的主
页 </A></p>
<p> 音频、视频和图像的超链接 </p>
<p> 音频的超链接：<a href="spring.mp3"> 单击这里欣赏音乐 </a></p>
<p> 视频的超链接：<a href=" expo.avi"> 单击这里欣赏视频 </a></p>
<p> 图像的超链接：<a href="02.gif"> 单击这里欣赏图片 </a></p>
<p> 图像的显示：<img src=03.jpg aligh=left alt=" 春天在哪里 " border=2 height=
320 Width=450></p>
```

图 5-12　页面上的超链接

提示：

• 标记符中的标记元素用尖括号括起来，如："<"">"，带斜杠的元素表示该标记说明结束；大多数标记符必须成对使用，以表示作用的起始和结束；如示例中以<p>、</p>定义段落。

• <!--...-->用来定义注释，注释从叹号开始，到">"符结束。注释内容可插入文本中任何位置。任何标记若在其最前插入叹号，即被标识为注释，不予显示。

• 许多标记元素具有属性说明，可用参数对元素作进一步的限定，多个参数或属性项说明次序不限，其间用空格分隔即可；示例中的Aligh参数有top，middle，bottom，left，right等多种选项。Border可给图像加边框，设置其参数值表示边框粗细，参数为0时表示无边框。

• 标记符号，包括尖括号、标记元素、属性项等必须使用半角的西文字符，而不能使用全角字符。

5.2.6 常用的网页制作软件

1. Dreamweaver

Dreamweaver 是 Adobe 公司开发的一款专业 HTML 编辑器，支持 HTML 4.0、XHTML 1.0、XML 和最新的 HTML 5.0 等标准化的多种标记语言，也支持 JavaScript、VBScript、C#、Visual Basic、ColdFusion、Java 以及 PHP 等常用编程语言，还提供了 CSS、ActionScript、EDML、WML 等语言的支持，允许用户开发各种常见的 Web 应用。

Dreamweaver 支持静态和动态网页的开发，是一款目前使用最多、相对复杂和专业的网页设计软件。

本章网站创建和网页设计就是使用 Dreamweaver CC 2018 版本软件来制作的。

2. Microsoft FrontPage

Microsoft FrontPage 是微软推出入门级的网页制作软件。FrontPage 简单易用，会用 Word，就会用 FrontPage。软件具有可视化编辑页面，带有图形和 GIF 动画编辑器，支持 CGI 和 CSS，其中的向导和模板都能使初学者在编辑网页时感到更加方便。

3. Fireworks

Fireworks 简称 FW，是 Adobe 公司推出的网页作图软件，主要用于 Web 设计开发时优化页面图片及效果处理。Fireworks 具备编辑矢量图形与位图图像的灵活性，还提供了一个预先构建资源的公用库，并且可与 Adobe 公司的 Photoshop、Illustrator、Dreamweaver 和 Flash 软件相互关联，能够很方便地进行网站建设的开发与部署。

5.3 创建网站和首页文件

初步了解了网站的规划以及网页设计的基本知识后，就可以使用网页制作软件 Dreamweaver CC 2018 来创建网站和网站中的网页了。

5.3.1 Dreamweaver CC 2018 工作环境

Dreamweaver 是一种可视化的网页设计和网站管理工具，它支持静态与动态技术，并且支持可视化操作。Dreamweaver 除了允许用户以可视化的方式开发设计外，还提供了丰富的代码提示功能，从而帮助用户编写网站程序的代码。Dreamweaver 不仅是一种网页设计与网站开发软件，还兼具资源管理功能，也就是说，它可以将站点目录中的图像、视频、音频、链接和一些特殊的 Dreamweaver 对象进行集中管理，从而帮助用户快速建立索引、收藏以及应用到网页中。

下面先打开 Dreamweaver CC 2018 软件，了解一下软件窗口的工作环境。

1. 工作区布局

安装 Dreamweaver 后，在首次启动应用程序时，屏幕上将显示一个快速入门菜单，该菜单会询问用户三个问题，帮助用户根据需求对 Dreamweaver 工作区进行个性化设置。

基于对这些问题的回答，Dreamweaver 会在开发人员工作区或标准工作区中打开。

> **提示：**
>
> 如果要切换为其他布局，可以通过选择【窗口】|【工作区布局】|【开发人员】/【标准】命令重新选择布局即可。

2. Dreamweaver CC 2018 程序窗口

Dreamweaver 在启动时或没有打开的文档时会显示开始屏幕，如图 5-13 所示。

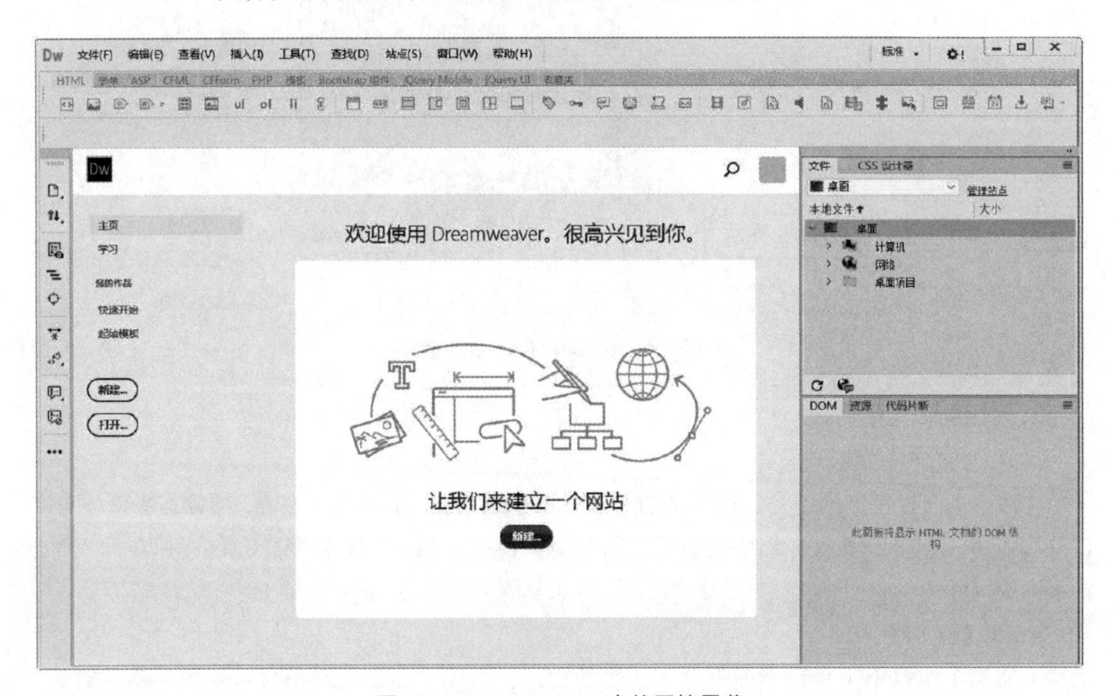

图 5-13　Dreamweaver 中的开始屏幕

用户可以在开始屏幕中查看最近处理的文件。还可以通过使用此屏幕右上角的搜索图标来使用搜索功能。当用户键入搜索查询内容时，该应用程序将显示与搜索查询内容相匹配的最近打开过的文件、Creative Cloud 资源、帮助链接和库存图像。

> 提示：
>
> 此“开始”屏幕已启用，并且默认情况下处于打开状态。如果用户不需要此“开始”屏幕，请选择【编辑】菜单的【首选项】命令，并打开【常规】选项卡，在【文档选项】中取消选中【显示起始页】复选框。
>
> 单击【新建…】按钮，开始创建一个新的 Dreamweaver 文件。如果系统中已有文件，请单击【打开…】按钮，选择一个网页文件打开，此时的Dreamweaver窗口如图5-14所示。

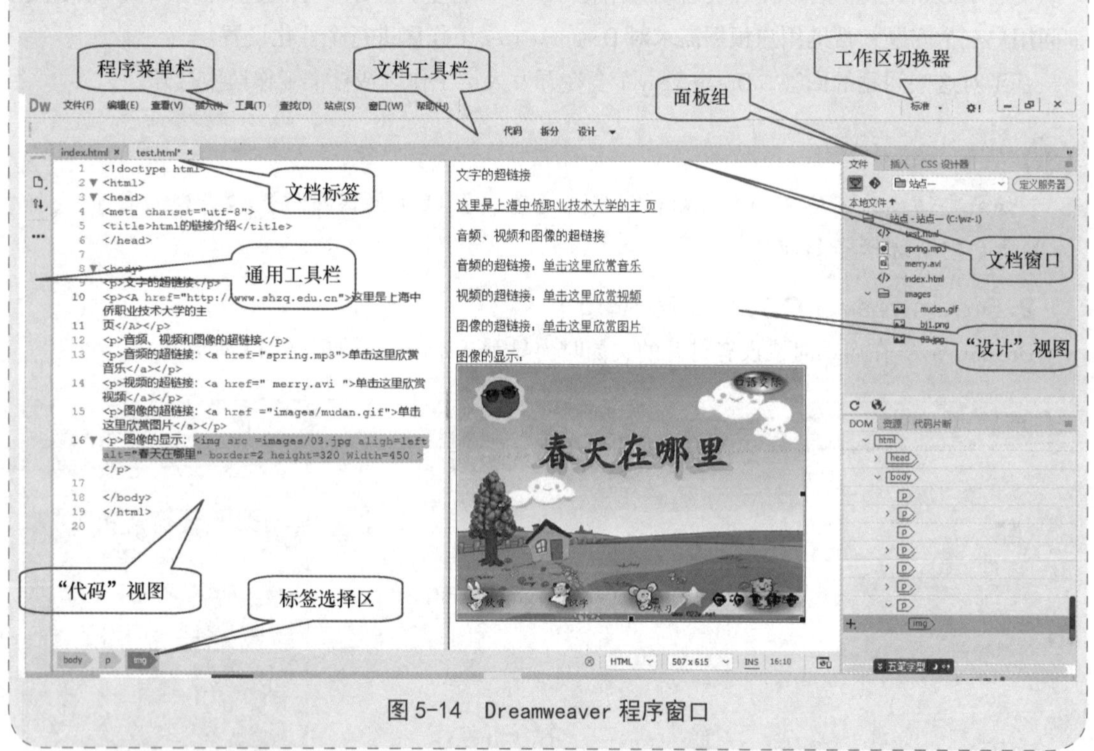

图 5-14　Dreamweaver 程序窗口

3. 常用窗口元素简介

（1）【插入】面板

【插入】面板包含用于将各种类型的对象（如各种符号、水平线、表格、图像、音频、视频、表单和表单元素等）插入文档中的按钮。每个对象都是一段 HTML 代码，允许用户在插入时设置不同的属性。

（2）【文档】窗口

【文档】窗口用于显示当前创建和编辑的文档，可以在此设置和编排页面内的所有对象，如文字、图像、表格等。

（3）【文档】工具栏

【文档】工具栏提供各种文档窗口视图和查看方式，包含代码、拆分和设计按钮，以及弹出式菜单，以便在设计和实时视图中进行切换。图 5-14 所示即为拆分方式下，文档窗口左侧显示为代码视图、右侧显示为设计视图的查看方式。

（4）面板组

在标准布局的状态下，文档窗口右侧的界面中包含所有常用面板，如【文件】面板、【插入】面板、【CSS 设计器】面板、【资源】面板等。选择【窗口】菜单中相应的命令可以显示或隐藏各个面板。

如果想要扩大【文档】窗口，可以将面板组折叠为列表形式，即单击面板组右上角的双箭头按钮 ▸▸ 即可。如果要将某个面板分离成浮动面板，则直接将鼠标指向该面板名称，按下左键拖动即可得到该浮动面板。

（5）【文件】面板

面板组中的【文件】面板类似于 Windows 中的资源管理器，可以帮助用户管理自己的文件和文件夹，包括 Dreamweaver 站点资源和远程服务器资源，同时还可以访问本地磁盘上的全部文件。

（6）【属性】面板

【属性】面板默认是隐藏的，可以通过选择【窗口】|【属性】命令，或者是键盘上的 <Ctrl+F3> 组合键将其显示出来。【属性】面板用于查看和更改所选对象或文本的各种属性。

（7）标签选择区

标签选择区位于【文档】窗口底部的状态栏中，用于显示环绕当前选定内容的标签的层次结构。单击该层次结构中的任何标签，可以选择该标签及其全部内容。

（8）【标准】工具栏

【标准】工具栏在默认工作区布局中不显示，可以通过单击【窗口】|【工具栏】|【标准】命令，将其切换显示出来，此工具栏主要包含【文件】和【编辑】菜单中的常用操作选项，如图 5-15 所示。其中各个按钮的功能分别是新建、打开、保存、全部保存、打印代码、剪切、拷贝、粘贴、还原、重做等。

图 5-15　标准工具栏

5.3.2　创建站点和首页

1. 创建站点

Dreamweaver CC 2018 采用文件夹方式存放整个网站。故可先在 C 盘新建一个文件夹，如 wz-1，再启动 Dreamweaver。选择【站点】菜单的【新建站点】命令，打开【设置站点对象】对话框。输入新建站点的名称和此站点文件夹在本地计算机上的位置，然后单击【保存】按钮，便建立了一个本地站点。

提示：

站点尽量创建在磁盘的根目录下，并且避免路径中出现汉字。如果输入的文件夹名称原来并不存在，则计算机会自动生成一个相应的文件夹。

2. 管理站点

选择【站点】|【管理站点】命令，弹出【管理站点】对话框，在对话框的左下方，单击这四个按钮命令 ，可以分别选择删除、编辑、复制、导出所选定的站点，如图 5–16 所示。

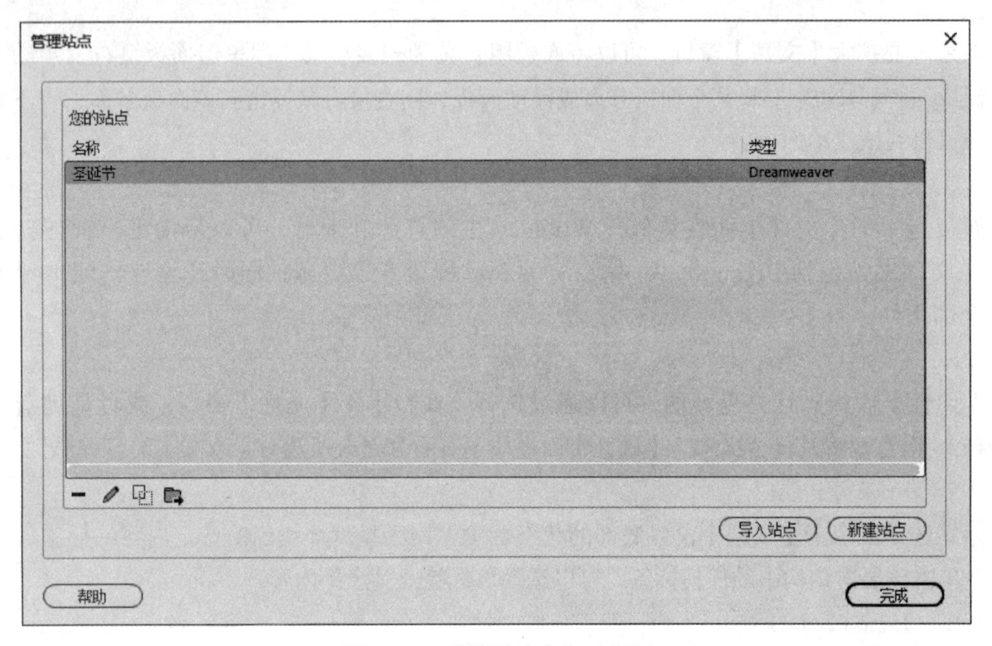

图 5–16 【管理站点】对话框

3. 修改站点内文件（夹）组织架构

① 在该站点下新建一个专门存放图片的文件夹“images”。如图 5–17 所示，在【文件】面板上选中“圣诞节”，右击该站点，从弹出的快捷菜单中选择【新建文件夹】命令，将文件夹名称命名为“images”。

② 如果不想要这个文件夹了，可以在此文件夹上右击，从弹出的快捷菜单中选择【编辑】|【删除】命令进行删除操作；也可以选中它，按 <Delete> 键，在随后弹出的如图 5–18 所示的对话框中，单击【是】按钮确定删除操作，即可删除选中的文件夹。

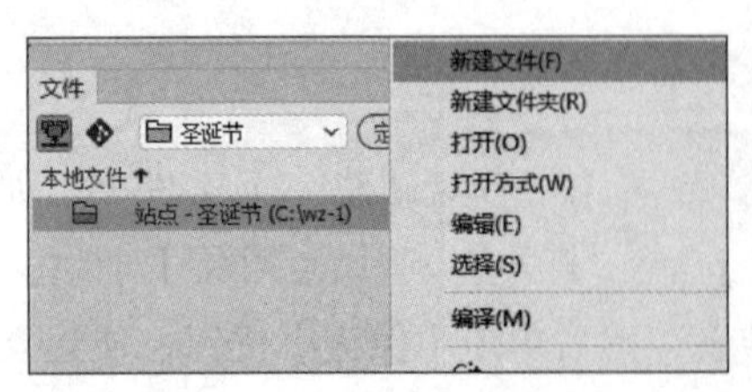

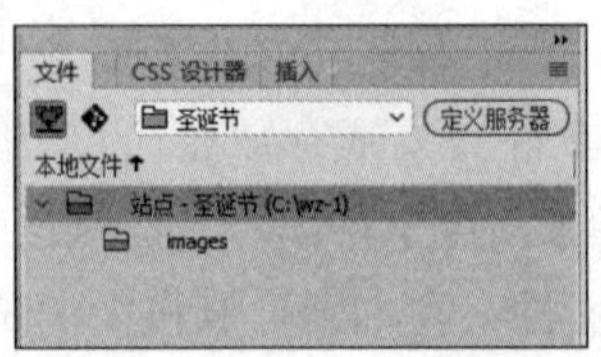

图 5–17 新建文件夹

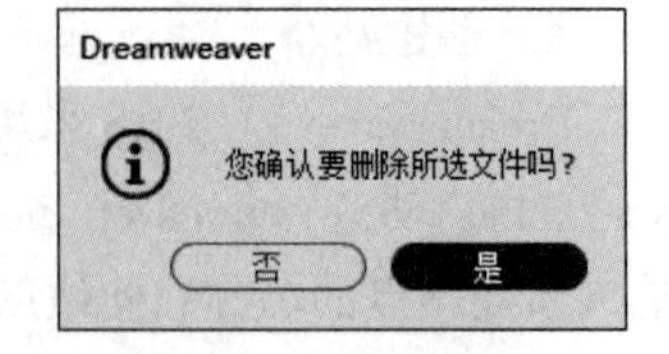

图 5–18 确认删除

4. 创建网站的首页文件 index.htm

通过前面的学习，已经知道访问网站时看到的第一张网页称为网站的首页或主页，那么在站点创建后，接下来的任务就是要制作首页文件了。静态网站中，首页文件的常用名称一般为 index.html、default. html。

（1）创建首页文件 index.html

方法一：在【文件】面板中，右击站点，选择快捷菜单中【新建文件】命令，然后将显示的临时文件名 untitled.html 更改为“index.html”，即新建了这个网站的首页文件。

方法二：选择【文件】|【新建】命令，弹出【新建文档】对话框，如图 5-19 所示。直接单击【创建】按钮，将会生成一个名为“untitled-1.htm”的网页文件。选择【文件】|【另存为】命令，将它保存到 C 盘下的“wz-1”文件夹中，取名为“index.html”，同样可以达到创建首页文件的目的。

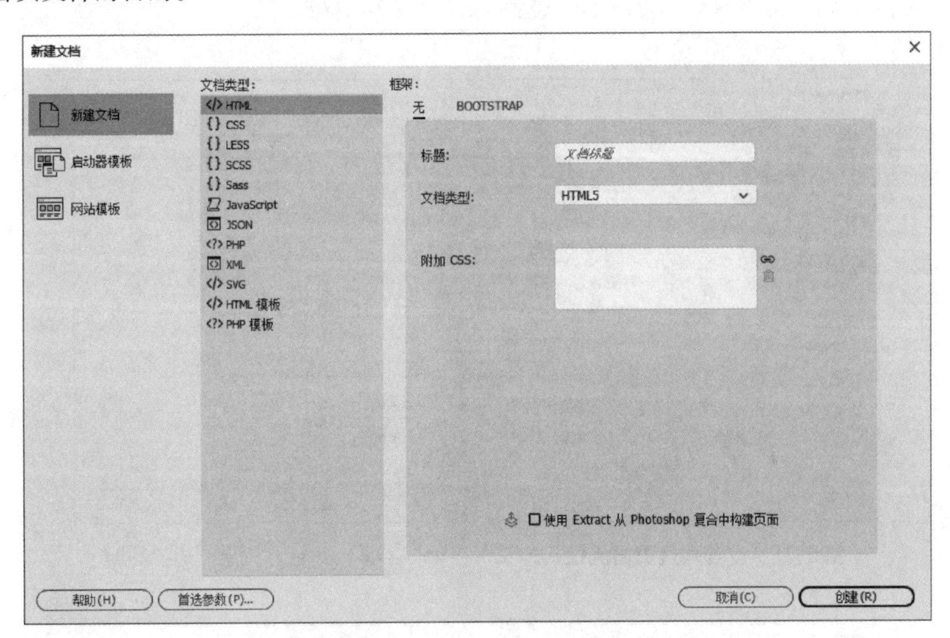

图 5-19　【新建文档】对话框

（2）设置页面属性

① 从右侧【文件】面板中双击打开 index.html。

② 在文档窗口的空白处右击，选择快捷菜单中的【页面属性…】命令，或者直接单击【属性】面板上的【页面属性…】按钮，在弹出的【页面属性】对话框中选择不同的选项卡，分别设置页面的标题、外观和链接的相关属性，如图 5-20、图 5-21、图 5-22 所示。

拓展：

CSS（Cascading Style Sheets）样式又称层叠样式，使用它可以对网页中的布局元素，如表格、字体、颜色、背景、链接效果和其他图文效果实现更加精确的控制。CSS样式不仅可以在一个页面中使用，而且可以用于其他多个页面。

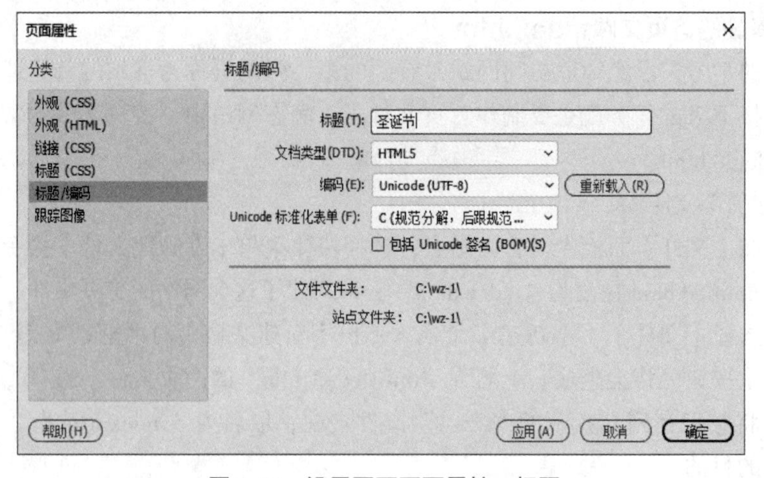

图 5-20　设置网页页面属性：标题

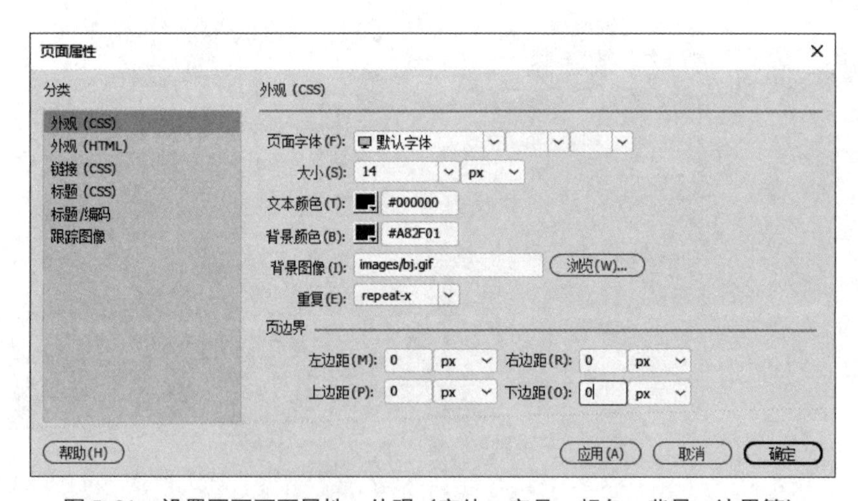

图 5-21　设置网页页面属性：外观（字体、字号、颜色、背景、边界等）

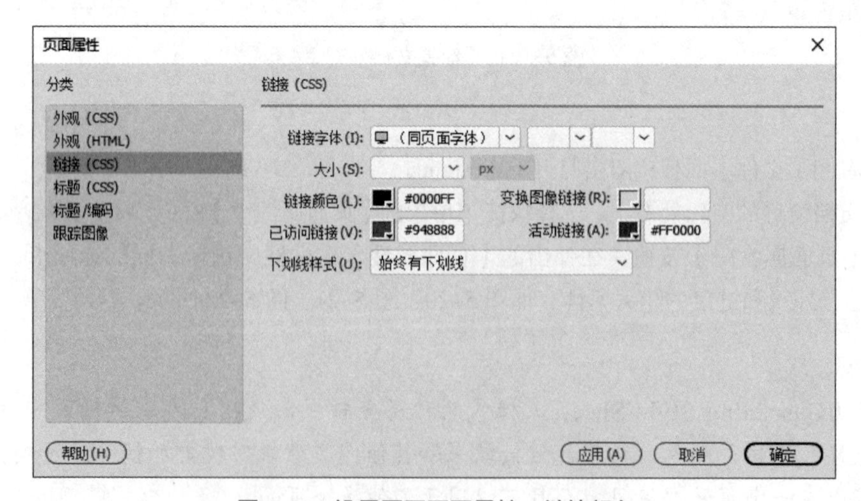

图 5-22　设置网页页面属性：链接颜色

（3）保存并预览网页

选择【文件】|【保存】命令。按 <F12> 键预览或者如图 5-23 所示右击文档标签，在弹出的快捷菜单中选择【在浏览器中打开】命令，然后在后续的子菜单中选择“Internet Explore”（此时，如果文档未保存，会弹出对话框，询问是否保存，单击【是】按钮），即可打开 IE 浏览器浏览网页，效果如图 5-24 所示。

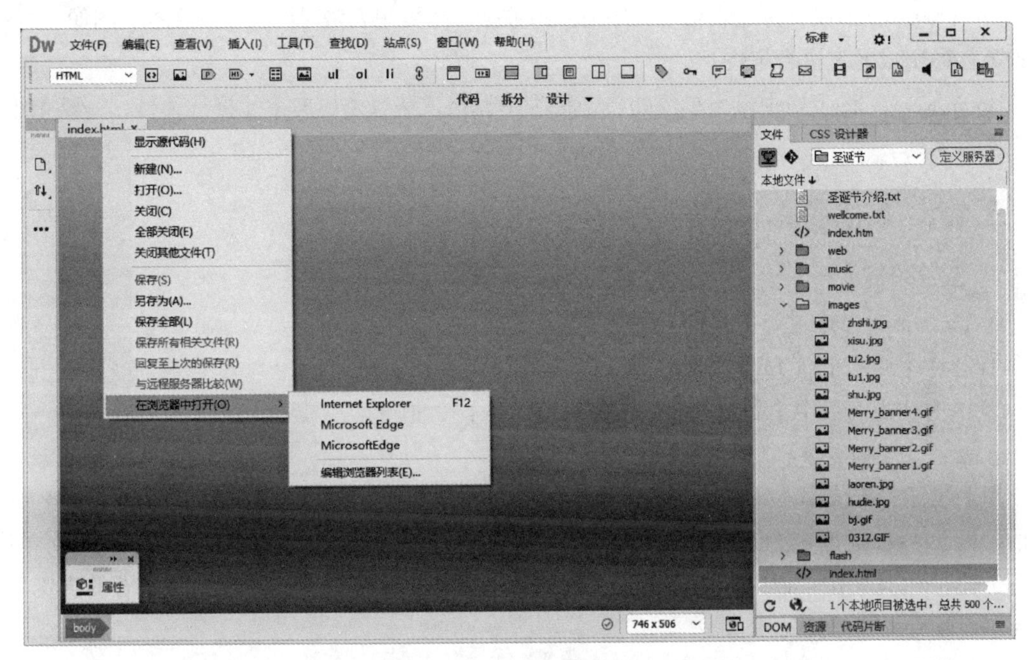

图 5-23　预览网页的操作

图 5-24　预览网页窗口

5.4 网页中的表格

在网页制作中，常常要用到表格，表格的引入使网页变得整齐和美观，表格也是页面布局中的常用方式。

Dreamweaver不仅支持在表格中有序地排列数据，还可用表格对网页中的文本、图像、声音、视频等各种组成元素进行定位。

Dreamweaver将表格中最小单位的格子称为单元格，一整条横向单元格称为行，一整条纵向单元格称为列。

5.4.1 表格的基本操作

1. 创建表格

Dreamweaver可通过以下三种方法创建表格：

① 选择【插入】|【Table】命令。

② 单击插入面板中【html】选项卡中的【Table】按钮。

③ 键盘组合键<Ctrl+Alt+T>。

用上述任一方法都能打开如图5-25所示【Table】对话框。在该对话框中可以设置表格大小、表格的行、列数，宽度、边框宽度（以像素为单位）。其中表格宽度的单位有两种：像素（绝对单位）和百分比（相对单位，以占浏览器窗口宽度的百分比指定表格的宽度，根据访问者的浏览器窗口大小而改变）。

例如要创建一个4行3列表格，表格宽度80%，边框粗细1像素，单元格边距、单元格间距都为0的表格，可以按照图5-25所示进行设置，创建的表格如图5-26所示。

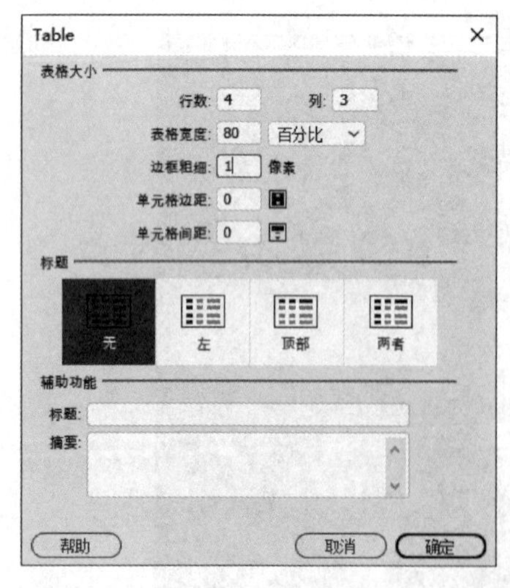

图5-25 插入表格

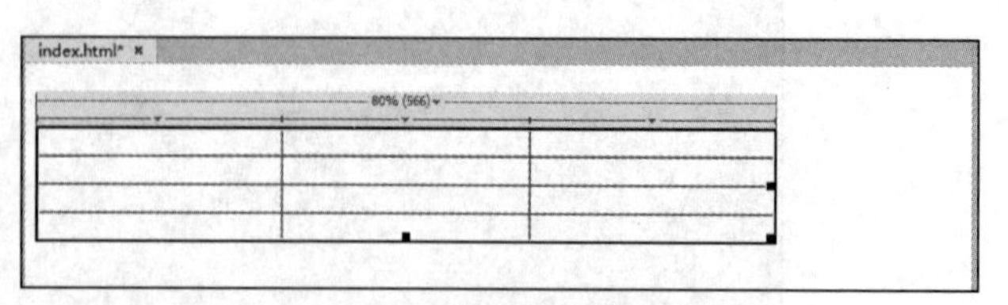

图5-26 创建的表格效果

如果要使用表格布局页面，一般是希望在浏览器中不显示表格边框，故应将【边框粗细】设置为 0，那么，在设计视图下表格的边框即显示为虚线边框。【单元格边距】表示单元格边框和单元格内容之间的像素值，【单元格间距】表示单元格之间的距离。

2. 选择表格

（1）选择整个表格

选取表格可以用以下几种操作方法实现：

① 单击任一单元格，将光标置于表格中，选择【编辑】|【表格】|【选择表格】命令，即可选中表格。

② 右击表格，从弹出的快捷菜单中选择【表格】|【选择表格】命令，选择整个表格。

③ 单击任一单元格，再单击表格下方中部宽度标注右侧的下拉按钮，在下拉菜单列表中单击【选择表格】命令，如图 5-27 所示。

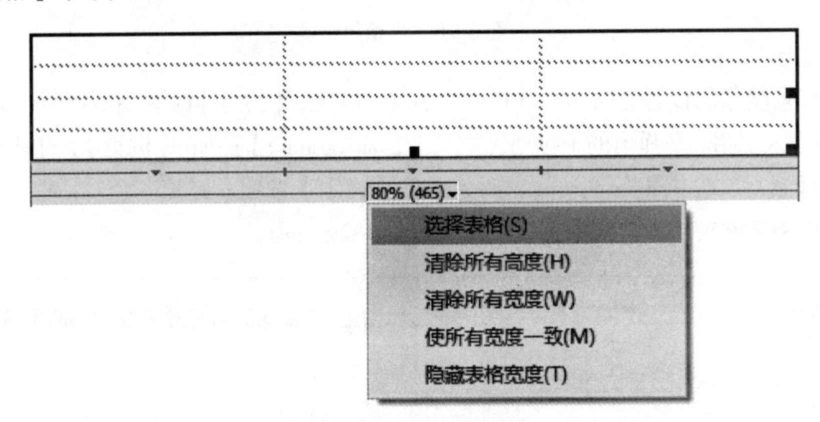

图 5-27　选择整个表格

④ 将光标置入表格中的任意单元格，然后在文档窗口左下角的标签选择区中单击 <table> 标签，即可选择整个表格。

（2）选择整行或整列

选取表格中的行或列有以下两种操作方法可以实现：

① 将光标移到要选择行或列的左侧或上方，当鼠标指针变为向右或向下的箭头时单击，即可选中行或列。

② 先单击所要选择行或列上的任一单元格，然后若再单击标签选择区上的 <tr> 即选择行，而若再单击列下方列宽中部的下拉按钮即选择列。

（3）选择单元格

单元格的选择分为选择单个单元格和选择多个单元格区域。

选择单个单元格的操作方法有以下两种：

① 按住键盘上的 <Ctrl> 键，再单击要选择的单元格，即可选中该单元格。

② 单击要选择的单元格，然后再单击标签选择器区中的 <td> 标签，也可选中该单元格。

若要选择多个连续单元格时，先单击第一个单元格，再按住 <Shift> 键，单击最后一个单元格，即可选中这些连续的单元格；另外，也可以直接用鼠标拖选出一个连续的单元格区域。

若要选择多个不连续单元格时，则是按住 <Ctrl> 键，然后一一单击要选择的各个单元格。

3. 表格属性

选择整个表格后，通过表格的【属性】面板改变表格的大小（在【宽】、【高】栏中输入值实现）、对齐方式（通过选择【Align】对齐下拉列表实现）、边框（通过在【Border】栏中输入值改变边框粗细）等，如图 5-28 所示。

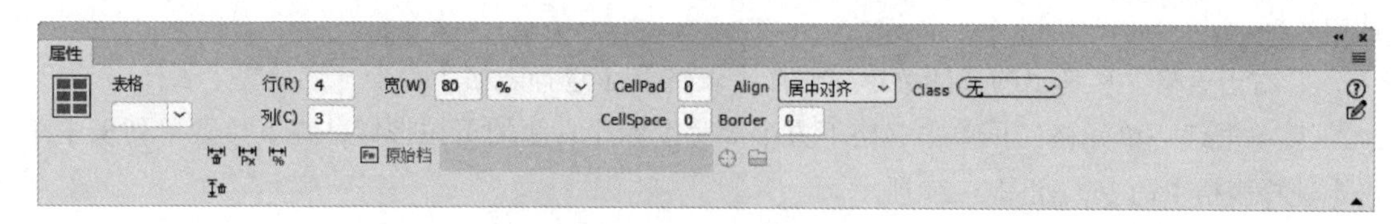

图 5-28　表格属性

表格的背景图像的设置方法为：选择整个表格，切换到【拆分】视图，在代码行 <table…> 中，紧随 table 后输入空格，在弹出的下拉列表中双击【background】，单击【浏览】，打开【选择文件】对话框，选择素材文件夹中的 bj1.jpg 文件，单击【确定】按钮，弹出一个对话框，提示将该文件复制到站点根文件夹中，单击【是】按钮，如图 5-29 所示。

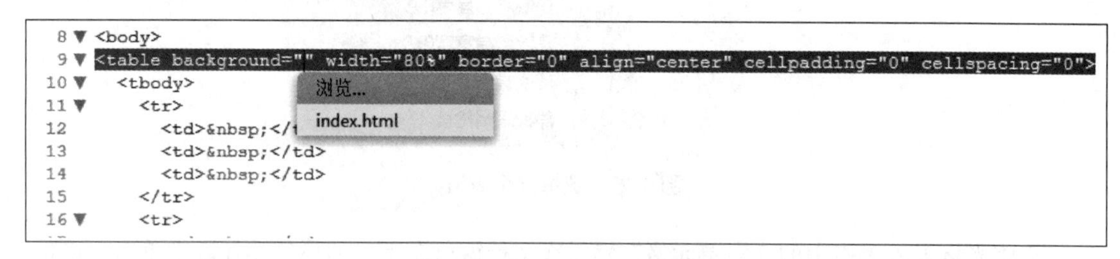

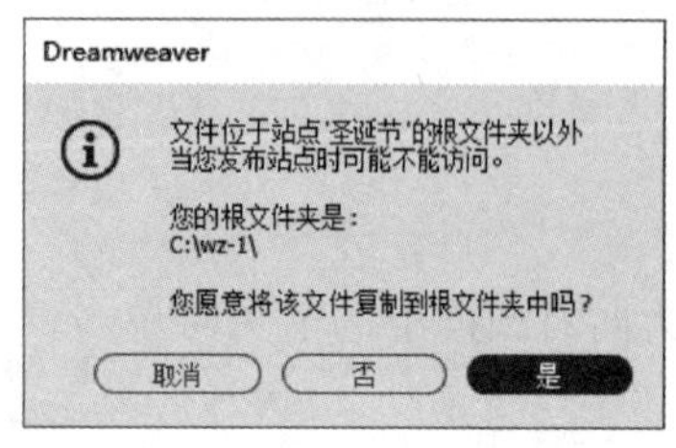

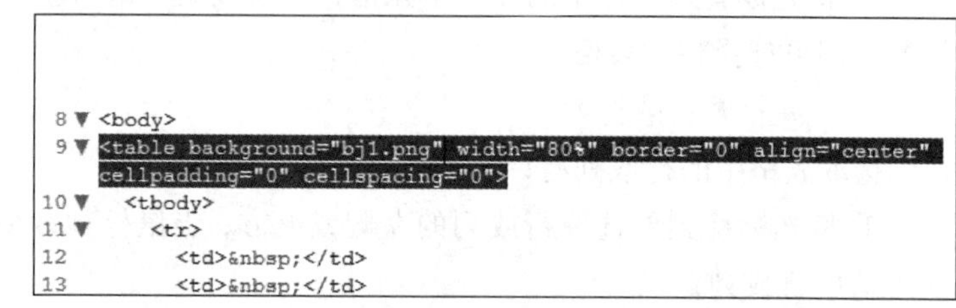

图 5-29　表格添加背景图片的操作

4. 合并及拆分单元格

合并单元格操作只能针对连续的单元格使用。先选择好待合并的连续单元格，再选择快捷菜单中的【表格】|【合并单元格】命令，或者单击【属性】面板中的合并单元格按钮 ▭。

拆分单元格操作是把表格中的某一个单元格变换为几个单元格。先单击待拆分的某个单元格，然后选择快捷菜单中的【表格】|【拆分单元格】命令，或者单击【属性】面板中的【拆分单元格】按钮 ⊞，在打开的如图 5-30 所示的拆分单元格对话框中进行相应的设置。

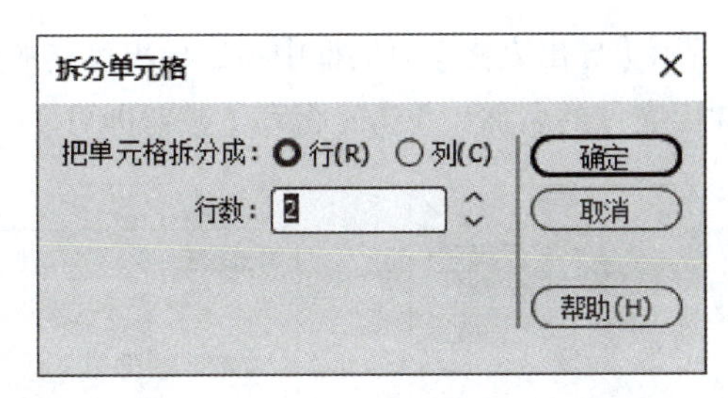

图 5-30　【拆分单元格】对话框

5. 表格嵌套

嵌套表格是表格布局中一个十分重要的环节，它是指在一个表格的单元格中再插入一个表格，嵌套表格的宽度受所在单元格的宽度限制，其编辑方法与表格相同。

6. 设置单元格属性

设置单元格的属性可利用单元格【属性】面板上的各个选项实现，如图 5-31 所示，可以设置单元格里内容的格式（如标题 1）、对齐方式，单击格的背景颜色、宽度和高度等属性。如果未设置单元格宽度，则取消选中【不换行】复选框，则单元格宽度将随其中的内容自动延长。

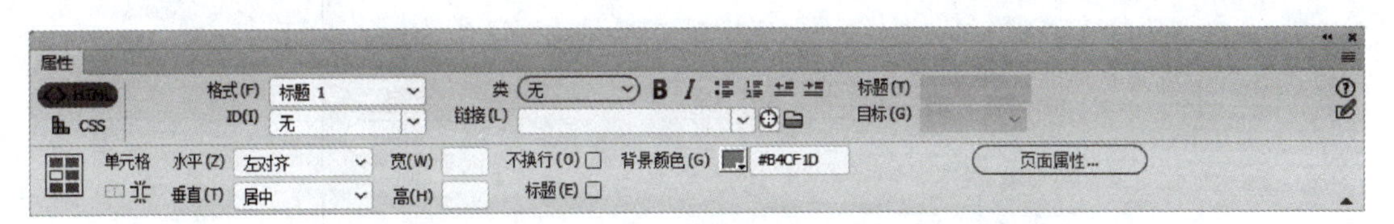

图 5-31　单元格属性的设置

7. 插入或删除行或列

插入行或列：右击某一单元格，选择【表格】|【插入行】/【插入列】命令。

删除行或列：右击某一单元格，选择【表格】|【删除行】/【删除列】命令。

8. 清除单元格内容

选择表格中需要要删除内容单元格（或者是行或列），然后按 <Delete> 键即可删除其中的内容。

5.4.2　表格数据的导入导出

1. 手动添加表格内容

将表格插入文档后即可向表格添加文本或图像等内容。向表格添加内容的方法很简单，只需将插入点定位到要输入内容的单元格中，再输入文本或插入图像等元素即可。

2. 从其他文档导入表格式数据

Dreamweaver 可以将在另一个应用程序（如记事本）中创建的数据导入网页中，并设置为表格格式，而且各数据之间可以用制表符、逗号、冒号、分号或其他分隔符分隔开来。选择【文件】|【导入】|【表格式数据】命令，打开如图 5-32 所示对话框，进行相关设置即可完成外部数据的导入。

表格数据的导出：先将插入点放置在表格中的任意单元格中，选择【文件】|【导出】|【表格】

命令，在弹出的如图 5–33 所示【导出表格】对话框中指定导出表格的选项，单击【导出】按钮，再在弹出的对话框中输入导出文件的名称，单击【保存】按钮即可。

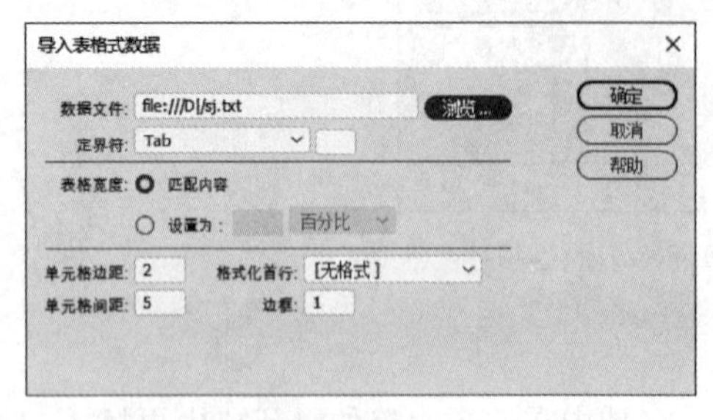

图 5–32 【导入表格式数据】对话框

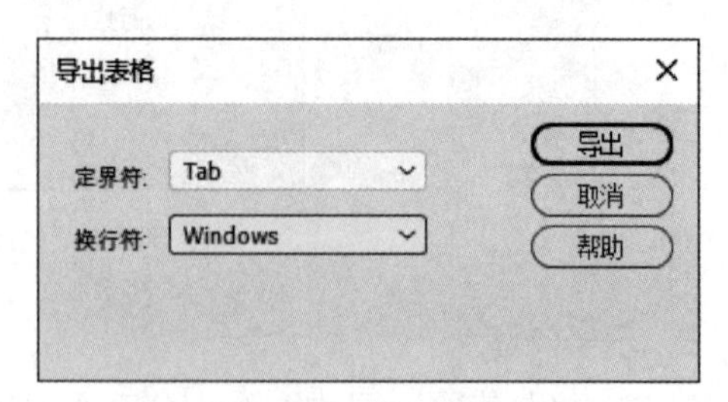

图 5–33 【导出表格】对话框

5.4.3 表格数据排序

表格数据排序的操作如下：先选中整个表格，再选择【编辑】|【表格】|【排序表格】命令，打开如图 5–34 所示【排序表格】对话框，进行相关设置可完成对表格中数据的排序操作。

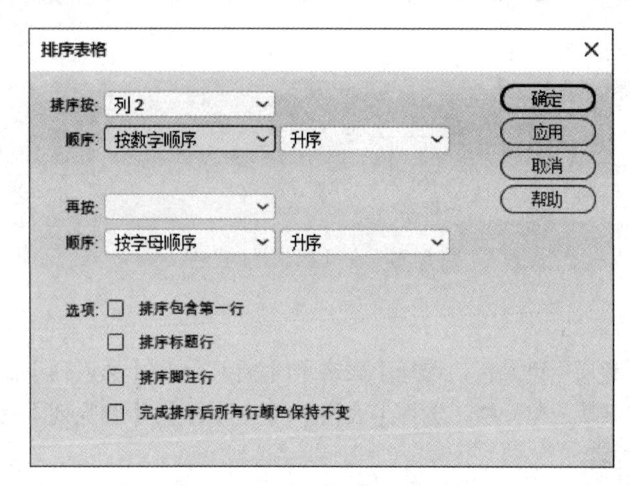

图 5–34 【排序表格】对话框

5.5 网页中的文本、图像和多媒体

网页的构成元素有文本、图片、动画、音频、视频、表单、链接等诸多元素。本节将分别介绍网页中的文本、图像和多媒体的基本应用和基本操作。

5.5.1 网页文本的输入

1. 创建文本

页面中插入文本有两种方式：直接输入或者复制、粘贴剪贴板上的文本。在以直接输入方式创建文本时，把光标定位到预定位置，用一种输入法直接输入即可。在使用【粘贴】操作插入文本时，若要过滤掉原文本格式，可选择【粘贴文本】命令。

2. 插入特殊文本元素

如图 5-35 所示，在【插入】|【HTML】菜单中选择各个文本对象命令，如日期、不换行空格、字符及其中的换行符、版权、注册商标等命令，可以向网页添加多种特殊文本元素和符号。

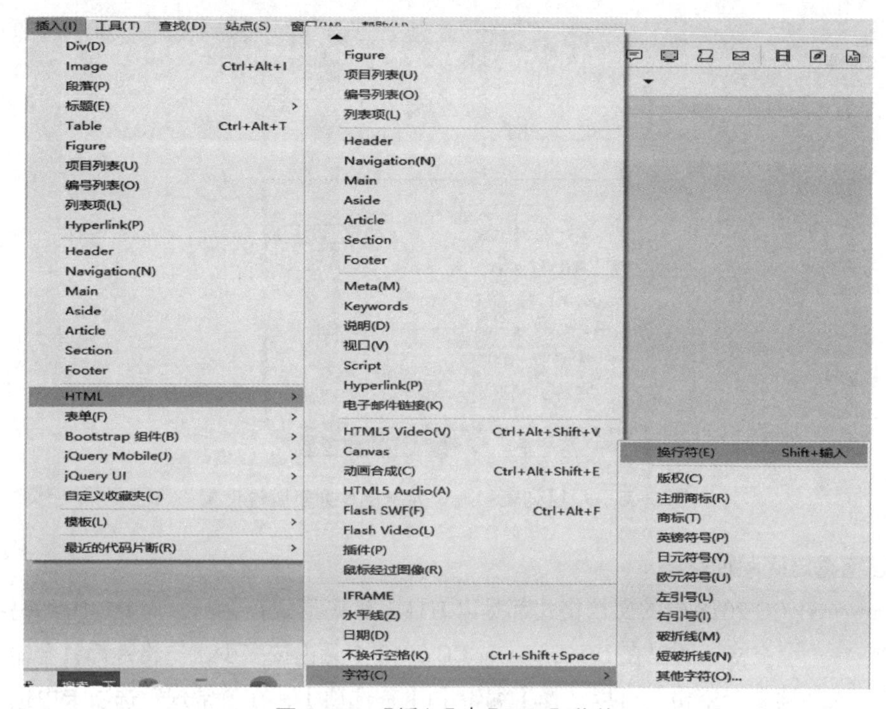

图 5-35　【插入】|【HTML】菜单

单击【插入】面板【HTML】|【文本】选项卡中的按钮也能实现特殊文本的插入，如图 5-36 所示。

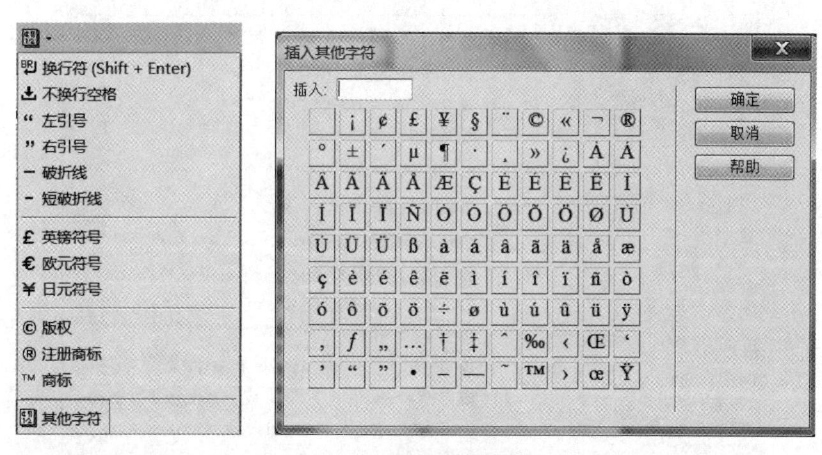

图 5-36　插入其他字符

3. 添加项目列表和编号列表

选中文本，单击【属性】面板上的【项目列表】或【编号列表】按钮，可以给文本添加项目列表或编号列表。利用【属性】面板上的【删除内缩区块】按钮和【内缩区块】按钮可设置多级列表；通过【属性】面板中的【列表项目】按钮还可以打开如图 5-37 的【列表属性】对话框设置列表的样式，包括编号样式、项目符号样式等。

图 5-37　项目列表和编号列表及其列表属性设置

4. 在字符之间添加空格

Dreamweaver CC 2018 中的文档格式都是以 HTML 编码形式存在的，而 HTML 编码中只允许字符之间包含一个空格，所以在 Dreamweaver CC 2018 中无论按多少次空格键都只会输入一个空格。若要插入连续多个空格，可以选择【编辑】|【首选项】，在“常规”选项卡中选中【允许多个连续的空格】复选框，如图 5-38 所示。

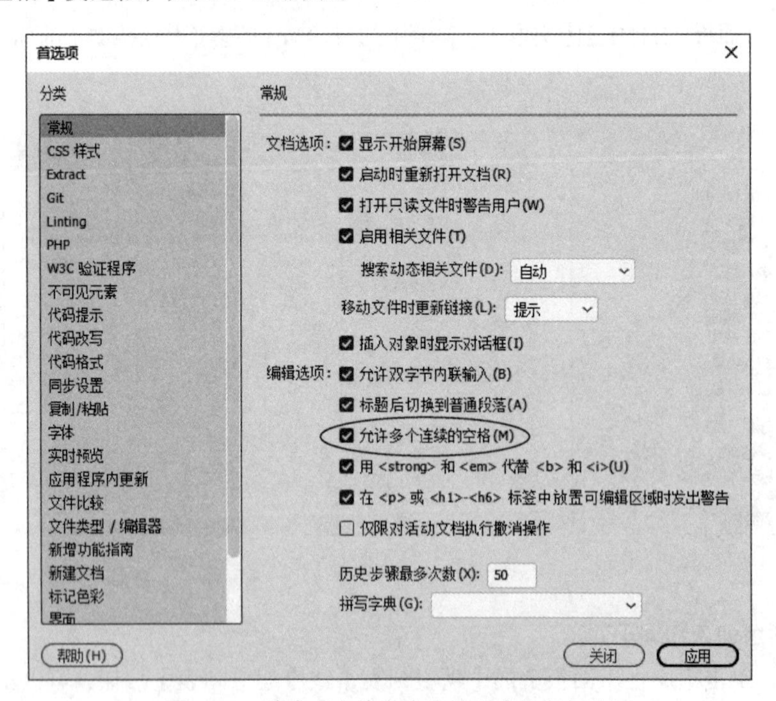

图 5-38　选中【允许多个连续的空格】复选框

5. 插入日期

在制作网页时，有时需要插入当前的日期，Dreamweaver 提供了快速插入日期和时间的功能。将光标定位到所需位置，选择【插入】|【HTML】|【日期】命令，打开【插入日期】对话框，如图 5–39 所示。

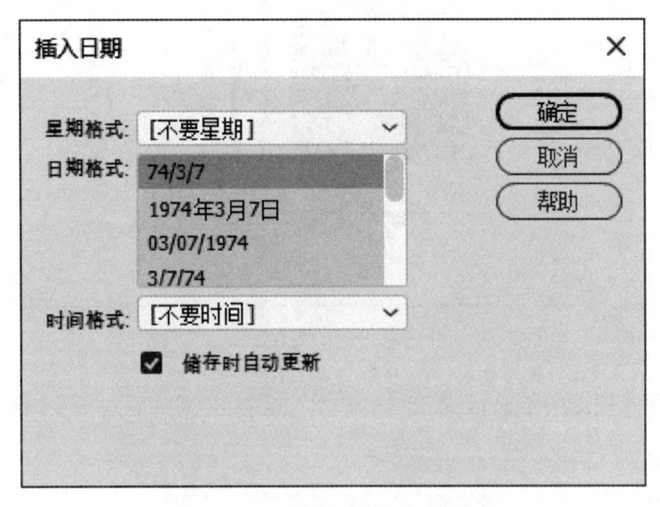

图 5–39 【插入日期】对话框

6. 插入水平线

内容比较烦杂的网页，如果合理地放置若干条水平线，将文字、图像、表格等对象在视觉上分隔开，就会变得层次分明，易于阅读。

插入水平线，应先在文档中单击鼠标定位，然后选择【插入】|【HTML】|【水平线】命令，或者在【插入】面板的【HTML】菜单中单击按钮即可。

初始插入的水平线往往不能满足实际需要，此时可通过水平线的【属性】面板对其进行修改。如图 5–40 所示即是设置了水平线的相对宽度为 80%，高为 5 像素，有阴影，居中对齐等属性。

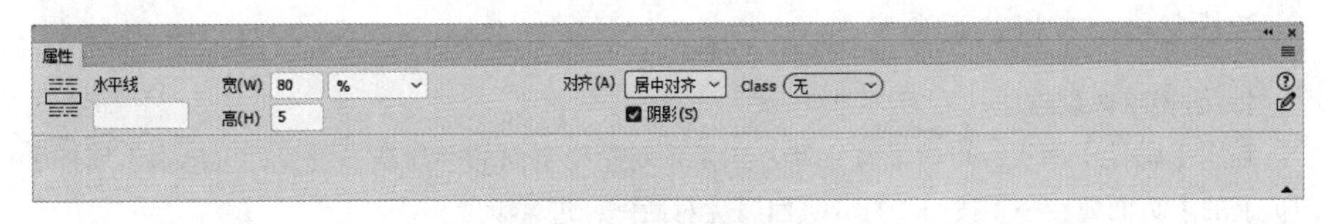

图 5–40 水平线属性设置

若要设置水平线的颜色，则需单击选中水平线，再单击文档工具栏中的【拆分】按钮，进入【拆分】视图显示方式；然后在代码窗口中，将光标置于水平线标签“<hr>”中的“hr”后，按一次空格键，会出现 <hr> 标签的属性列表，选择其中的“color”属性，再单击“Color Picker…”，就会弹出颜色拾取对话框，选中需要的颜色，更改的 <hr> 标签就有了颜色属性，如图 5–41 所示。

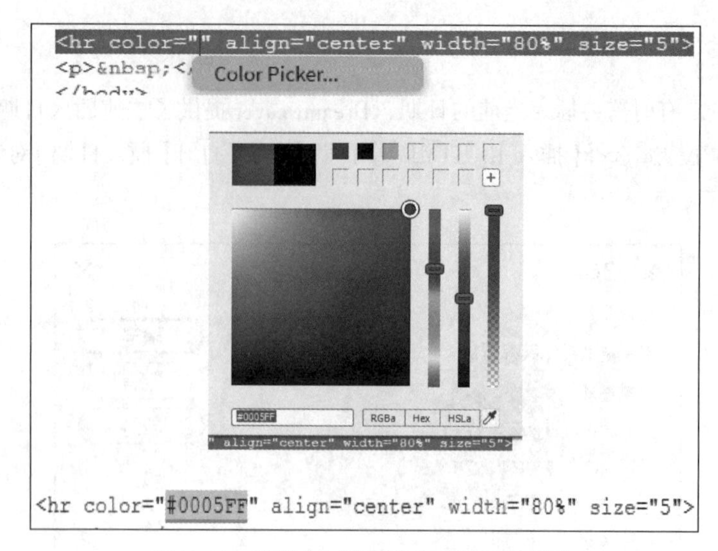

图 5-41　设置水平线颜色的代码变更操作

水平线颜色在设计视图中不显示，需要按<F12>键，在IE浏览器的预览窗口中查看，如图5-42所示。

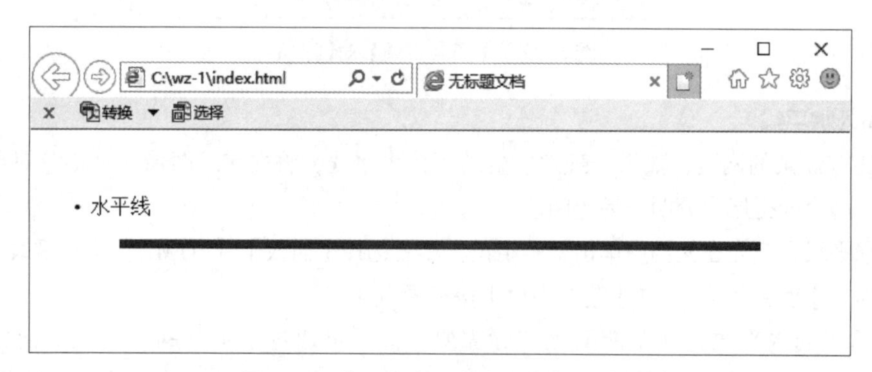

图 5-42　在预览窗口中水平线颜色可见

5.5.2 文本格式设置

1. 设置字体属性

利用【属性】面板，可以设置字体。如果是对整个页面的字体统一设置，可单击【属性】面板上的【页面属性…】按钮，打开页面属性对话框，进行设置。

若只是设置页面中部分文本的字体格式，则应先选择要设置的文本内容，然后在对应的【属性】面板中，分别在【HTML】、【CSS】选项中设置字体的格式（段落、标题）、粗体、斜体、大小、颜色、对齐方式等属性，如图 5-43 所示。

2. 添加字体

设置字体时，如果现有的字体列表中没有自己所需要的字体，则如图 5-44 所示，选择【字体】下拉菜单中的【管理字体…】命令，打开如图 5-45 所示的【管理字体】对话框，切换到【自定义字体堆栈】选项卡，选择需要添加的字体，单击【<<】按钮，再单击【完成】按钮，这样

就将所选字体添加到了字体列表中，后续就可以选择使用了。

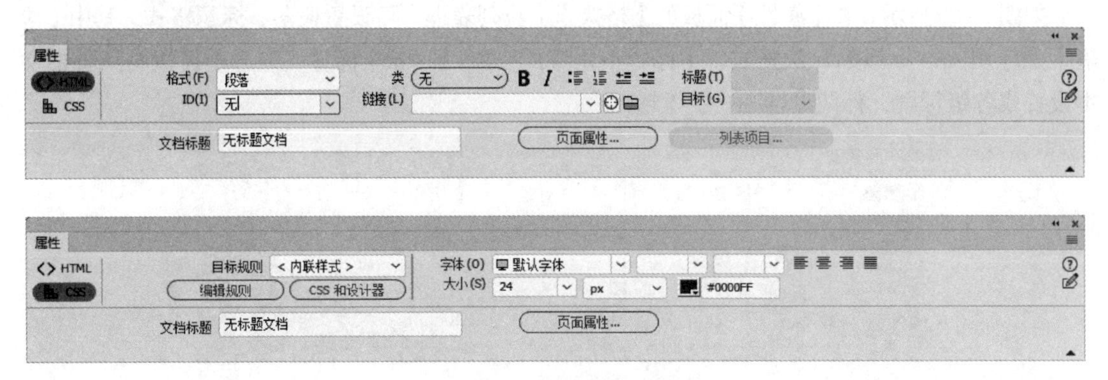

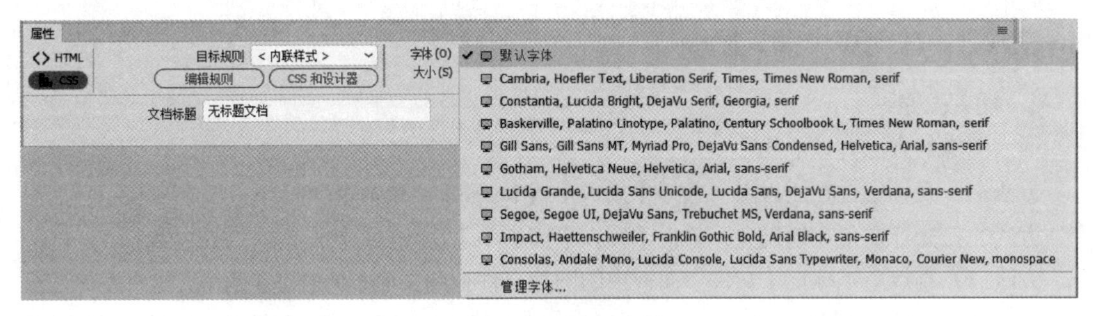

图 5-43　设置字体的属性

图 5-44　编辑字体列表

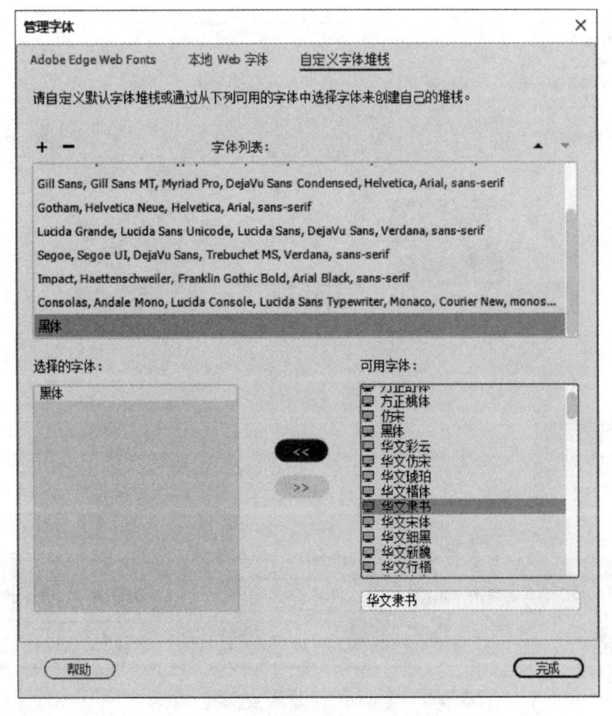

图 5-45　【管理字体】对话框

3. 段落和标题格式

如图 5–46 所示，在【属性】面板的【格式】下拉列表框中可设置段落、标题格式，其中【段落】是应用 <p> 标签的默认格式，【标题】是应用 <h1> 到 <h6> 标签。该选项可以将所选的文本设置成各级标题，标题号越小，字体越大。

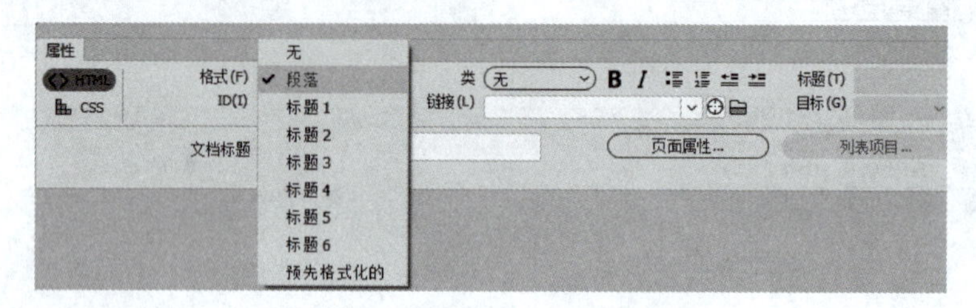

图 5–46　设置文本的段落和标题格式

5.5.3　在网页中插入图像

1. 插入图像

插入图像的方法有以下几种：

方法一：光标定位在插入点，选择【插入】|【Image】菜单命令。

方法二：光标定位在插入点，单击【插入】面板中【HTML】中的 Image 按钮 。

方法三：直接用鼠标把【文件】面板中的图片文件拖到页面上的合适位置。

然后在打开的【选择图像源文件】对话框中，选择某一个图像文件，如图 5–47 所示，单击【确定】按钮即可。如果该图像文件不在站点内，则应将其保存到站点中的 images 文件夹中。

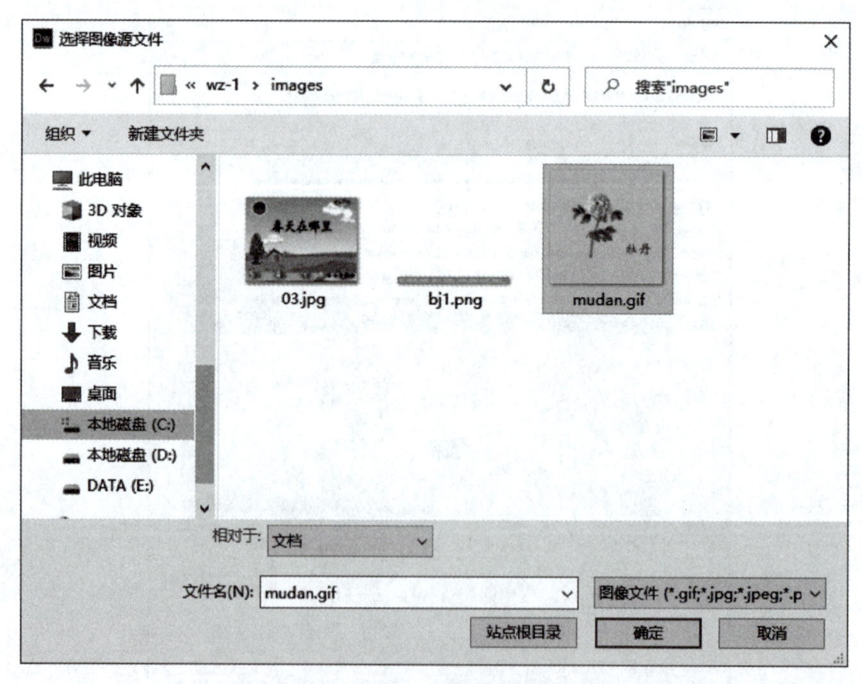

图 5–47　【选择图像源文件】对话框

2. 设置图像的属性

选中要设置的图像，如图 5–48 所示，在图像的【属性】面板中可以设置图像的宽度、高度，替换文字、链接等属性。

在浏览状态下，鼠标在图像上悬停时会显示替换文本。如果网速慢，打开浏览器时没有显示图像，则此处设置的替代文本将出现在网页的图像位置上。

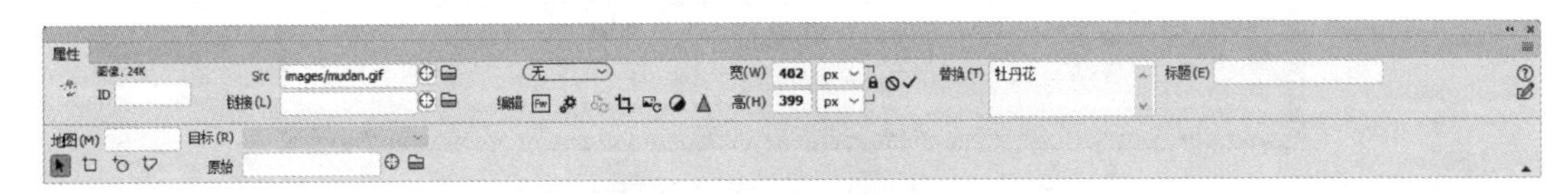

图 5–48　设置图像的属性

3. 剪辑图像

利用【属性】面板上的【裁剪】工具可从图像中截取所需部分。

操作步骤是：选中图像，单击【属性】面板上的【裁剪】按钮，图像上出现可调整的控制点；将控制点拖到所需位置，再次单击【裁剪】按钮，即完成图像裁剪。

4. 改变图像的效果

利用【属性】面板上的【亮度和对比度】按钮，打开如图 5–49 所示对话框，调整图像的亮度和对比度。

在【亮度 / 对比度】对话框中通过拖动亮度和对比度滑块调整设置，取值的范围从 –100 到 100，最后单击【确定】按钮。

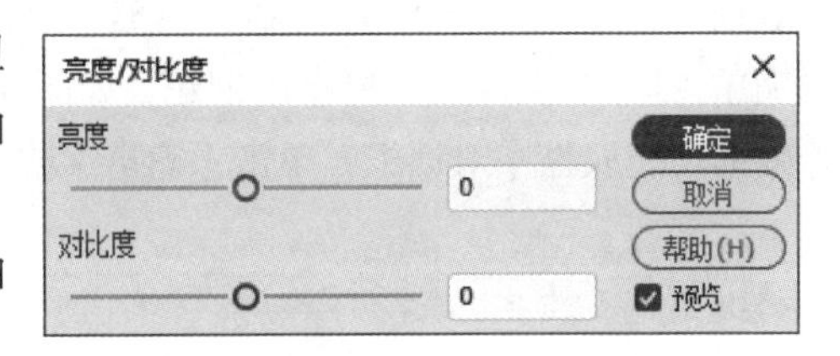

图 5–49　【亮度 / 对比度】对话框

5. 鼠标经过图像

“鼠标经过图像”是一种动态图像。在浏览器中查看设置了鼠标经过图像的网页时，鼠标经过图像时会从一幅图像变成另一幅图像，如图 5–50 和图 5–51 所示。

图 5–50　鼠标经过前

图 5–51　鼠标经过时

选择【插入】|【HTML】|【鼠标经过图像】命令，打开【插入鼠标经过图像】对话框，如图 5–52 所示，完成相应的设置。

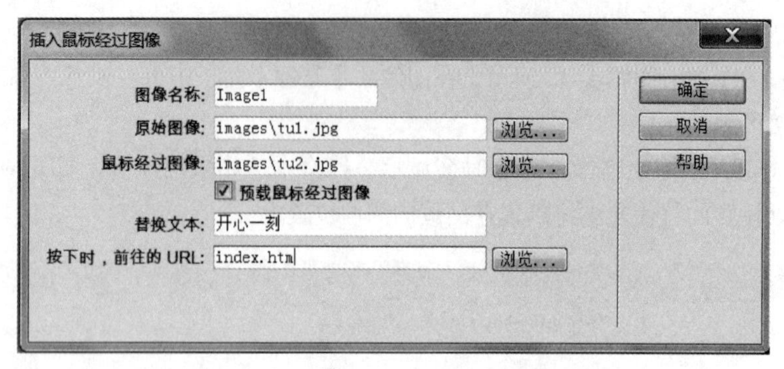

图 5-52　【插入鼠标经过图像】对话框

5.5.4　在网页中加入多媒体

1. 插入 Flash 动画

选择【插入】|【HTML】|【Flash SWF(F)】命令，或者在【插入】面板的【HTML】菜单中单击【Flash SWF】按钮，然后在弹出的【选择 SWF】对话框中选择需要插入的 .swf 文件。若此文件不在站点内，会弹出如图 5-53 所示提示框，单击【是】按钮，则可将选择保存到站点中的 Flash 文件夹中（Flash 文件夹需要自己创建，如图 5-53 所示）。接下来会弹出如图 5-54 所示【对象标签辅助功能属性】对话框，单击【确定】或【取消】按钮完成 Flash SWF 动画的插入。

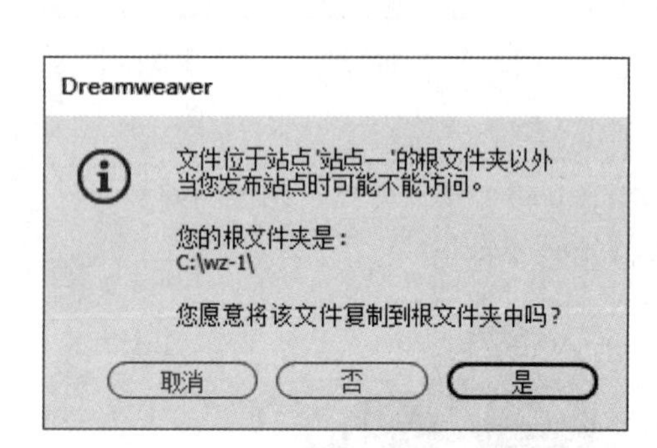

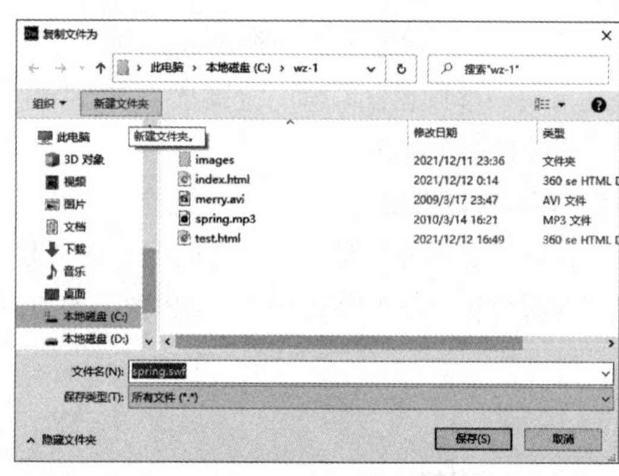

图 5-53　动画文件在站点外时，需要复制到站点内的 Flash 文件夹中

对象标签辅助功能属性

标题: 春天在哪里

访问键:　Tab 键索引:

确定　取消　帮助

如果在插入对象时不想输入此信息，请更改"辅助功能"首选参数。

图 5-54　【对象标签辅助功能属性】对话框

插入动画后，在【设计】视图方式下，网页中会出现一块有 flash 标记的灰色区域，即为动画的占位符，然后在动画的【属性】面板中可以设置动画的尺寸，对齐方式，以及“循环”与“自动播放”方式，背景色是否透明等属性，如图 5-55 所示。

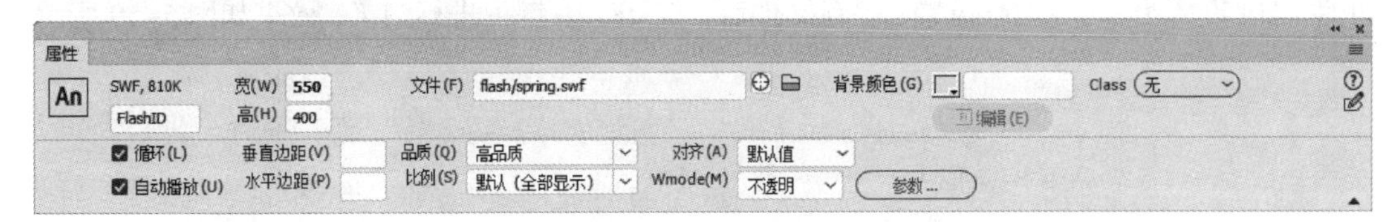

图 5-55　动画背景透明

2. 插入视频

和上述插入动画操作方法相似，Dreamweaver CC 2018 还支持在网页中插入 Flash Video（FLV）及 HTML 5 Video 视频。它们的操作分别是选择【插入】|【HTML】|【Flash Video(L)】菜单命令和【插入】|【HTML】|【HTML5 Video(V)】菜单命令，或者是在【插入】面板的【HTML】菜单中，分别单击【Flash Video】按钮和【HTML5 Video】按钮。

3. 插入音频

Dreamweaver CC 2018 不仅支持在网页中插入 HTML 5 Video 视频，还支持插入 HTML 5 Audio 音频。插入音频的操作是选择【插入】|【HTML】|【HTML 5 Audio (A)】菜单命令，或者是在【插入】面板的【HTML】菜单中单击【HTML 5 Audio (A)】按钮。这样在页面上会出现如图 5-56 所示的标记有喇叭的音频占位符，然后在其【属性】面板上输入 mp3 源文件，设置其是否显示音频播放控件、是否循环播放、是否自动播放等属性。各个属性项可以通过悬停鼠标一一了解其用途。设置完成后，按 <F12> 键打开 IE 浏览器预览效果，如图 5-57 所示。

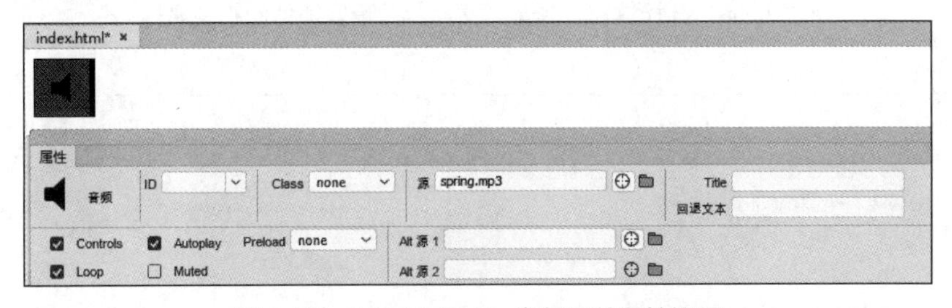

图 5-56　HTML 5 Audio 音频及其属性设置

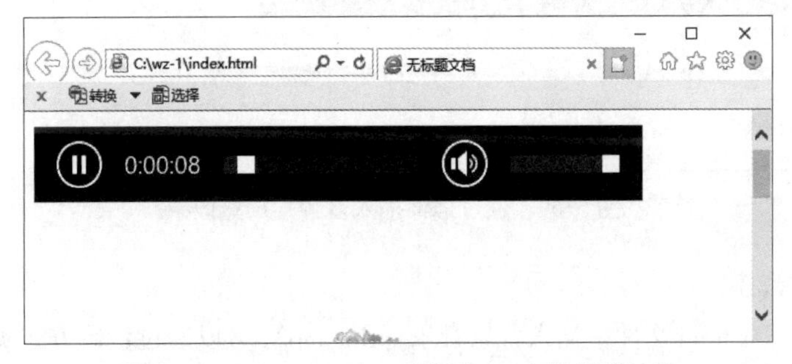

图 5-57　HTML 5 Audio 音频在 IE 中的播放效果

另外，选择【插入】|【HTML】|【插件】菜单命令，或者在【插入】面板的【HTML】菜单中，单击【插件】按钮，然后在弹出的【选择文件】对话框中选择如图 5-58 示例的 spring.mp3 音频文件，单击【确定】按钮，将插件放置于网页中，接着在【属性】面板中，设置插件的大小，如图 5-58 设置为 400 × 100 像素。保存文件后，按 <F12> 键可进行浏览，效果如图 5-59 所示。

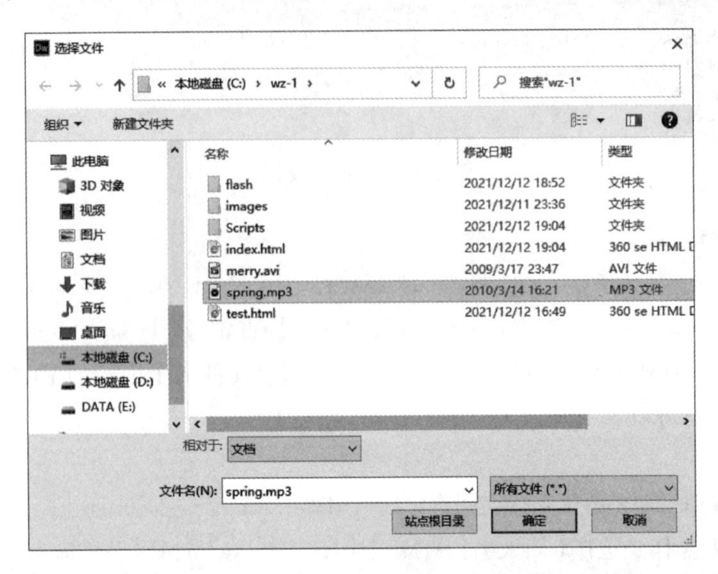

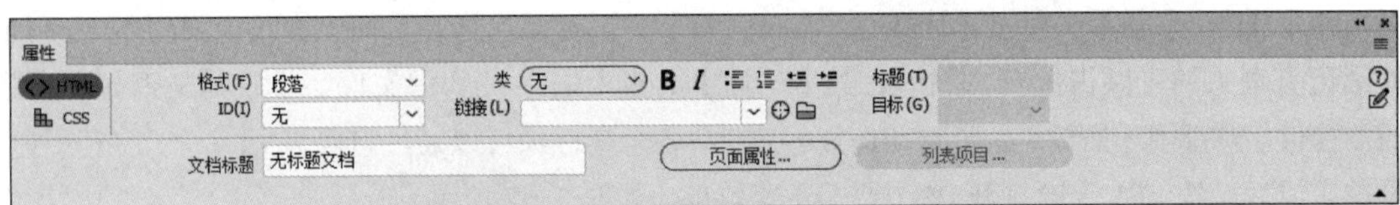

图 5-58　选择待插入的音频文件，并设置插件的相关属性

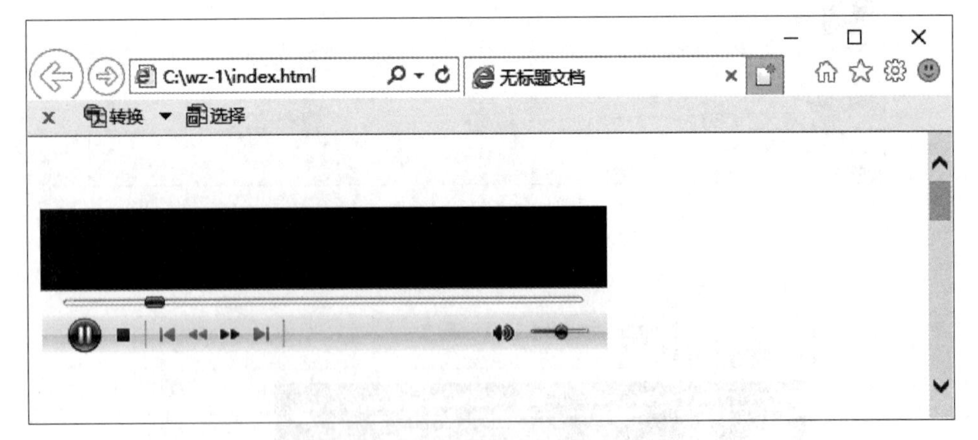

图 5-59　通过插件插入音频的预览效果

4. 插入背景音乐

如果希望在 index.html 文件中插入背景音乐 spring.mp3，可以通过代码方式实现。具体操作是：双击打开 index.htm 文件，切换到【拆分】视图，在 <head> 标签下插入一行，输入如下代码。

```
<embed src="music/spring.mp3" hidden="true" loop="true">
```

其中 src 指定音乐文件的位置，hidden=true 表示不显示播放器，loop=true 表示循环播放。

保存文件后，按 <F12> 键可进行浏览。

5.6 超链接的设置

网页中的超链接，是指从一个网页指向另一个目标地址的链接关系。目标可以是一个页面，也可以是某页面中的元素，如一幅图像、电子邮件地址、一个压缩文件或一段应用程序等。

一般来讲，网页中超链接有以下四种方式：

① 内部链接：用于同一个站点内不同页面间相互联系的超链接。

② 外部链接：即从当前页面链接到 Internet 上其他站点的超链接。

③ ID 链接：链接到该网页自身某标记位置的超链接。

④ 路径链接：链接到本地或网络上的文件夹或文件名。

链接的有效路径有：

① 绝对路径：包含传输协议（http:// 或 ftp://）的完全路径。只有在页面中创建外部链接时才用。

② 与根目录相对的路径：即以站点根目录为基准的路径，使用斜杠通知服务器从根目录开始。

③ 与文档相对的路径：即与当前文档所在文件夹相对的路径，这种路径最简单，可用于与当前文档处于同一文件夹下的文档。

在创建超链接后，若无特别设置，通常会在原窗口显示打开的内容，这样就无法同时看到原始网页，而利用目标属性的设置可达到原始网页、目标网页同时可见的目的，在【目标】下拉列表中除了默认以外，还有五个可选项，分别是：

① _blank：超链接的网页将在一个新的浏览窗口打开。

② new：将链接的文件加载到名为“链接文件名称”的浏览器窗口中。

③ _parent：超链接的网页会在主框架内显示。

④ _self：超链接的网页会在目前窗口或框架内显示。

⑤ _top：若此网页有框架，会拆除目前所有的框架，并显示在主窗口内。

1. 为文本创建超链接

文本超链接是最常见的超链接，单击文本即可从一个网页跳转到另一个网页。

给文本创建超链接的操作方法是：先选中文本，然后在【属性】面板中拖动【指向文件】按钮，指向右侧站点窗口内的文件，或者指向另一个打开的网页文件中已经命名的锚点，松开鼠标左键，【链接】选项即被更新并显示出所建立的链接名称，从而快速方便地建立了链接；也可以使用【浏览文件】按钮打开【选择文件】对话框，选择要链接的文件来建立链接关系。

当链接建立后，【属性】面板中的【目标】选项变为可用，可以下拉列表，如选择“_blank”，即设置了超链接的网页将在一个新的浏览窗口中打开。

保存文件后在 IE 浏览器中预览，当鼠标指向该文本时，鼠标的指针形状会变成小手形状，单击后将会在新窗口中打开链接。

2. 为图像创建链接

将 index.htm 文件中的图片链接到相应的网页，操作方法和上述为文本创建超链接相似，选中图片后，也是在【属性】面板中，拖动【指向文件】按钮⊕，指向右侧站点窗口内的文件，或者指向另一个打开的网页文件中已经命名的锚点，松开鼠标左键，【链接】选项即被更新并显示出所建立的链接名称，从而建立了图片和目标文件之间的链接；同样的，也可以使用【浏览文件】按钮打开【选择文件】对话框，选择要链接的文件来建立链接关系。链接建立后，再设置【属性】面板中的“目标”选项，如选择“_blank”。

3. 热点链接

热点链接属于另一种形式的超链接，它把不同 URL 指定给一幅图像的不同部分，使访问者可根据不同的图像区域跳转到不同的页面或位置。这些区域称为热点，其中每个热点与一个超链接相对应。

如图 5-60 所示，选择图片后，分别使用【属性】面板的左下侧的几个热点工具，将图片中的文字、太阳和房子分别用矩形热点工具、圆形热点工具和多边形热点工具拖出矩形、圆形和多边形区域，然后用指针热点工具选择热点，图中是切换到了矩形热点上，然后在图中链接框中设置要指向的链接。若同时在“替换”文本框中输入文字，那么浏览时，当鼠标指针指向热点就可以显示出替代文字。

图 5-60 热点工具与热点链接

提示：

选择热点区域的操作方法：先选择与区域形状相似的热点工具，当鼠标指针悬停在图片上时，鼠标指针变为“+”形状，然后在图片上拖出相应形状的蓝色热点。当图片上设置了多个热点时，可通过“指针热点工具”选择不同的热点，并拖动热点的控制点调整热点的大小。

在一张图片上划分很多热点区域，反复操作，为每一个热点设置一个链接，就可以实现浏览时在一张图片上的不同区域单击鼠标左键，能链接切换到不同页面的效果。这种链接方式也称为图像地图。

4. 创建电子邮件链接

电子邮件在网络中应用十分广泛，在网页中建立电子邮件超链接可以方便网页浏览者与设计者之间通过电子邮件建立互动联系。只要访问者单击网页上的电子邮件链接，便会立即启动发送邮件的客户端程序。

电子邮件链接可以按以下操作方法创建：

方法一：选择【插入】|【HTML】|【电子邮件链接(K)】菜单命令，或者在【插入】面板的【HTML】菜单中单击【电子邮件链接(K)】按钮，打开如图 5-61 所示的【电子邮件链接】对话框，然后输入文本，单击【确定】按钮，这样就创建了一个电子邮件链接。在 IE 浏览器中，当鼠标悬停于文本“电子邮件”上时，会出现手形指针，单击它会打开发送邮件的客户端程序。

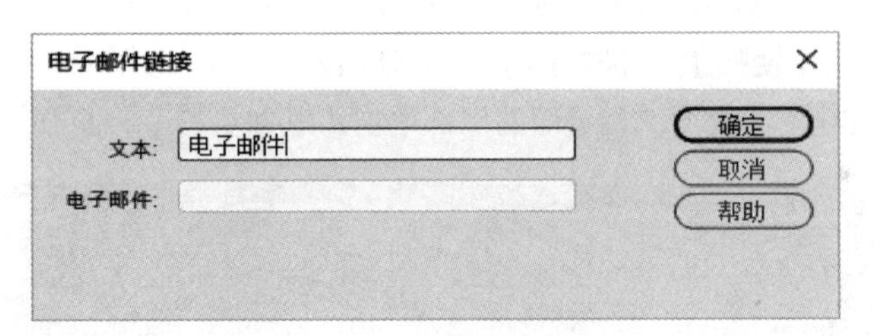

图 5-61　【电子邮件链接】对话框

方法二：在网页上先输入文本“联系作者”，然后选中“联系作者”，在【属性】面板的【链接】文本框中输入 mailto：shzq_lv@163.com 也可以创建电子邮件链接，如图 5-62 所示。

图 5-62　设置电子邮件链接

5. ID 链接

当网页内容比较长时，要寻找一个主题内容，浏览者往往需要拖动滚动条费力查找，

Dreamweaver CC 2018 是通过提供 HTML 5 标准的 ID 链接功能，以此实现 HTML 4.01 中的锚链接效果，创建了 ID 链接功能就可以快速定位到网页的不同位置，便于浏览阅读相关主题内容。浏览时只要单击链接，就可以快速地跳转到 ID 标记位置，从而方便快速地浏览长网页中的相关主题内容，也可以方便地从页尾通过 ID 链接切换到页头的位置。

创建 ID 链接，需要分两步：第一步是创建 ID 标记，第二步是建立 ID 链接。具体如下：

（1）创建 ID 标记

① 打开要加入 ID 标记的网页。

② 光标定位到某一个主题内容处。

③ 在【属性】面板中【ID(I)】文本框中输入标记名称（例如“top”），建立 ID 标记，如图 5-63 所示。

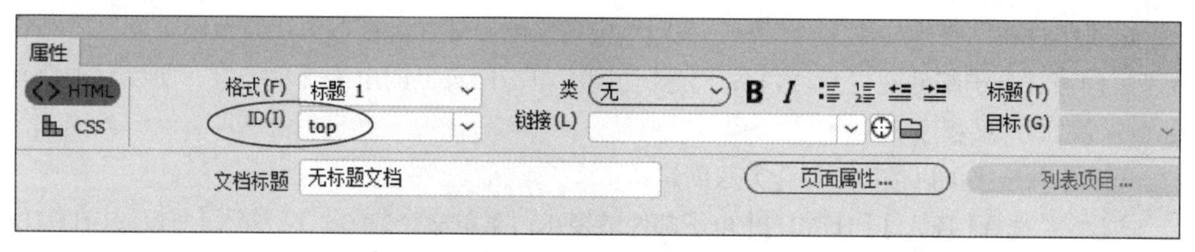

图 5-63　建立 ID 标记

（2）建立 ID 链接

① 选择需要链接的对象，例如页尾的“返回页首”文本。

② 在【属性】面板【链接】文本框中输入“#ID 名称”（例如“#top”），如图 5-64 所示。

③ 按 <F12> 功能键预览网页，在页面的尾部单击【返回页首】，页面会立即切换到页首。

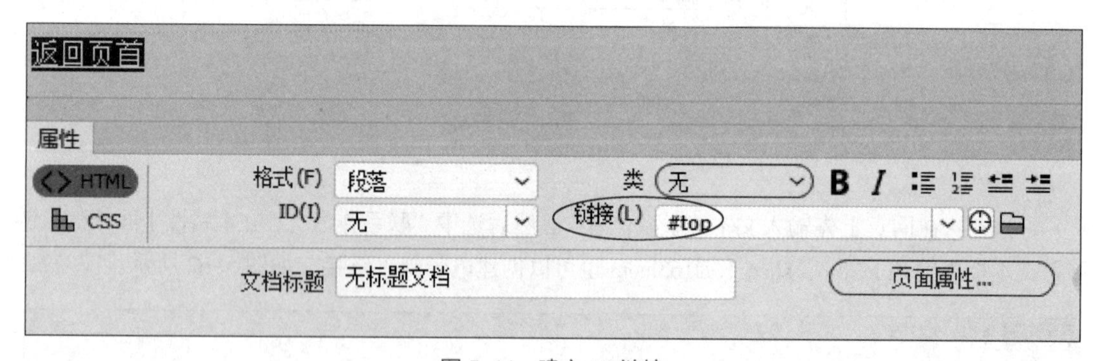

图 5-64　建立 ID 链接

5.7 表单的制作

表单可以让访问者能利用浏览器窗口输入信息或选择选项，其应用范围很广，如留言板、会员申请表、问卷调查表等，都可用表单组件来制作。浏览者可在表单中填写数据，并将数据传送到数据库中。表单提供了在网页中输入数据或与网站进行交互的通道。

表单有两个重要组成部分：一是描述表单的 HTML 源代码，二是用于处理用户在表单域中输入数据的应用程序。该程序存放在服务器上，称为脚本，如 ASP、CGI 等。

使用 Dreamweaver CC 2018 创建表单，可以给表单中添加对象，还可以通过使用【行为】来验证用户输入信息的正确性，可以将整个网页创建成一个表单页面，也可以在网页中的某个区域中添加表单。

5.7.1　表单域

若要创建一个表单，首先必须要创建一个表单区域，即表单域。表单域的 HTML 标签是 <form>。表单域，相当于一个容器，用来存放表单元素，并负责将表单元素的值提交给服务器端的某个程序处理，后续在这个表单区域中，可以插入各种表单元素，如文本区域、单选按钮、复选框等等。

插入表单，可以选择【插入】|【表单】|【表单 (F)】命令；或者是单击【插入】面板上【表单】选项卡中的【表单】按钮 。

5.7.2　表单元素

表单中可以使用的表单元素有很多种。常用的表单元素有文本区域、日期、按钮、提交按钮、重置按钮、选择、复选框、单选按钮、菜单选项等组件。所有表单对象如图 5-65 所示。

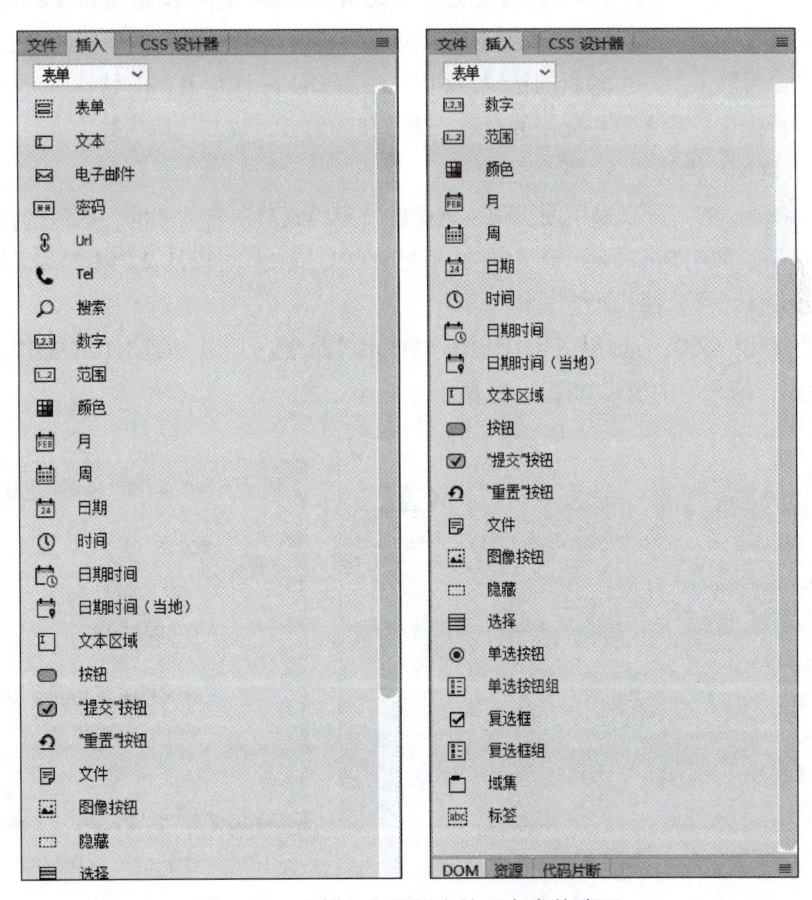

图 5-65　【插入】面板上的所有表单选项

5.7.3 表单的用途

可以用表单建立一个录入界面，也可以用表单查询数据库。表单中的对象是访问者输入数据的地方，每个表单都有一个【提交】按钮，通过这个按钮将信息发送到 Web 服务器。

这一交互方式是由客户端的浏览页面和驻留在 Web 服务器上的程序共同完成的，网页通过表单工具提供交互界面，服务器通过相应程序来处理接收到的数据，并把处理好的数据按照要求返回客户端的浏览器。

5.8 网站发布与管理

通过对网站的优化与测试操作，为查找网站中存在的错误和修改提供了依据，为确保网站的顺利运行提供了保证。

1. 优化网页

当一个网站创建完成后，首先要在本地对网站进行优化处理。所谓优化网页，实际上就是对 HTML 源代码的一种优化。制作网页时使用了 Dreamweaver 网页编辑器、Word 之类的工具，多种软件交织在一起所制作的网页，可能会生成无用的代码。这些类似于垃圾的代码，不仅增大了文档的容量，延长下载时间，使用浏览器浏览时还易出错，并且对浏览的速度也会产生较大的影响，甚至可能发生不可预料的错误。利用 Dreamweaver 优化 HTML 特性，可以最大限度地对这些代码进行优化，除去那些无用的垃圾，修复代码错误，提高代码质量。

2. 整理 HTML 格式

在 Dreamweaver 中，可以采用便于阅读理解的特定模式对现有文档的代码进行排版（不改变实质代码的内容）。使用 Dreamweaver 提供的【清理 HTML】命令，可以从文档中删除无用的空标记、多余嵌套的 font 标记等，使代码更为精练。

打开需要优化的文档，选择【工具】|【清理 HTML】命令。打开【清理 HTML/XHTML】对话框，如图 5-66 所示。清理后的效果如图 5-67 所示。

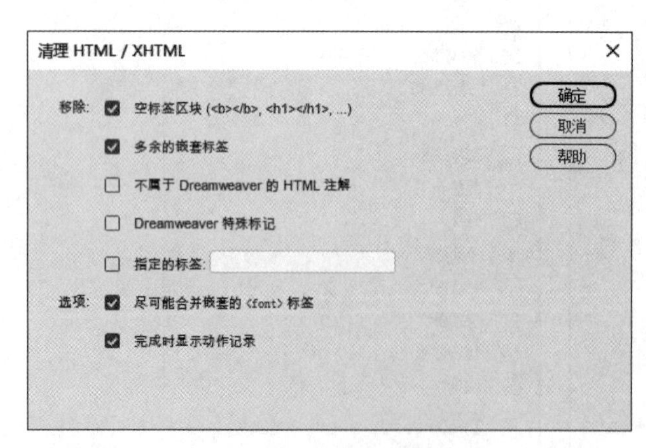

图 5-66 清理 HTML

图 5-67 清理总结

3. 测试网站

网站制作完成后，还要进行一项比较重要的工作才能上传，就是在本地对自己的网站进行测试，以免上传后出现各种错误，给修改带来不必要的麻烦。本地测试包括不同分辨率的测试、不同浏览器的测试、不同操作系统的测试和链接测试等。

4. 发布

网站发布首先要定义好远程的服务器，才能将本地的站点内容发布到服务器上，以供大家在互联网上浏览。

定义服务器，可以直接单击面板中的【定义服务器】按钮，打开【站点设置对象】对话框中，切换到【服务器】选项卡，然后单击【+】按钮，打开【服务器信息输入】对话框，完成由 Internet 服务提供商（ISP）或 Web 管理员提供的远程服务器的相关信息的输入操作，如图 5-68 所示。

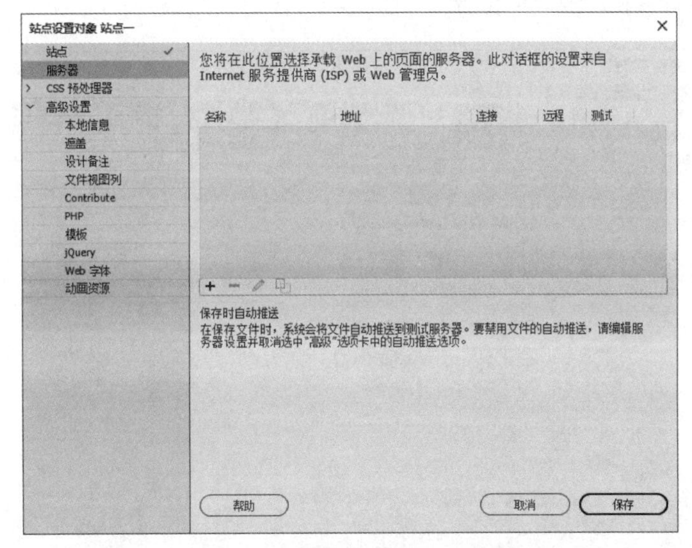

（a）【站点设置对象 站点一】对话框

（b）【服务器信息输入】对话框

图 5-68　定义服务器

接下来，就可以选择菜单中的【站点】|【上传】命令，上传发布网站了。

5.9 实训任务与操作方法

【任务 5-1】创建站点

创建一个名为“圣诞节”的网站，本地文件夹置于 C:\wz-1 中。

操作步骤与提示

① 启动 Dreamweaver CC 2018，选择【站点】|【新建站点】命令，弹出【站点设置对象】对话框，如图 5-69 所示。

② 在【站点名称】文本框中，输入站点的名称：“圣诞节”，在【本地站点文件夹】文本框中，输入站点文件夹在计算机中放置的位置：“C:\wz-1”。

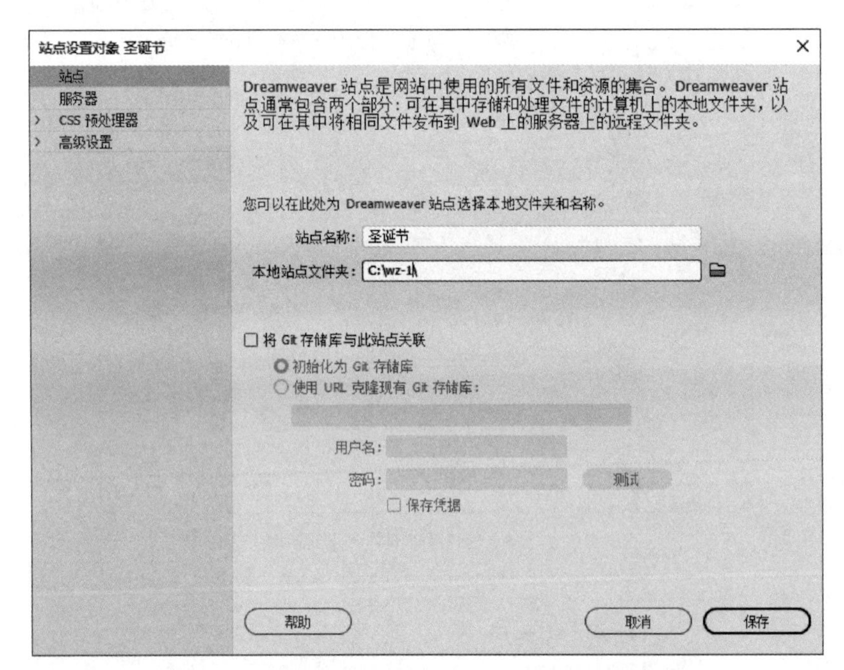

图 5-69 设置新建站点的名称和站点文件夹的位置

③ 确认无误后，单击【完成】按钮，关闭对话框。如图 5-70 所示，此时【文件】面板相应地已经将显示信息切换到了新建的圣诞节站点中。同时，在 C 盘也自动新建了一个名为“wz-1”的文件夹。

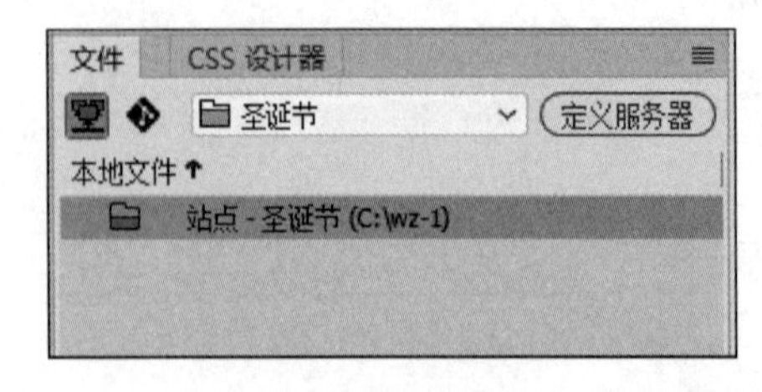

图 5-70 【文件】面板圣诞节站点相关信息

提示:

新建站点前，有时会提前将站点文件夹及其内容文件放置在本地计算机中的确定位置，那么也可以直接单击图5-69所示【本地站点文件夹】文本框后的【浏览文件夹】按钮，找到已有的网站文件夹，则文件夹的位置即自动写入【本地站点文件夹】文本框中。

【任务 5-2】创建站点文件夹

将网站所需要的文件分类放置于站点文件夹中。

操作步骤与提示

将“wz-1 素材”文件夹中的资料复制到站点文件夹中。

在【文件】面板单击“圣诞节”文件夹，在下拉列表中选择【桌面】，单击【桌面项目】前的折叠号 >，再单击“wz-1 素材”文件夹前的折叠号 >，展开该文件夹。选中该文件夹下的所有文件夹和文件，右击弹出快捷菜单，选择【编辑】|【拷贝】命令，如图 5-71 所示。

再在【文件】面板单击“桌面”下拉列表，选择“圣诞节”网站，切换回“圣诞节”网点中。再右击“站点 – 圣诞节（c:\wz-1）”，选择快捷菜单中的【编辑】|【粘贴】命令。结果如图 5-72 所示。

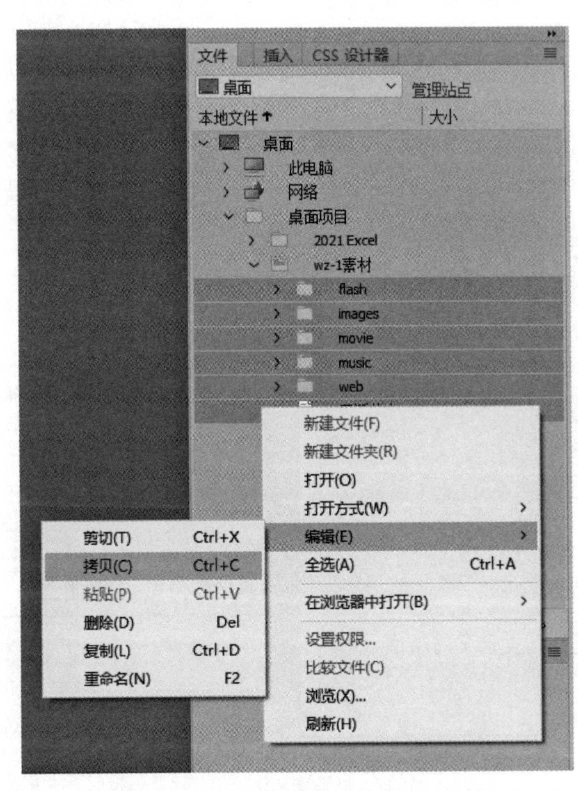

图 5-71　复制素材操作

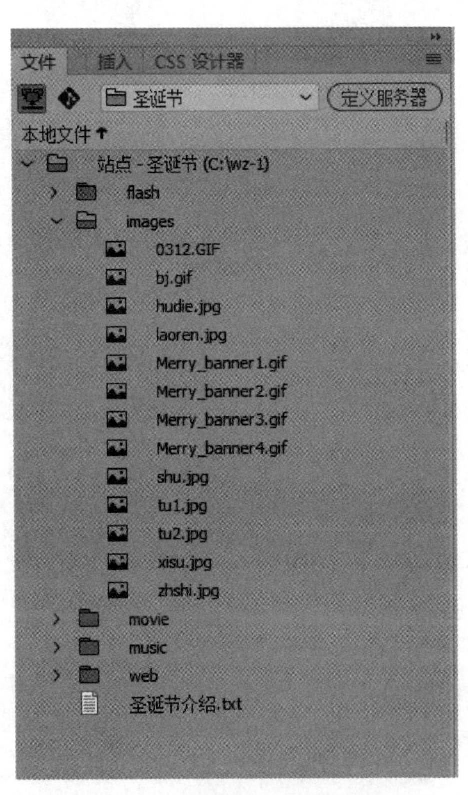

图 5-72　粘贴至站点中的结果

【任务 5-3】创建网站首页

首页文件命名为 index.html，并设置以下页面属性：

① 标题为“圣诞节”。

② 页面上文本大小为 14 像素，文本颜色为黑色。

③ 背景颜色 #A82F01、背景图像 bj.gif、横向重复，上下边距都为 0。

④ 链接颜色为蓝色，已访问的链接颜色为灰色，活动链接的颜色为红色。

操作步骤与提示

（1）在圣诞节站点中创建首页文件 index.html

方法一：右击“圣诞节”站点，在弹出的快捷菜单中选择【新建文件】命令，将临时文件名 untitled.html 更改为“index.html”，这个文件就是网站的首页文件。

方法二：选择【文件】|【新建】命令，弹出【新建文档】对话框，如图 5-73 所示。直接单击【创建】按钮，将会生成一个名为“untitled-1.htm”的网页文件。选择【文件】|【另存为】命令，将它保存到 C 盘下的“wz-1”文件夹中，取名为“index.html”，同样可以达到创建首页文件的目的。

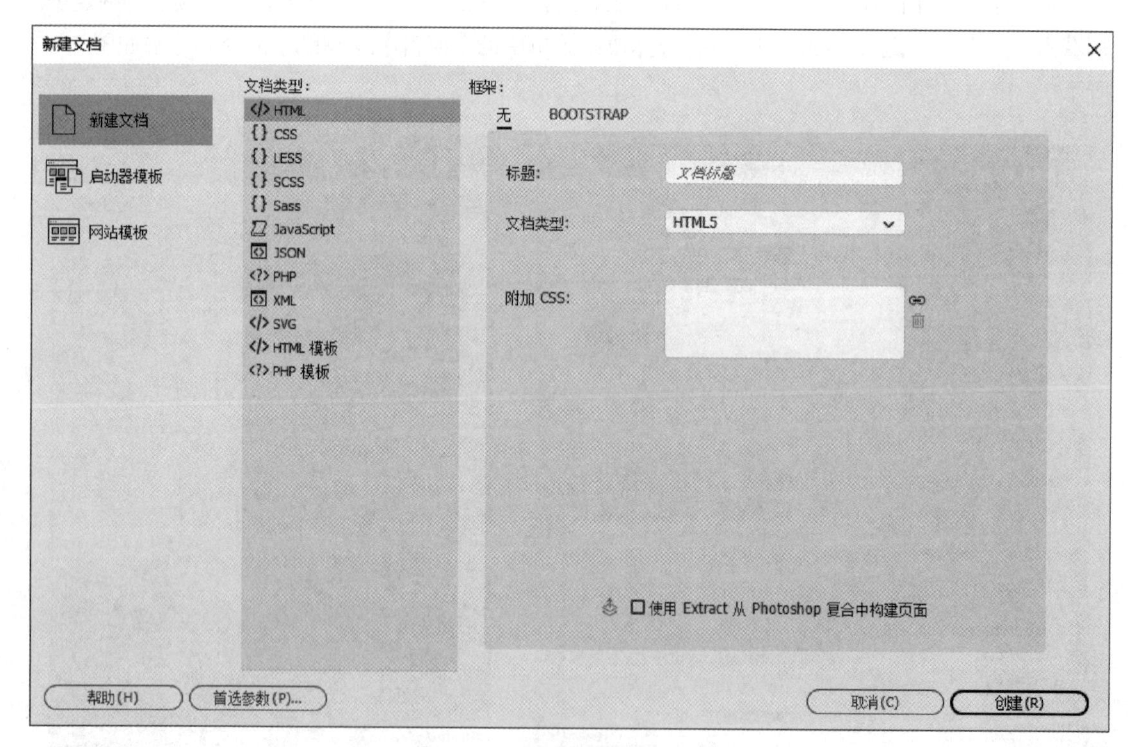

图 5-73 【新建文档】对话框

（2）设置首页 index.html 的页面属性

① 在右侧【文件】面板中，双击打开 index.html。

② 打开【页面属性】对话框：在文档窗口的空白处右击，选择快捷菜单中的【页面属性…】

命令，或者直接单击【属性】面板上的【页面属性…】按钮，在弹出的【页面属性】对话框中按要求分别进行设置，具体如图 5-74 ~ 图 5-76 所示。

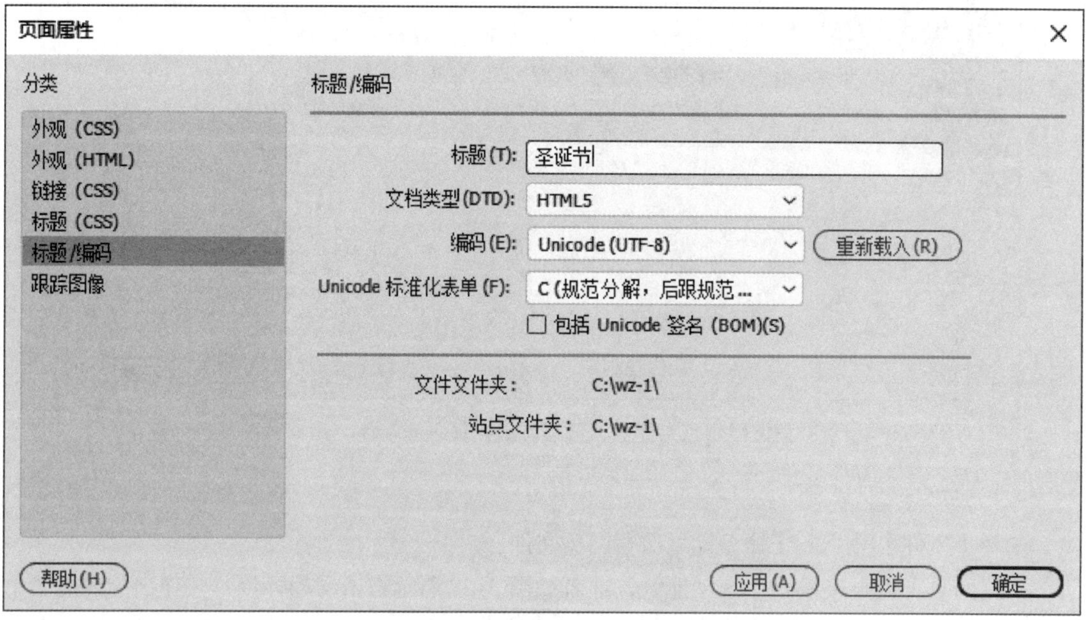

图 5-74　设置网页标题为：圣诞节

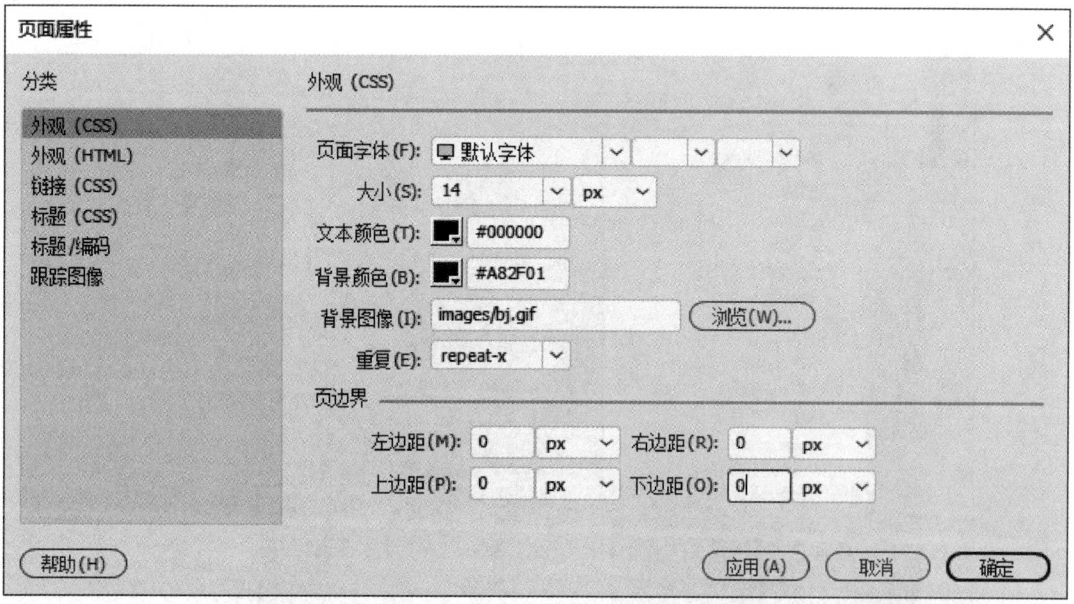

图 5-75　设置网页文本大小为 14 像素，文本颜色为黑色，背景颜色 #A82F01、背景图像 bj.gif、横向重复。上下边距都为 0

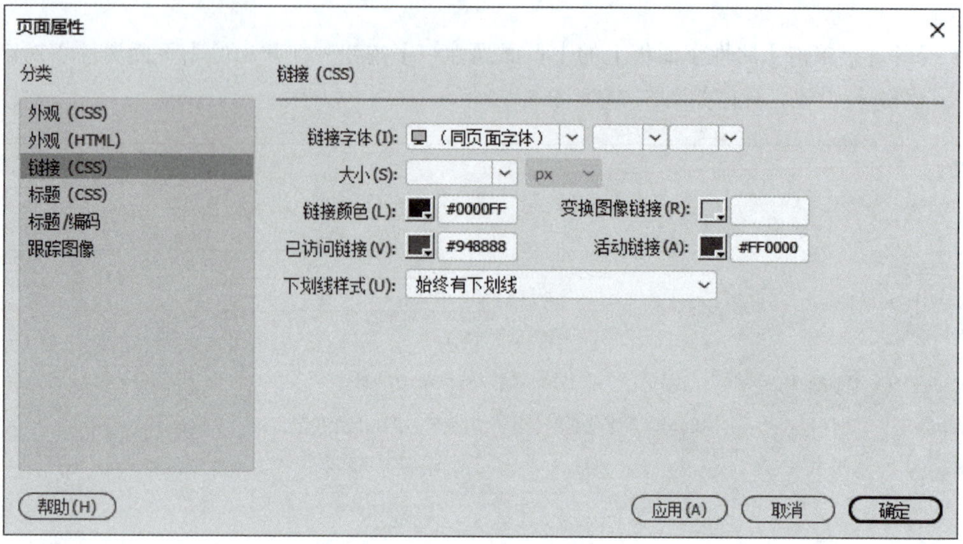

页面属性

分类：外观（CSS） 外观（HTML） 链接（CSS） 标题（CSS） 标题/编码 跟踪图像

链接（CSS）

链接字体(I)：（同页面字体）

大小(S)：px

链接颜色(L)：#0000FF　变换图像链接(R)：

已访问链接(V)：#948888　活动链接(A)：#FF0000

下划线样式(U)：始终有下划线

帮助(H)　应用(A)　取消　确定

图 5-76　设置网页链接颜色为蓝色，已访问链接颜色为灰色，活动链接颜色为红色

（3）保存并预览网页

选择【文件】|【保存】命令即可保存网页文件。

预览网页可以直接按 <F12> 功能键，或者如图 5-77 所示右击文档标签，在弹出的快捷菜单中选择【在浏览器中打开】命令，在后续的子菜单中选择“Internet Explore”(此时，如果文档未保存，会弹出对话框，询问是否保存，单击【是】按钮，即可打开 IE 浏览器浏览网页，效果如图 5-78 所示。

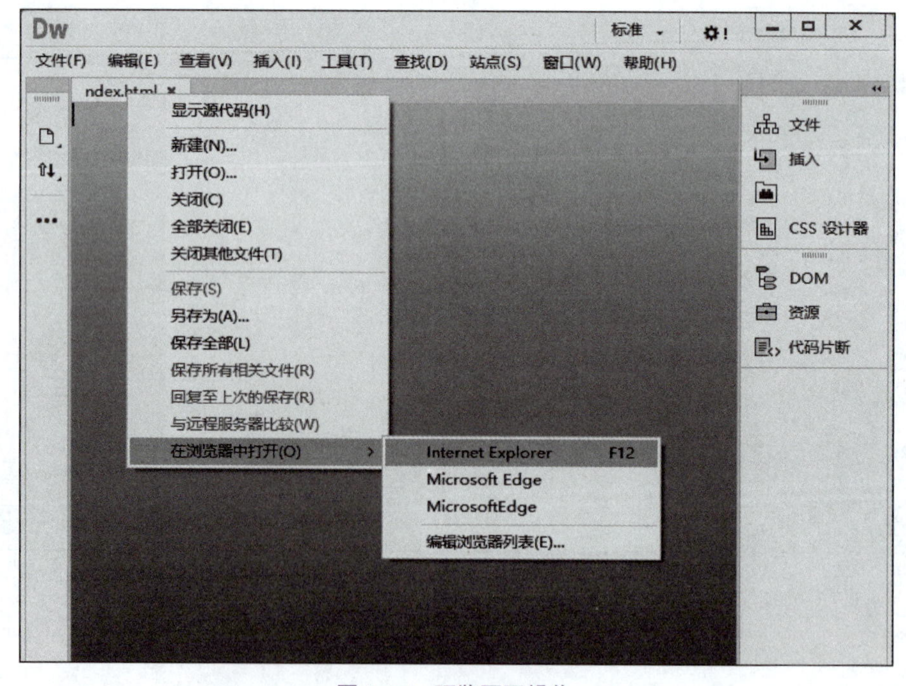

图 5-77　预览网页操作

图 5-78　预览网页效果

【任务 5-4】布局页面

使用表格布局页面。

操作步骤与提示

① 插入一个 12 行 3 列的表格，宽度为 974 像素。表格边框、单元格填充、单元格边距都为 0，居中。

选择【插入】|【Table】命令，或者单击插入面板上的表格按钮，在弹出的图 5-79 所示的对话框中进行设置，然后单击【确定】按钮。

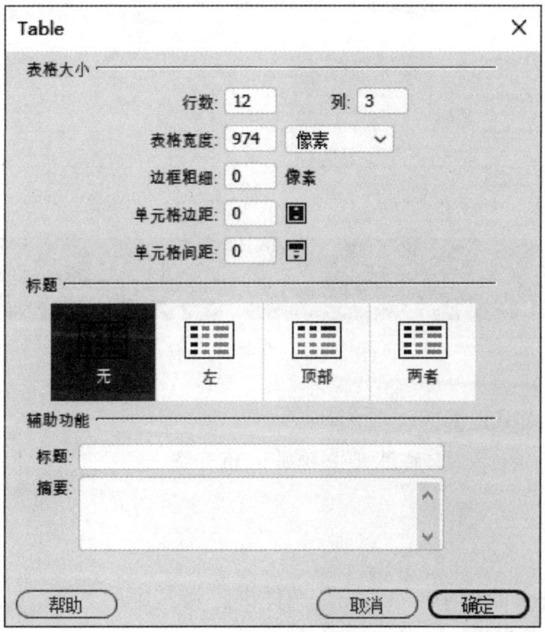

图 5-79　插入表格

单击标签栏上的 <table> 标签选中表格，在表格上右击打开快捷菜单，选择属性，在随后打开的【属性】面板中，设置对齐【Align】方式为“居中对齐”，如图 5-80 所示。

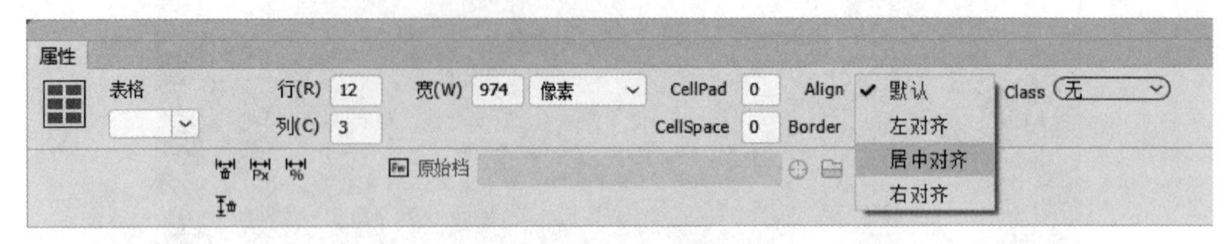

图 5-80 设置表格居中对齐

② 单元格水平、垂直都居中对齐，设置单元格背景色为白色。

拖动鼠标选中所有单元格，在【属性】面板中进行设置，如图 5-81 所示。

图 5-81 设置单元格属性

③ 分别合并第 1、2、3、4、5、6、7、9、10 行的单元格。

选中第 1 行的三个单元格，右击，在弹出的快捷菜单中选择【表格】|【合并单元格】命令。或者单击【属性】面板上的【合并单元格】按钮。

依次分别合并其他各行的单元格，全部合并后如图 5-82 所示。

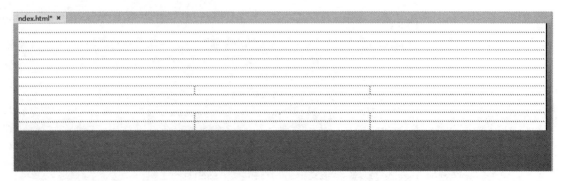

图 5-82 合并单元格

【任务 5-5】添加网页元素

在网页中添加文本、图片、多媒体及链接等网页元素。

操作步骤与提示

1. 插入图片

① 单击展开【文件】面板中“images”文件夹，将其中的“Merry_banner1.gif”文件，用鼠标直接拖拽到第 1 行单元格中，如图 5-83 所示。

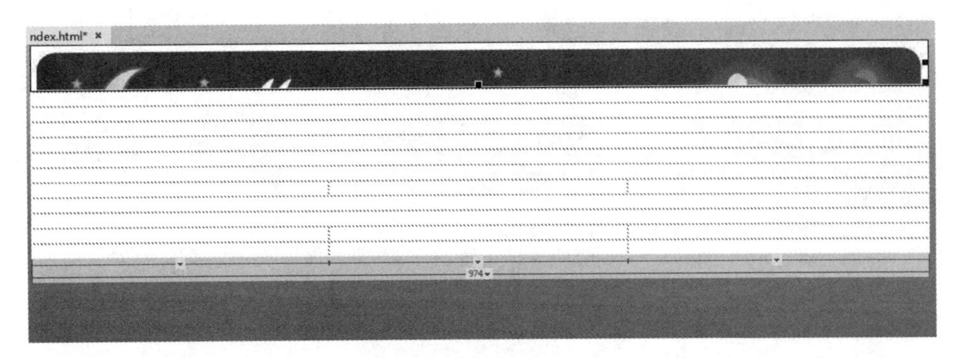

图 5-83　插入图片“merry_banner1.gif”

② 同样的方法，分别插入图片“Merry_banner2.gif”“Merry_banner3.gif”“Merry_banner4.gif”到第 2 ~ 4 行中，效果如图 5-84 所示。

图 5-84　完成插入图片后的设计视图

温馨提示：在网页制作中，对于较大的图片常常会将其分割成若干个小块，即采取切片的方式，这样制作的网页可以提高图像的下载速度，减轻网络的负担，而且在视觉上，也给浏览者以“正在下载……”的感觉，从而减少心理上的焦急感。同时，对于切片的图片，经常会遇到在 DW 中图片显示得很紧凑，没有空隙，但是一旦在浏览器中显示出来，图片间的空隙就比较大，这个时候我们可以用 CSS 来处理这个空隙，即在 <table> 标签下加入代码：

```
<style> img{display:block;} </style>
```

2. 插入 Flash 动画

第 8行第 1 列，插入 flash 动画 f4.swf。设置大小为宽 300 像素，高 330 像素。背景透明。再将该动画复制到第 8 行第 3 列。

① 将光标定位到第 8 行第 1 列的单元格中，选择【插入】|【HTML】|【Flash SWF】命令，或者在【插入】面板中，单击【HTML】|【Flash SWF】，也可以直接拖动右侧【文件】面板“flash”文件夹中的“f4.swf”文件，然后单击【对象标签辅助功能属性】对话框中的【确定】按钮完成动画插入。

② 选中文档编辑窗口中的 flash 动画，在对应的【属性】面板上设置宽度为“300 像素”，

高度为“330 像素”，Wmode 设置为“透明”，如图 5-85 所示。

③ 将该动画复制到第 8 行第 3 列。Flash 动画预览效果如图 5-86 所示。

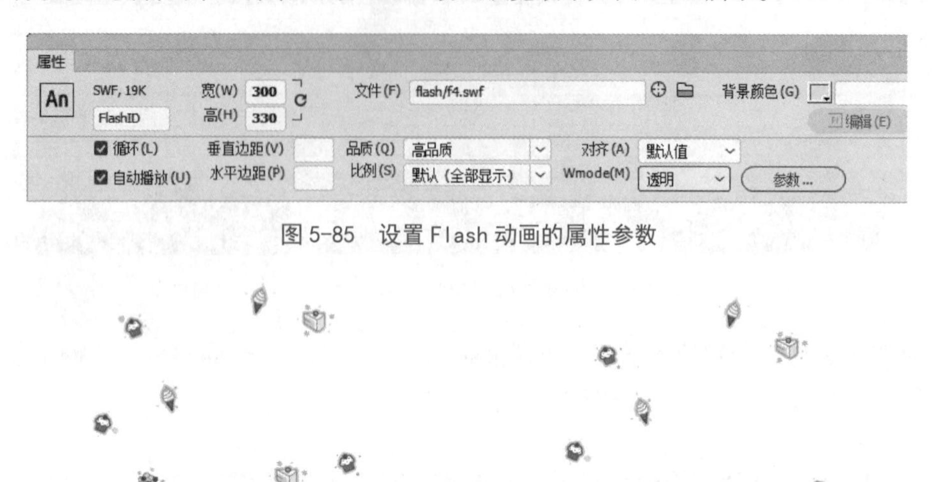

图 5-85　设置 Flash 动画的属性参数

图 5-86　Flash 动画预览效果

3. 输入文本并设置超链接

设置第 6 行单元格行高为 30，背景色为“#99CCFF”。输入文字“首页 | 圣诞老人 | 圣诞习俗 | 圣诞装饰 | 音乐欣赏 | 影片欣赏”，将文字颜色设置为“红色”。中间输入适当的空格。分别链接到 Web 文件夹中相应的网页 shengdanlaoren.html、shengdanzhuangshi.html、shengdanxisu.html、music.html、movie.html，在新窗口中打开。

① 在第 6 行单元格中单击，在下方【属性】面板中设置单元格行高为 30，背景色为“#99CCFF”，如图 5-87 所示。

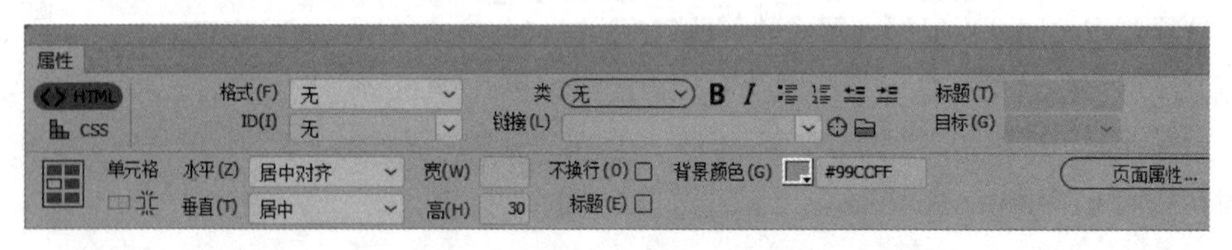

图 5-87　设置单元格行高为 30，背景色为“#99CCFF”

② 输入文字“首页 | 圣诞老人 | 圣诞习俗 | 圣诞装饰 | 音乐欣赏 | 影片欣赏”，选中该文本，在下方【属性】面板中单击【CSS】按钮，将文本颜色设置为“红色”，如图 5-88 所示。

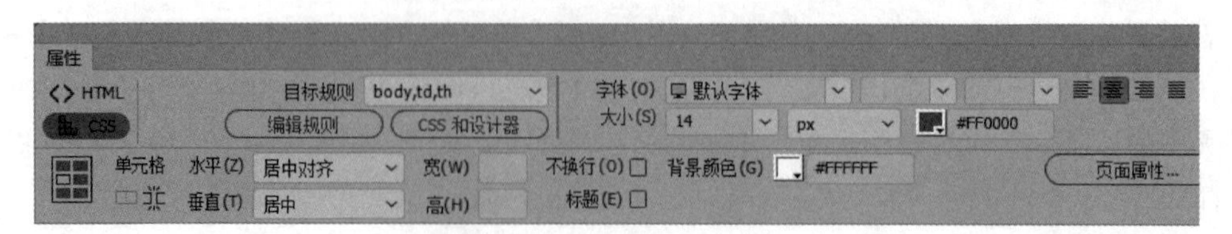

图 5-88　设置文本颜色

③ 选择【编辑】|【首选项】，在“常规”选项卡中，单击选中【允许多个连续的空格】复选框，如图 5-89 所示。然后回到文档编辑窗口，在文字中间输入适当的空格。

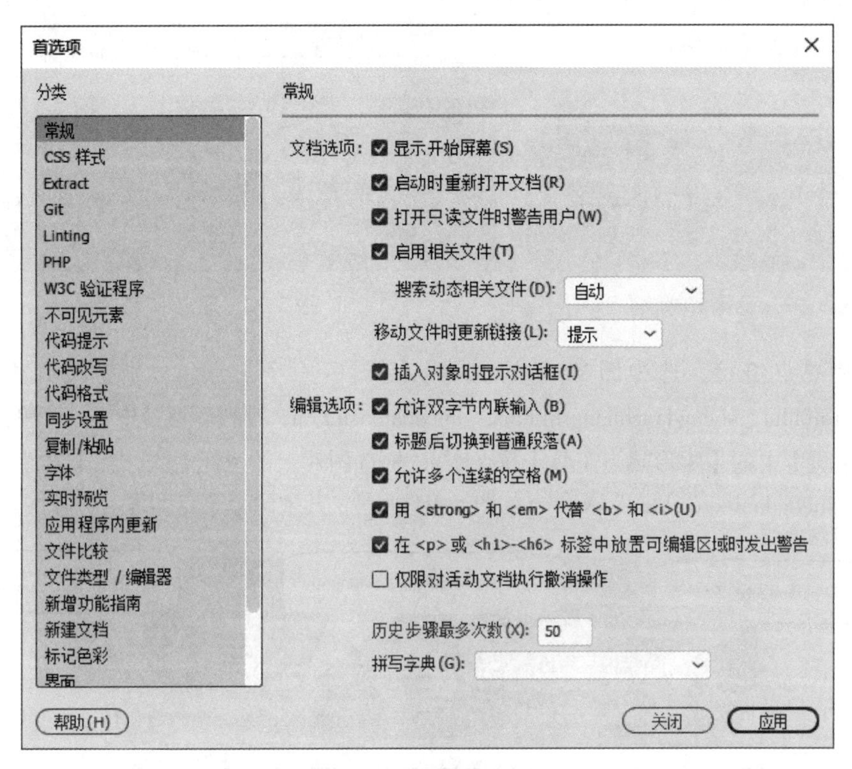

图 5-89　设置连续空格

④ 选中文字“首页”，在【属性】面板单击【HTML】按钮，在【链接】文本框右侧，拖动【指向文件】按钮指向【文件】面板中的“index.html”，【目标】下拉列表选择“_blank”，如图 5-90 所示。

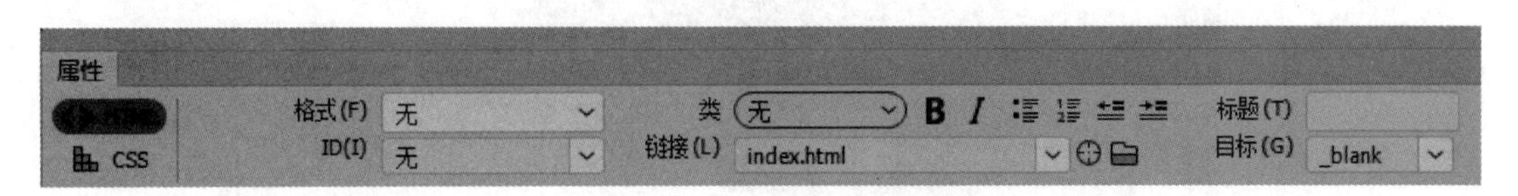

图 5-90　设置文本超链接

展开【文件】面板上的“web”文件夹，然后用同样的方法，分别将“圣诞老人”链接到“shengdanlaoren.html”，将“圣诞习俗”链接到“shengdanxisu.html”，将“圣诞装饰”链接到“shengdanzhuangshi.html”，将“音乐欣赏”链接到“music.html”，将“影片欣赏”链接到“movie.html”，均在新窗口中打开。导航栏效果如图 5-91 所示。

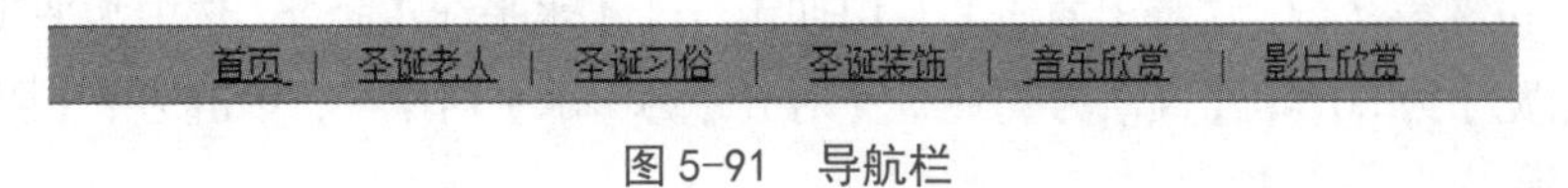

图 5-91　导航栏

⑤插入 ID 标记，建立 ID 链接。单击页首，在【属性】面板中的【ID】文本框中输入“ys”，如图 5-92 所示。将光标定位在最后一行，输入文字“返回页首”，选中文字，在【属性】面板的【链接】文本框中输入“#ys”，如图 5-93 所示。

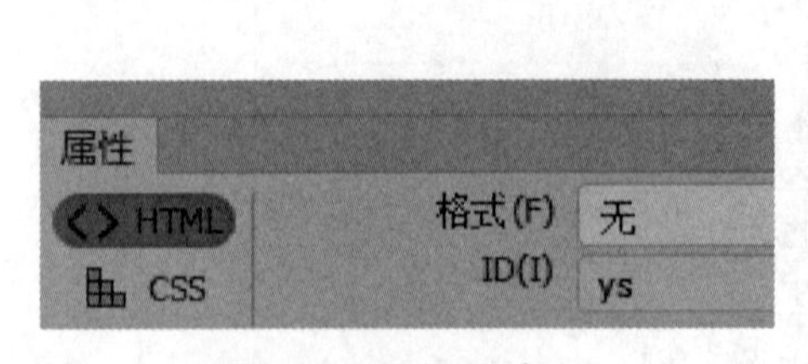

图 5-92　设置 ID 标记

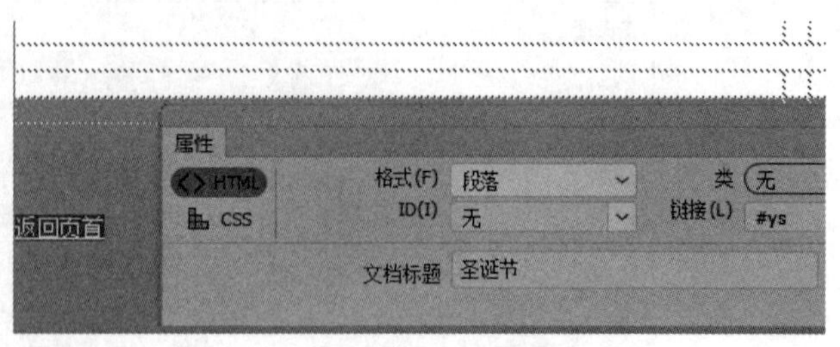

图 5-93　建立 ID 链接

⑥图片热点链接。选中图 Merry_banner4.gif，设置三个热点，分别链接到相应的网页 shengdanlaoren.htm、shengdanzhuangshi.htm、shengdanxisu.htm，都在新窗口中打开。单击【属性】面板的【地图】中的【矩形热点工具】按钮，框选图片上的圣诞老人，在【属性】面板的链接中选择“shengdanlaoren.html”文件，如图 5-94 所示。其余两个热点同理。保存网页并预览。

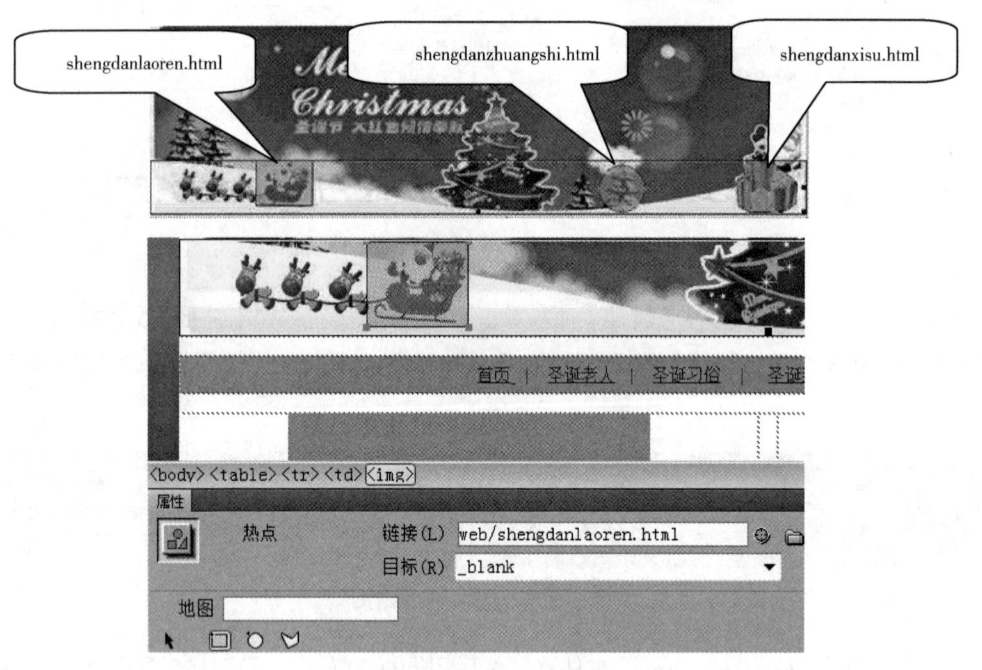

图 5-94　图片热点链接

4. 插入水平线

①在第 7 行插入一条插入水平线：宽 80%，高 5 像素，水平居中，带阴影，红色。

将光标定位在第 7 行，选择【插入】|【HTML】|【水平线】命令。选中水平线，在【属性】面板上设置【宽】为 80%，【高】为“5”，【对齐】为“水平居中”，单击选中【阴影】复选框，如图 5-95 所示。

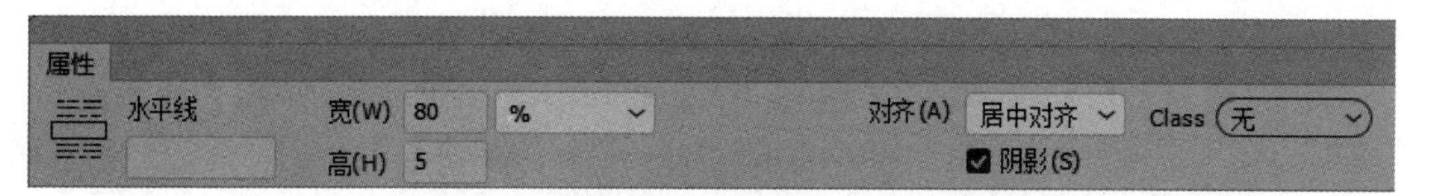

图 5-95　水平线属性

单击选中水平线，再单击文档工具栏中的【拆分】按钮，进入【拆分】视图显示方式；然后在代码窗口中，将光标置于水平线标签“<hr>”中的“hr”后，按一次空格键，会出现 <hr> 标签的属性列表，选择其中的“color”属性，再单击“Color Picker…”，就会弹出颜色拾取对话框，选中红色或输入“#ff0000”，更改的 <hr> 标签就有了颜色属性，代码变为：<hr color="#FF0000" align="center" width="80%" size="5">。

> **注意：**
> 水平线的颜色改变要在浏览器中才能看得到，可以按<F12>键预览查看。

② 在第 10 行插入一条水平线。保存并浏览，效果如图 5-96 所示。

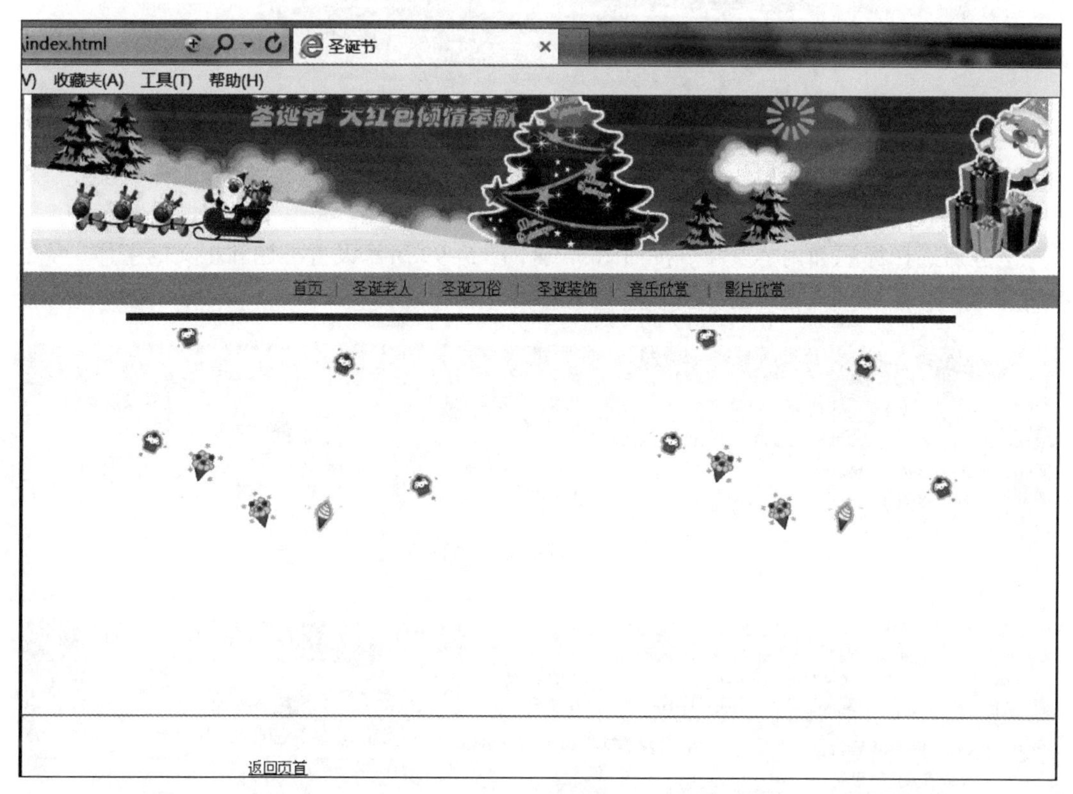

图 5-96　预览网页

5. 插入文本并设置文本格式

第 8 行第 2 列，设置列宽为 374 像素。插入文本“圣诞节介绍 .txt”，分别设置标题、正文的字体、字号、字色。

① 光标定位在第 8 行第 2 列，下方【属性】面板，单元格列宽输入 374。

② 双击右侧【文件】面板中的文件“圣诞节介绍.txt”，全选并进行复制然后粘贴到第 8 行第 2 列；或者直接拖动到单元格中，在打开的如图 5-97 所示的【插入文档】对话框中，选择“带结构”的文本，单击【确定】按钮完成。

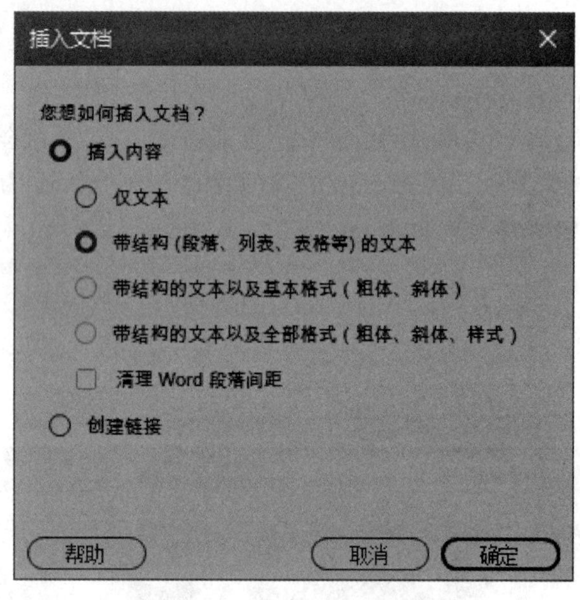

图 5-97 【插入文档】对话框

③ 分别选择标题和内容文字，按如图 5-98、图 5-99 所示设置标题和正文的字体、字号、颜色。

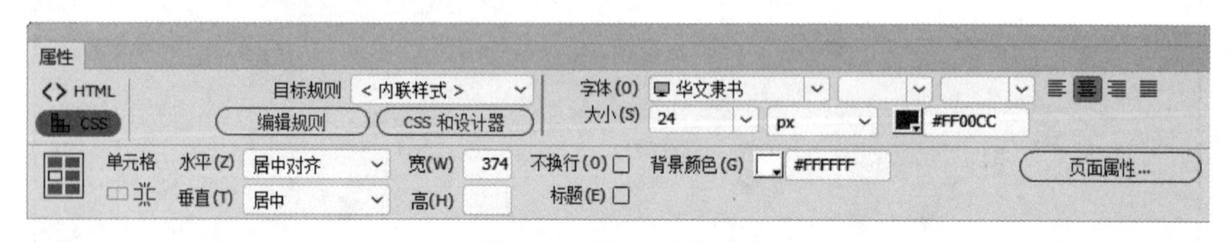

图 5-98 标题文字的属性

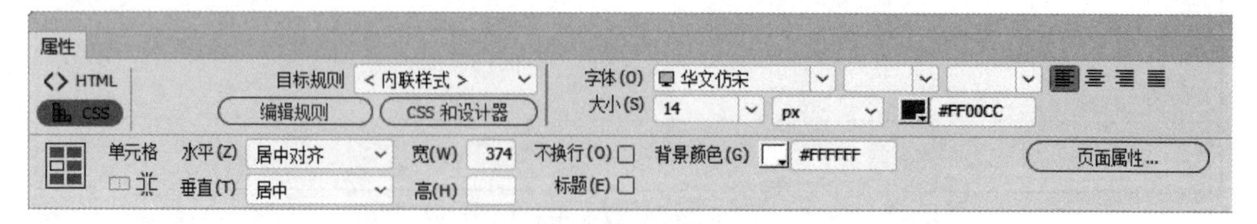

图 5-99 正文文字的属性

④ 分别定位到正文的各段开始，输入 2 个空格（注意：可在中文输入法下，输入全角两个空格），实现段落的首行缩进效果。保存文档，预览效果如图 5-100 所示。

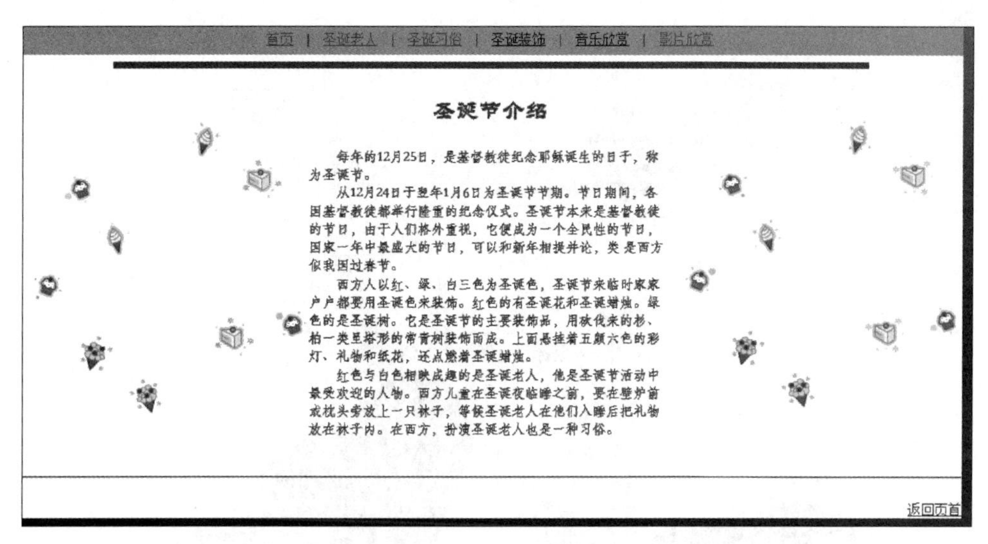

图 5-100　文字设置后的效果

6. 插入日期及版权符号

在表格第 11 行插入更新日期和版权符号。

① 在表格的第 11 行第 1 列中先输入文本“更新日期：”，接着选择【插入】|【HTML】|【日期】命令，在打开的【插入日期】对话框中进行图 5-101 所示的设置。

② 在第 11 行第 2 列中输入文本“版权所有 © 班级学号姓名”。其中的版权符号 © 可以从【插入】|【HTML】|【符号】中选择输入。

③ 在第 11 行第 3 列中输入“写信给我”，链接到邮箱“abc@126.com”。

选中文字“写信给我”，选择【插入】|【HTML】|【电子邮件链接】菜单命令，在【电子邮件】文本框中输入邮箱地址“abc@126.com”，然后单击【确定】按钮，如图 5-102 所示。（或者选中文字“写信给我”，直接在【属性】面板的【链接】文本框中输入“mailto: abc@126.com”。）

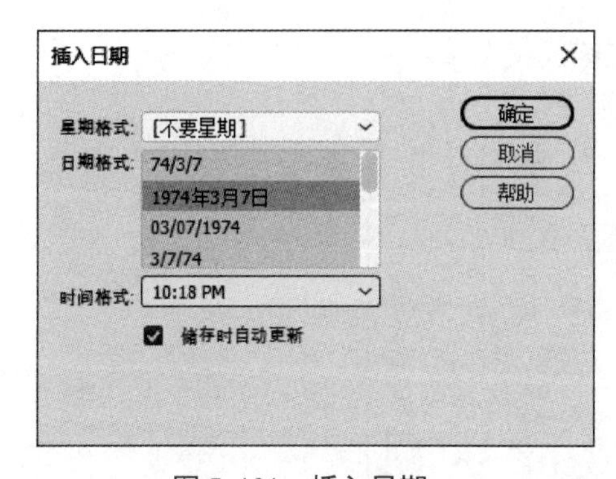

图 5-101　插入日期

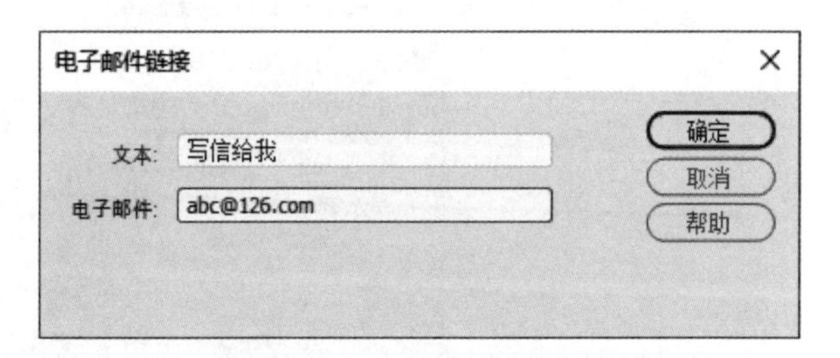

图 5-102　建立电子邮件链接

7. 鼠标经过交换图像

光标定位在第 9 行，选择【插入】|【图像】|【鼠标经过图像】命令，设置如图 5-103 所示。保存并预览网页。

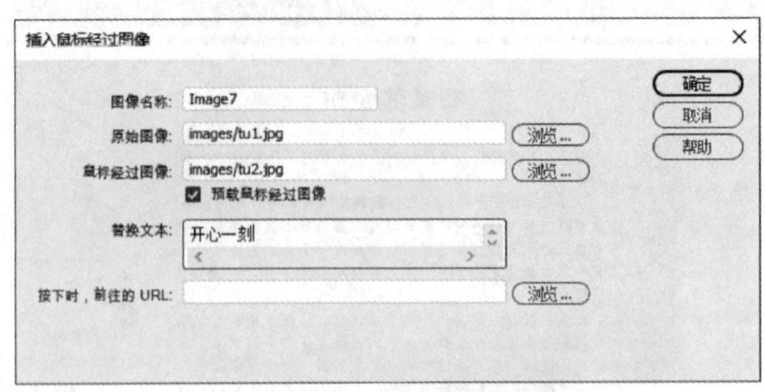

（a）【插入鼠标经过图像】对话框

（b）原始图像

（c）鼠标经过图像

图 5-103　鼠标经过交换图像

8. 插入视频文件

双击打开“movie.html”网页，选择【插入】|【HTML】|【Flash Video】命令，打开如图 5-104 所示【插入 FLV】对话框，单击【浏览】按钮，选择 movie 文件夹中的“merry.flv”文件，设置视频播放界面的大小为 300×300 像素等属性。保存并预览网页播放视频。

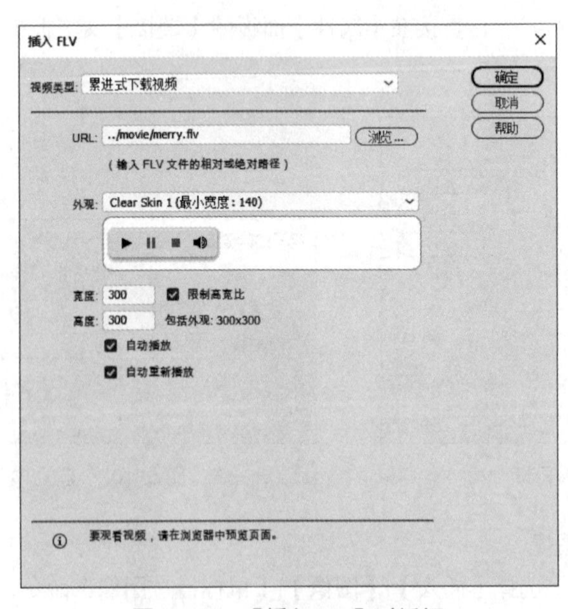

图 5-104　【插入 FLV】对话框

9. 插入音频文件

双击打开“music.html”网页，选择【插入】|【HTML】|【HTML5 Audio (A)】菜单命令，出现标记有喇叭的音频占位符，然后在其【属性】面板上，进行如图 5-105 所示设置，选择 music 文件夹中的“xiangdingdang.mp3”文件，显示音频播放控件、循环播放、自动播放等属性。保存并预览网页播放音频。

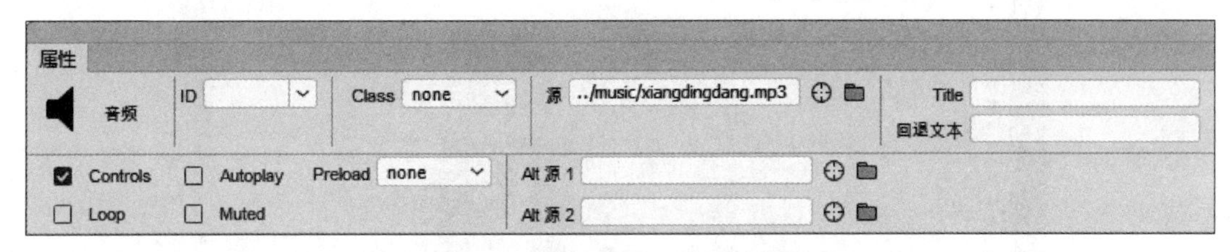

图 5-105　设置插入的音频文件属性

10. 插入背景音乐

双击打开 index.html，单击文档工具栏中的【拆分】按钮，进入【拆分】视图，在 <body> 标签下面插入一行，输入如下代码：

```
<bgsound src="music/xiangdingdang.mid" loop="true" />
```

保存文件后，按 <F12> 键预览播放。

11. 插入滚动字幕

鼠标定位在第 5 行，输入文字“欢迎光临我的网站！”，设置为滚动字幕，红色背景，左右交替滚动。

① 选中文字，右击该文字，从弹出的快捷菜单中选择【环绕标签】命令，选择 marquee，按空格键，选择“behavior”，选择“alternate”，再按空格键，选择“bgcolor”，输入“#ff0000”，如图 5-106 所示。

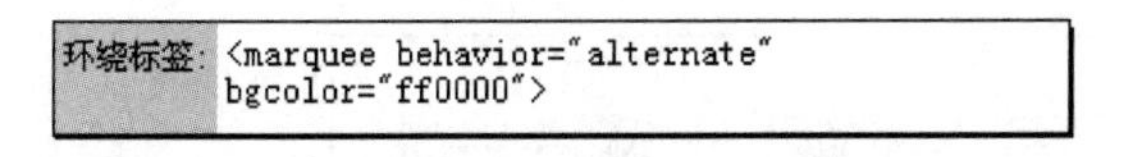

图 5-106　marquee 标签

切换到代码视图，可以看到代码如下：

```
<marquee behavior="alternate" bgcolor="ff0000">
欢迎光临我的网站!
</marquee>
```

② 保存并预览网页效果。

【任务 5-6】制作表单

如图 5-107 所示，这个表单是一个用户注册页面。可以看出，此表单中涉及了单行文本域、密码文本域、多行文本域、单选按钮、复选框、下拉菜单、日期、文件域、“提交”和“重置”按钮等表单元素。

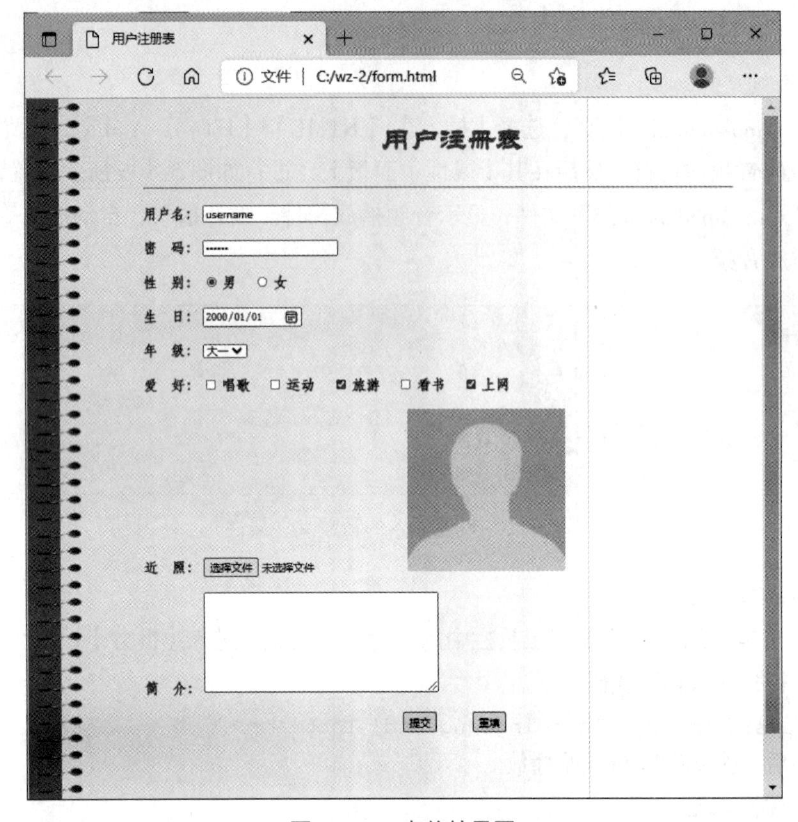

图 5-107　表单效果图

操作步骤与提示

1．创建站点和表单页面文件

启动 Dreamweaver CC 2018，建立站点，名称为“用户注册”，本地根文件夹位置为“C:\wz-2”。将“wz-2 素材”文件夹中的资料复制到站点文件夹中，如图 5-108 所示。

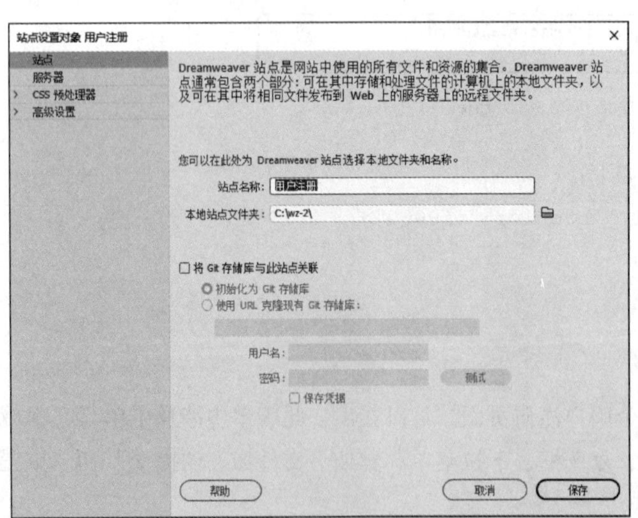

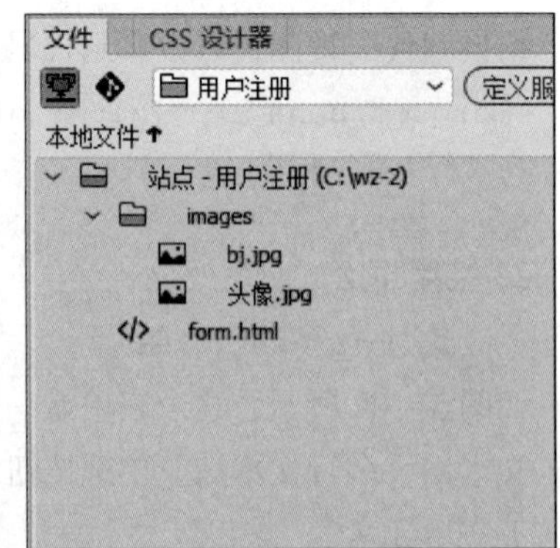

图 5-108　创建“用户注册”站点

2. 设置页面属性

双击打开站点中的“form.html”文件，在文档编辑区空白处右击，在弹出的快捷菜单中选择【页面属性…】，打开【页面属性】对话框，设置属性参数，具体如图 5-109 所示。

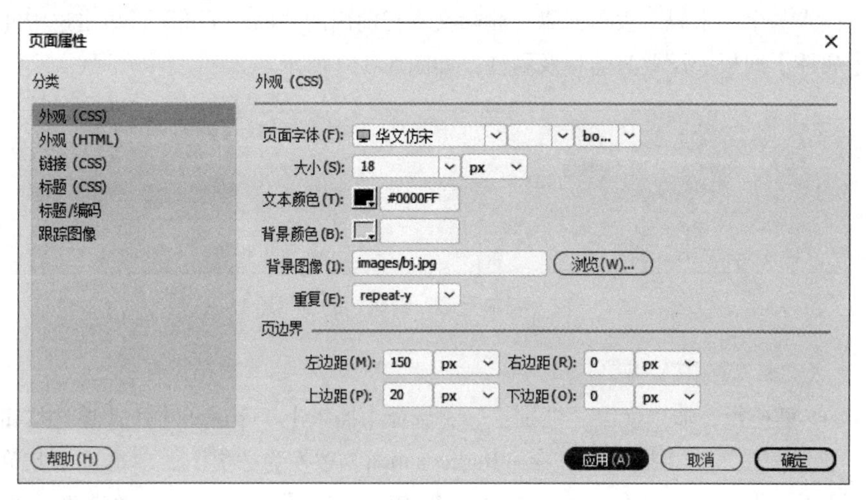

图 5-109　【页面属性】对话框

3. 创建表单域

光标定位到水平线下方一行，选择【插入】|【表单】|【表单】命令，在插入点处插入一个表单域。

4. 在表单域中插入各种表单元素

（1）插入“文本”表单元素

光标定位到表单域中，先输入文字“用户名：”，再选择【插入】|【表单】|【文本】命令，插入一个“文本”表单元素，删除文本框前面的“Text Field:”，单击选中此文本框，在其【属性】面板中设置【name】设置为“name”，字符宽度【Size】设置为“20”字符，最多字符数【Max Length】设置为“40”，如图 5-110 所示。

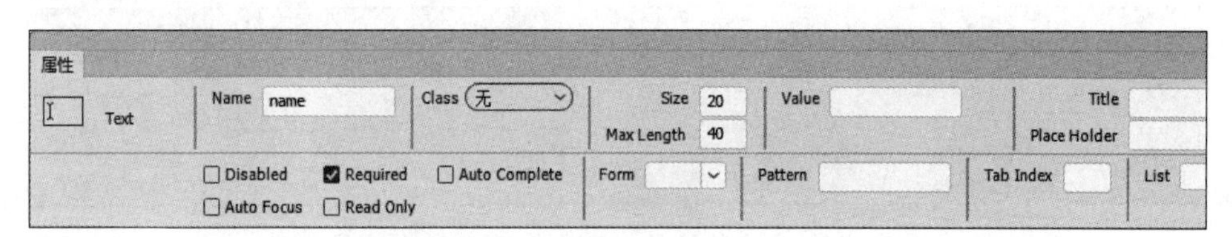

图 5-110　表单元素“文本”的属性设置

预览效果如图 5-111 所示。

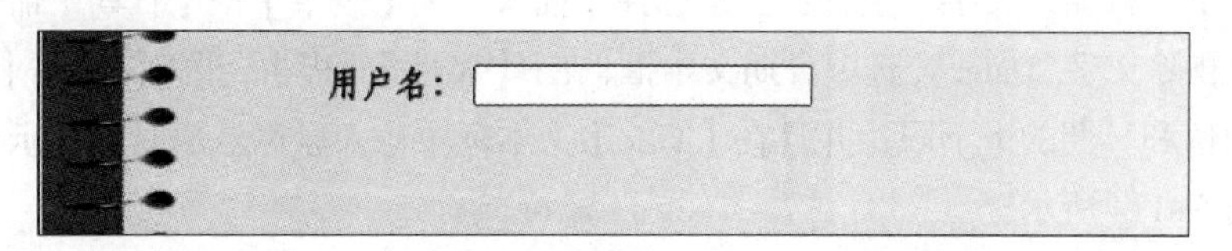

图 5-111　插入表单元素“文本”的预览效果

（2）插入“密码”表单元素

按 <Enter> 键换行，输入文字“密码：”，在用户名的下一行选择【插入】|【表单】|【密码】命令，插入一个“密码”表单元素，删除文本框前面的“Password:”，单击选中此密码文本框，在其【属性】面板中设置其名称及属性，如图 5-112 所示。

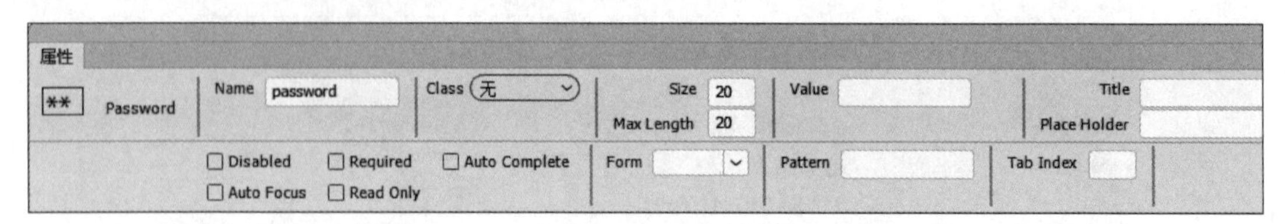

图 5-112　表单元素“密码”的属性设置

（3）插入“单选按钮”表单元素

按 <Enter> 键换行，输入文字“性别：”，选择【插入】|【表单】|【单选按钮】命令，插入一个“单选按钮”，将插入的文字“Radio Button”替换为“男”。单击选中此单选按钮，在其【属性】面板中设置名称【Name】为“sex”，值【Value】为“man”，并设置此“单选按钮”是已“Checked”状态。

同样的方法插入第二个“单选按钮”，将插入的文字“Radio Button”替换为“女”。在设置此“单选按钮”属性时，注意其名称必须和第一个“单选按钮”相同，均为“sex”，其值改为“woman”，因为只能有一个“单选按钮”是已“Checked”状态，所以第二个“单选按钮”不能再勾选设置“Checked”。具体设置如图 5-113 所示。

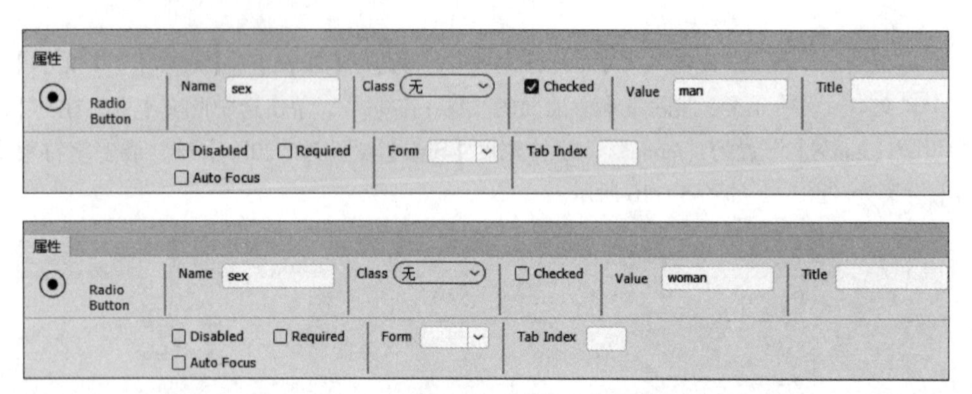

图 5-113　表单元素“单选按钮”的属性设置

（4）插入“日期”表单元素

在年级的下一行输入文字“生日：”，选择【插入】|【表单】|【日期】命令，插入表单元素“日期”。删除文字“Date:”，选中日期文本框，在其【属性】面板中，设置【Name】为“birthday”，分别设置日期值和日期的上下限，并且在【Title】文本框中输入鼠标悬停时的提示信息“请选择日期”，如图 5-114 所示。

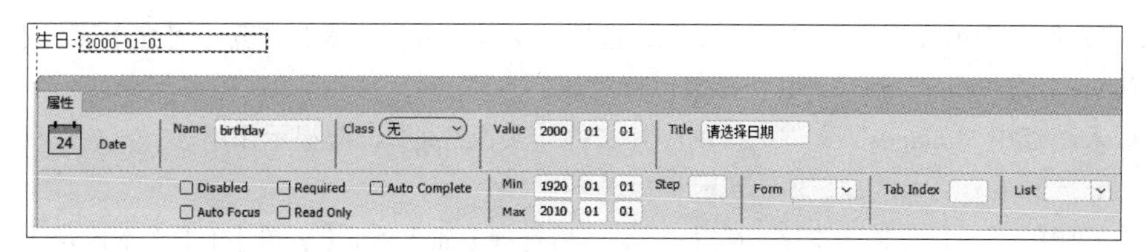

图 5-114　表单元素“日期”的属性设置

（5）插入“选择”表单元素

在生日的下一行，输入文字“年级：”，选择【插入】|【表单】|【选择】命令，插入“选择”表单元素，在其【属性】面板中，设置【Name】为“grade”，单击【列表值】按钮，打开如图 5-115 所示【列表值】对话框，添加和输入项目标签和取值。最后删除选项下拉框前的文字“Select:”，保存文件并预览效果。

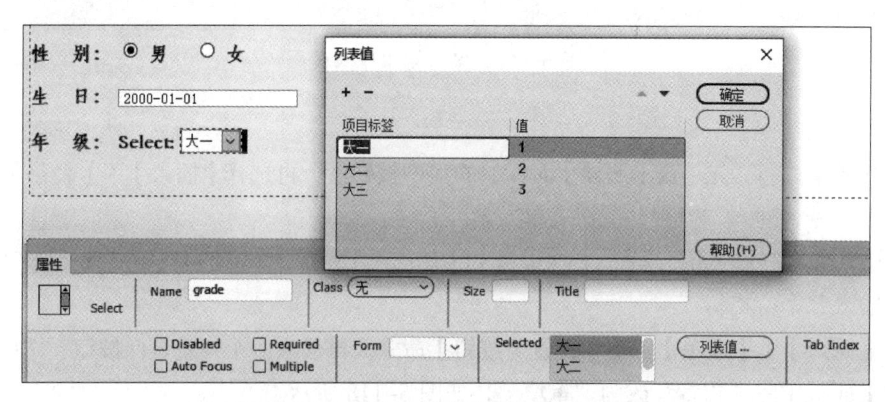

图 5-115　表单元素“选择”的属性设置

（6）插入“复选框”表单元素

在年级的下一行先输入文字“爱好：”，然后选择【插入】|【表单】|【复选框】命令，插入“复选框”表单元素。将文字“Checkbox”替换为“唱歌”。单击选中复选框，在其【属性】面板中，设置【Name】为“aihao”，【Value】为“changge”，【Checked】不勾选，如图 5-116 所示。

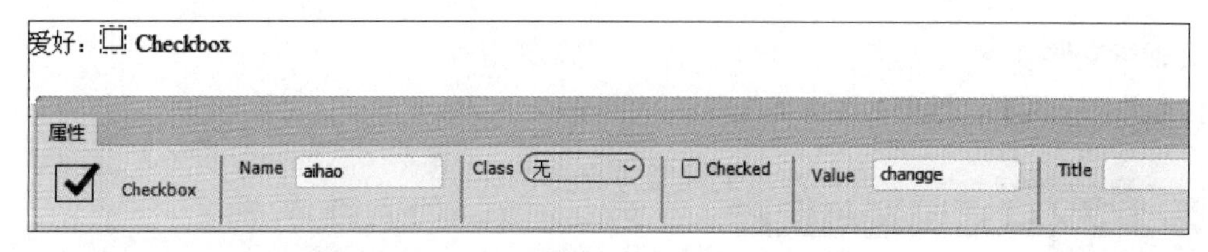

图 5-116　“复选框”表单元素的属性设置

通过复制的方法，添加其他复选项。需要注意的是，它们的名称都要设置为“aihao”这个相同的名称，而取值分别为：yundong、luyou、kanshu、shangwang。按 <Enter> 键换行。

（7）插入“文件”表单元素

在爱好的下一行先输入文字“近照：”，然后选择【插入】|【表单】|【文件】命令，

插入“文件”表单元素。删除“File:”，选中“文件”表单元素，在其【属性】面板中，设置【Name】为“zhaopian”，其他参数保持默认。

插入站点中“images”文件夹中的图片文件“头像.jpg”，起提示作用。

（8）插入“文本区域”表单元素

在近照的下一行先输入文字“简介：”，然后选择【插入】|【表单】|【文本区域】命令，插入“文本区域”表单元素。删除“Text Area:”，选中“文本区域”表单元素，在其【属性】面板中，设置【Name】为“jianjie”，将【字符宽度】设置为“40”，将【行数】设置为“8”，其他参数保持默认，如图 5-117 所示。按 <Enter> 键换行。

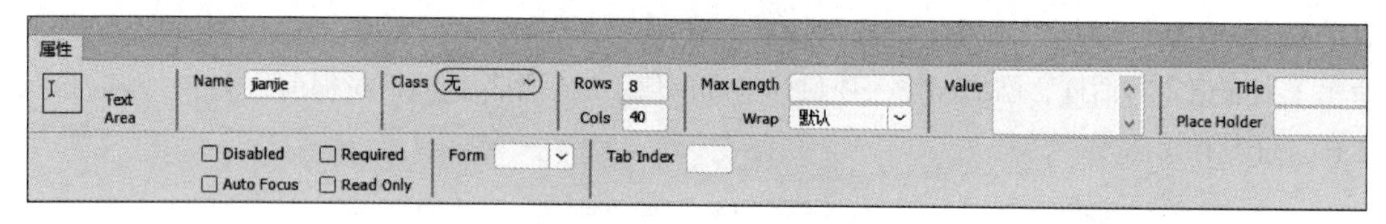

图 5-117　多行文本域属性

（9）插入“提交”和“重置”按钮表单元素

在简介的下一行，先单击【属性】面板上的居中按钮，再选择【插入】|【表单】|【“提交”按钮】命令，插入“提交”按钮表单元素。

切换输入法为中文全角，或者选择【编辑】|【首选项】命令，单击选中【允许多个连续的空格】复选框，输入几个空格。

选择【插入】|【表单】|【“重置”按钮】命令，再插入一个“重置”按钮，选中该按钮，在【属性】面板中将“重置”改为“重填”，如图 5-118 所示。

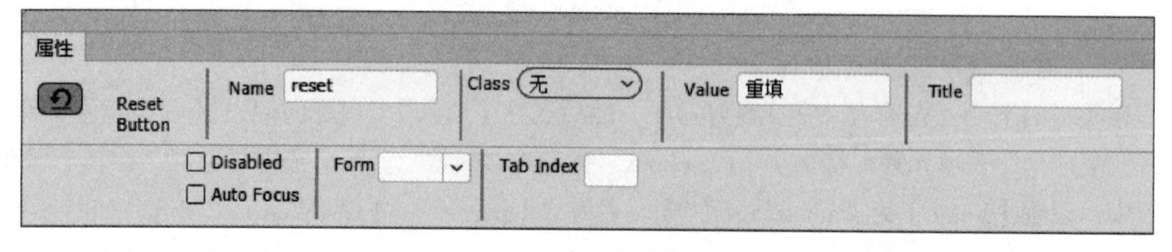

图 5-118　设置【“重置”按钮】

5. 保存文件

保存并预览网页，效果如图 5-117 所示。

5.10 课后习题与实践

一、单项选择题

1. 超链接的目标网页在新窗口中打开的方式是（　　）。

A. _parent　　B. _blank　　C. _top　　D. _self

2. 网页设计中的错误描述是（　　）。

A. 可以给文字定义超链接　　B. 可以给图像定义超链接

C. 超链接颜色可以更改　　D. 可以给动画定义超链接

3. Dreamweaver 表单中，对于用户输入的图片文件，应使用的表单元素是（　　）。

A. 单选按钮　　B. 多行文本域　　C. 图像域　　D. 文件域

4. 在 Dreamweaver 中对“超链接”的错误描述是（　　）。

A. 可以在同一个网页文件内建立链接

B. 通过 E-mail 链接可以直接打开别人的邮箱

C. 外部链接是指向 WWW 服务器上的某个文件

D. 可以制作图像热点链接

5. 在 Dreamweaver 中，超链接主要可以分为文本链接、图像链接和（　　）。

A. ID 链接　　B. 声音链接　　C. 视频链接　　D. 数据链接

6. 下面关于网页和网站的说法正确的是（　　）。

A. 网页和网站是同一概念　　B. 网站中可包含多个网页

C. 网页和网站是两个没有联系的概念　　D. 可以在网页中进行网站的设置

7.（　　）是在网页表单中的错误描述。

A. 密码文本域输入值后显示为“*”

B. 多行文本域可以进行最大字符数设置

C. 密码文本和单行文本域一样，都可以进行最大字符数的设置

D. 多行文本域的行数设定以后，输入内容将不能超过设定的行数

8. 下列网页元素中，能使用“插入 / 图像”方式实现插入的是（　　）。

A. 音频　　B. 视频　　C. GIF 动画　　D. Flash 动画

9. 一个网站是通过（　　）将很多的网页链接在一起。

A. 文字　　B. 超媒体

C. 超链接　　D. 图像

10. 网页设计中，CSS 一般是指（　　）。

A. 层　　B. 行为　　C. 样式表　　D. 时间线

11. 定义 HTML 文件主体部分的标记对是（　　）。

A. <title>…</title>　　B. <body>…</body>

C. <head>…</head>　　D. <html>…</html>

12. 在 Dreamweaver 中，要给网页添加背景图片应选择（　　）命令。

A.【文件】|【页面属性】　　B.【格式】|【属性】

C.【编辑】|【对象】　　D.【属性】|【页面属性】

13. 在 Dreamweaver 中，要在网页中插入 Flash 动画，应选择（　　）命令。

A.【插入】|【媒体】　　B.【插入】|【高级】

C.【插入】|【HTML】|【Flash SWF】　　D.【插入】|【图片】

14. 在 Dreamweaver 中，（　　）不是网页布局通常使用的方法或工具。

A. 框架　　B. 层　　C. 表单　　D. 表格

二、填空题

1. 专业网页制作软件能帮助用户组织和管理________。

2. 站点定义中，可以根据需要分别设置本地、________文件夹。

3. 导入和导出站点是选择________菜单项来实现的。

4. 在网页制作中，如果一次打开了多个文档，可以采用________或平铺方式放置这些文档。

5. Dreamweaver 中，文档窗口中可切换的视图为：显示________视图、拆分视图和设计视图。

6. 网页的头信息十分重要，在浏览器中却是________的。

7. 对网页进行布局，一般在添加内容前使用________或框架来对页面进行布局。

8. 超文本标记语言的英文缩写是________。

9. 在 HTML 文档中插入图像其实只是写入一个图像的________，而不是真的把图像插入到文档中。

10. 网页表格的宽度可以用像素和________两种单位来设置。

三、操作题

创建一个能展示自己的个人网站，要求：

1. 创建个人站点并构建站点中各个子文件夹。

2. 创建首页文件，首页上有背景图片、背景音乐，导航栏、版权信息、更新日期，文字简介等内容。

3. 创建两个及以上介绍自己学习成果的网页，分别展示本学期的 PS 和 Flash 的作业成果，要求用表格布局页面，且有水平线分隔内容，使得网页层次分明。

4. 创建一个有表单内容的网页，表单主题自拟，表单中的元素种类不少于 7 个。

习题参考答案

第 1 章　多媒体技术概述

一、单项选择题

1. C　　2. B

二、填空题

1. 数字　　2. 声　　3. 流媒体

第 2 章　图像信息处理

一、单项选择题

1. A　　2. A　　3. A　　4. C　　5. D　　6. C　　7. B　　8. C　　9. D　　10. C
11. A　　12. D　　13. B　　14. C

二、填空题

1. PSD　　2. gif　　3. 矢量　　4. 65536　　5. 矢量法　　6. 时间　　7. 扫描仪

第 3 章　音视频处理

一、单项选择题

1. D　　2. A　　3. B　　4. D　　5. D　　6. B

二、填空题

1. 声　　2. MIDI　　3. 合成　　4. 识别　　5. MPEG 视频

第 4 章　动画基础

一、单项选择题

1. C　　2. D　　3. A　　4. C　　5. A　　6. B　　7. A　　8. B　　9. C　　10. A
11. D　　12. B　　13. B

二、填空题

1. 动作　　2. 形状补间　　3. 关键　　4. fla

第 5 章　网页制作基础

一、单项选择题

1. B　2. D　3. D　4. B　5. A　6. B　7. D　8. C　9. C　10. C
11. B　12. A　13. C　14. C

二、填空题

1. 资源　2. 远程　3. 站点　4. 层叠　5. 代码　6. 隐藏　7. 表格
8. HTML　9. 链接地址　10. 百分比